基于PMBOK的
软件项目管理方法研究

周贺来◎著

中国水利水电出版社
www.waterpub.com.cn
·北京·

内 容 提 要

本书是一本软件项目管理的专门著作，内容丰富、具体，全书基于 PMBOK 的知识体系，从9个方面（启动管理、招投标与合同管理、需求管理、进度管理、成本管理、质量管理、风险管理、人力资源管理、收尾管理）介绍了软件项目管理的相关知识领域。本书体系结构合理，编排条理清晰，文字通俗易懂，内容详略得当，并特别突出其实用性。

图书在版编目（CIP）数据

基于 PMBOK 的软件项目管理方法研究/周贺来著. —北京：中国水利水电出版社，2016.12（2022.9重印）

ISBN 978-7-5170-4891-6

Ⅰ.①基… Ⅱ.①周… Ⅲ.①软件开发－项目管理 Ⅳ.①TP311.52

中国版本图书馆 CIP 数据核字（2016）第 277491 号

责任编辑：杨庆川　陈　洁　　　封面设计：崔　蕾

书　名	基于 PMBOK 的软件项目管理方法研究 JIYU PMBOK DE RUANJIAN XIANGMU GUANLI FANGFA YANJIU
作　者	周贺来　著
出版发行	中国水利水电出版社 （北京市海淀区玉渊潭南路 1 号 D 座 100038） 网址：www.waterpub.com.cn E-mail：mchannel@263.net（万水） sales@mwr.gov.cn 电话：(010)68545888（营销中心）、82562819（万水）
经　售	全国各地新华书店和相关出版物销售网点
排　版	北京鑫海胜蓝数码科技有限公司
印　刷	天津光之彩印刷有限公司
规　格	170mm×240mm　16 开本　16.5 印张　296 千字
版　次	2017年1月第1版　2022年9月第2次印刷
印　数	2001-3001册
定　价	50.00 元

前　　言

随着IT技术的广泛应用，软件项目的规模越来越大，复杂程度越来越高，投资金额也在不断增长，外包服务、快捷开发、开源代码等新型软件开发模式也在不断涌现。为了管理好规模和复杂度都在不断增长的软件项目，许多软件企业都积极将软件项目管理引入开发活动中，对软件项目实行有效的管理。所谓软件项目管理，就是为了使软件项目能够按照预定的成本、进度、质量顺利完成而进行分析和管理的活动。

良好的软件项目管理，具有以下重要作用：第一，它能很好地将个人的开发能力转化成企业的开发能力；而企业的软件开发能力越高，就表明该企业的软件生产越趋向于成熟。第二，如果软件企业都建立了良好的软件项目管理体系，人员得到了良好的培训，那么软件质量将会得到保证，也就是说可以通过提高项目管理水平，进而提高软件产品的质量。最后，在目前的买方市场情况下，软件项目经理经常要面临客户的强势、需求的多变、资源的匮乏等情况，有时还要面对技术难度过高、销售人员夸大承诺，以及难以协调的外包方等不可控因素。在这种复杂多变的情况下，为了提高赢利能力，使软件项目能够在有限的资源条件下，按预定的成本、进度、质量顺利地执行并完成，就需要对软件项目实行全面的、系统的、规范化的管理，并充分实现软件技术与项目管理的完美结合。

本书内容共10章：第1章为基本概念部分，概括地介绍了项目、项目管理以及软件项目管理的基本知识；第2～10章为管理流程部分，按照项目管理的知识体系结构，并根据软件项目的实际情况，分别从启动管理、招投标与合同管理、需求管理、进度管理、成本管理、质量管理、风险管理、人力资源管理、收尾管理9个方面，全面地介绍了软件项目管理的相关知识领域内容。

本书由周贺来博士撰写完成，成书过程中得到了如下项目支持：河南省高校哲学社会科学创新团队项目（2013-CXTD-08）、河南省科技厅科技攻关项目（122400430016）、郑州市科技局软科学重点项目（121PKXF656）、河南省政府招标决策项目（2012B375）、华北水利水电大学高层次人才科研启动项目（201026）、华北水利水电大学管理与经济学院青年骨干教师资助项目，以及华北水利水电大学管理科学与工程重点学科建设项目。

本书在撰写过程中，参考了许多前人的资料，大多数在参考文献中进行了罗列，但受写作体例的限制，加上本书撰写时间较长，有些原始资料忘记了标注来源，故难免有所遗漏，在此对各位为本书的出版提供相关参考资料的同仁们表示衷心的感谢！

由于作者水平有限，书中难免有错误或不妥当之处，敬请读者批评指正。

华北水利水电大学管理与经济学院　周贺来

2016 年 8 月

目　　录

第1章　绪　论

1.1　项目管理的相关概念

1.1.1　项目的含义与特点

1. 项目的起源与发展

“项目”的概念，早在两千多年前就已经存在了，并一直延续到现在。中国的古代长城、都江堰工程，以及埃及金字塔等都是古代的典型项目；美国的“曼哈顿计划”“阿波罗登月计划”等都是近代的成功项目；中国的三峡工程、英法海底隧道、香港新机场建设、2008年美国总统大选、2008年北京奥运会的胜利召开等，则是现代项目管理的范例。

项目的兴起，源于人类组织活动的分化。随着生产力的发展和社会分工的细化，人类有组织的活动逐步分为两类：一类是连续不断、周而复始的活动，被称为“作业”(Operation)：另一类是临时性、一次性的活动，被称为“项目”(Project)。二者的区别在于：作业中存在着大量的常规性、重复性工作，而项目中主要是创新性、一次性工作；作业的工作环境相对封闭和稳定，而项目的环境相对开放和变动；作业的组织是相对持久的、组织形式基本是分部门成体系的，而项目的组织是临时的、组织形式多是团队性的。

项目管理的突破性发展出现在20世纪四五十年代，二战的爆发使得军事科技快速发展，航空、雷达、新式武器的需求带来一系列从未做过的项目，这些项目不仅技术复杂、参与人员多，而且时间紧迫。为了有效地进行管理，人们开始关注如何有效管理，从而完成项目的既定目标，“项目管理”这个词也逐步被人们所认识。

在当今社会，项目无处不在，比如建筑桥梁、修建铁路等是建筑项目；开发企业管理系统、进行企业网络规划等是IT项目；而各类学科竞赛、专业课程规划等是教育项目；一家商店的节日促销活动、一家银行的刷卡反馈积分活动、一家酒店的 VIP 打折优惠活动则是商业项目。太多的活动可以按照项目的方式来运作，正如美国项目管理专业人员资格认证委员会主席 Paul Grace 所讲："在当今社会中一切都是项目，一切都将成为项目。"

2. 项目的含义和特点

关于项目的概念，目前没有一个统一的界定。下面列举一些专家和机构的不同定义：

· 质量专家 J·M·朱兰 1989 年提出：一个项目就是一个计划要解决的问题。

· 联合国工业发展组织认为：项目是对一项投资的一个提案，用来创建、扩建或发展某些工厂企业，以便在一定周期时间内增加货物的生产或社会的服务。

· 中国项目管理研究委员会对项目的定义是：项目是一个特殊的将被完成的有限任务，它是在一定时间内满足一系列特定目标的多项相关工作的总称。

· 美国项目管理协会对项目的定义是：项目是为了完成某一独特的产品、服务或任务所做的一次性努力。

以上的描述各异，但内涵一致。项目的含义可以描述为：项目是一个特殊的、即将被完成的、在一定期限内、依托一定的资源，以实现一定目标而进行的一系列活动的总称。

目前项目已经覆盖了建筑业、IT 业、设计业、制造业等不同领域。虽然不同的行业，其内容有所不同，但在本质上，项目都具有一些共同的特点。归纳起来，主要有如下几个：

(1)目的性。项目有着明确的目标。这里的目标包括任务的内容，也包含应达到的质量。当然，这里的目标是在一定的进度和成本等约束之下的。例如，一个软件项目的目标可能是在 15 个月的时间之内，以 60 万元的经费预算，把一种基于 WEB 方式、B/S 架构的在线销售管理软件，按照事先约定的功能，及时交付客户。

(2)周期性。项目都具有一定的周期性，有具体的时间计划或有限的寿命。也就是说，它必须有一个明确的开始时间和目标实现的到期日。例如，学校需要开发一个教务管理系统，必须要在 7 月 10 日～8 月 25 日的暑假期间完成，以便开学之后能够马上投入使用。

虽然不同的项目可划分为不同的具体阶段，但是，大多数项目的寿命周期都可以归纳为启动(识别需求)、规划(提出解决方案)、实施(执行项目)、结尾(结束项目)四个阶段。

(3)独特性。每个项目都有一些独特的成分,没有两个项目是完全相同的。项目的这种特征意味着项目不能完全用常规方法完成,而要求项目经理创造性地解决项目所遇到的问题。例如,开发一种新产品或新建一幢房,虽然从结果来看基本上一样,但是因为一些特定的需求,它们都可能成为独一无二的。再如,同样是为企业用户开发一套财务管理与分析软件,尽管财务管理的标准还是比较规范的,但是各个企业因为管理模式和分析角度的不同,对应财务软件的需求可能也有差异,不能盲目地套用以前的方法。

(4)临时性。项目开始时要组建项目团队,项目执行过程中团队的人数、成员和职能在不断地变化,甚至某些项目班子的成员是借调而来。项目结束时项目班子要解散,人员要转移。参与项目的组织往往有多个、几十个甚至几百个,它们通过合同、协议以及其他的社会联系组合在一起。项目组织没有严格界限,或者说边界是弹性的、模糊的和开放的。

(5)冲突性。项目经理比一般的部门经理更多地生活在冲突的世界里。项目客户的利益和项目团队本身的利益经常发生冲突;项目团队的成员为了项目资源和解决项目问题时的主导地位也总是处在冲突之中;项目与项目之间为争夺企业的有限资源也会产生冲突。

(6)风险性。项目发展过程具有一定程度的不确定性,这些不确定性将为项目的实现带来一定的风险,包括财务风险、技术风险、质量风险、进度风险,甚至还会存在项目失败的一些潜在风险。优秀的项目经理和科学的项目管理是化解风险的关键。

另外,每个项目都必须要有客户,项目团队与客户的良好沟通是项目成功的基本要求。客户是提供必要的经费或资源以达成目标的实体,它可能是一个人或一个组织;既可能是企业外部的,称作外部客户,也有可能是企业内部的(如为企业内的部门服务),称作内部客户。不管是外部客户还是内部客户,都是项目的委托方或项目成果的使用者。

1.1.2 项目管理的含义与特征

项目管理作为管理学的一个重要分支,从 20 世纪 70 年代开始得到人们的重视。它对项目的实施提供了一种有效的组织形式,改善了项目过程中的计划、组织、执行和控制方法。特别是进入 21 世纪后,随着项目管理职业化进程的发展,项目管理显得更为重要。

总体来讲,项目管理就是在项目活动中运用专门的知识、技能、工具和方法,使项目达到预期目标的过程,是以项目作为管理对象,通过一个临时性的、专门的组织，对项目进行计划、组织、执行和控制，并在时间、成本、性能、质量等方面达到预期目标的一种系统管理方法。项目管理贯穿整个项目的生命期，是对项目的全过程管理。

项目管理与传统的业务管理相比，其最大的特点是注重综合性的管理，可以跨部门进行，而且有严格的时间期限。这样一来，项目管理具有了如下的一些基本特征：

(1)项目管理的对象是项目。项目管理是针对项目的特点而形成的一种管理方法，特别适用于大型的、复杂的工程。鉴于项目管理的科学性和有效性，一些重复性的业务也可以将某些过程剥离出来按项目进行处理，甚至有人提出了项目化的企业管理。

(2)系统工程思想贯穿整个过程。项目管理将项目看成是一个完整的、有生命周期的系统，并将项目分解成更小的子项目，并分别按要求完成，然后再综合成最终的成果。在项目的生命期中，任何阶段或者部分任务的失败都可能会对整个项目产生灾难性的后果。

(3)项目管理的组织具有一定的特殊性。第一，在项目管理中有了项目组的概念，围绕项目本身来组织人力资源；第二，项目组是临时性的，是直接为项目执行服务的，项目的结束即意味着项目组的终结；第三，项目组是柔性的，打破了传统意义上的部门概念，可以根据项目的生命期中各阶段的需要而重组和调配；第四，项目组的设置必须有助于项目各相关部分、人员之间的协调、控制、沟通，以保证项目目标的实现。

(4)基于团队管理的个人负责制，项目经理是整个项目组中协调、控制的关键。一个项目涉及的专业领域往往十分广泛，项目经理不可能是每个领域的专家，在项目管理过程中，他只能扮演协调控制的角色，协调各专家、人员共同确定项目的目标、时间、经费、工作质量标准等，同时又需要经常通过信息反馈，监督和协调项目的各个方面。

(5)项目管理的要点是创造和保持一个使项目顺利进行的环境，使置身于这个环境的人们能在集体中协调工作以完成预定的目标。

(6)项目管理的方法、工具和技术手段具有先进性。项目管理采用科学的、先进的管理理论和方法，如采用网络图编制进度计划，采用目标管理、全面质量管理、价值工程、技术经济分析等方法进行目标和成本控制，采用计算机进行项目信息处理等。

1.1.3 项目管理的内容知识体系

项目管理从不同的分析和研究角度，可以得出不同的任务内容，如表

1-1 所示。

表 1-1 项目管理的内容划分

划分角度	包含内容
项目管理的职能	项目的计划、组织、人事安排、进度控制、关系协调等
项目活动的过程	项目决策、项目规划与设计、项目的招投标、项目实施、项目终结与后评价等
项目投入的资源	项目资金财务管理、项目人力资源管理、项目材料设备管理、项目技术管理、项目信息管理、项目合同管理等
项目目标与约束	项目进度管理、项目成本管理、项目质量管理、项目风险管理等

上面提到了项目管理涉及的内容，可以从目前已有的项目管理知识体系中发现。

成立于 1969 年的美国项目管理协会是全球最大的项目专业组织，其编写的《项目管理知识体系》(Project Management Body of Knowledge，简称 PMBOK)将项目管理划分为 9 个知识领域，分别是范围管理、时间管理、成本管理、质量管理、人力资源管理、沟通管理、采购管理、风险管理和综合管理。这 9 个知识领域包括的管理要素如图 1-1 所示。

以上项目管理九大知识领域的关系，可以按照如下的描述来进行理解。

· 为了成功地实现项目的目标，首先必须要设定工作范围，即项目范围管理。

· 为了正确实施项目，需要对项目目标进行分解，也就是要对项目的时间、质量、成本三大目标进行分解，这就是项目时间管理、项目成本管理和项目质量管理。

· 项目实施过程中，需要投入足够的人力资源、设备资源，这就需要进行项目人力资源管理和项目采购管理。

· 为了对项目团队中人员实行管理，让大家目标一致地完成项目，需要及时、准确、高速、有效地进行信息沟通，即项目沟通管理。

· 项目在实施过程中会遇到各种风险，所以要进行风险管理，即项目风险管理。

· 项目管理一定要协调各个方面，不能只顾局部的利益和细节，所以需要对项目涉及的方方面面进行综合性的集成化管理，即项目集成管理。

图 1-1 项目管理的知识领域

我国一家项目管理专业组织——中国项目管理研究委员会，则将项目管理的内容概括为 2 个层次、4 个阶段、5 个过程、9 大知识领域、42 个要素及多个主体，如表 1-2 所示。

表 1-2 项目管理的基本内容

<table>
<tr><td>项目层次</td><td colspan="5">企业层次</td><td colspan="4">项目层次</td></tr>
<tr><td>项目主体</td><td colspan="2">业主</td><td colspan="3">承包商</td><td colspan="2">监理</td><td colspan="2">用户</td></tr>
<tr><td>项目阶段</td><td colspan="2">概念阶段</td><td colspan="3">开发阶段</td><td colspan="2">实施阶段</td><td colspan="2">收尾阶段</td></tr>
<tr><td>基本过程</td><td>启动过程</td><td colspan="2">计划过程</td><td colspan="2">执行过程</td><td colspan="2">控制过程</td><td colspan="2">结束过程</td></tr>
</table>

续表

<table>
<tr><td rowspan="2">知识领域</td><td colspan="3">综合管理</td><td colspan="3">范围管理</td><td colspan="3">时间管理</td><td colspan="3">成本管理</td><td colspan="3">质量管理</td></tr>
<tr><td colspan="6">人力资源管理</td><td colspan="3">风险管理</td><td colspan="3">沟通管理</td><td colspan="3">采购管理</td></tr>
<tr><td rowspan="14">知识要素</td><td colspan="5">项目与项目管理</td><td colspan="5">项目管理的运行</td><td colspan="5">通过项目进行管理</td></tr>
<tr><td colspan="5">系统方法与综合</td><td colspan="5">项目背景</td><td colspan="5">项目阶段与生命周期</td></tr>
<tr><td colspan="5">项目开发与评估</td><td colspan="5">项目目标与策略</td><td colspan="5">项目成功与失败标准</td></tr>
<tr><td colspan="5">项目启动</td><td colspan="5">项目收尾</td><td colspan="5">项目结构</td></tr>
<tr><td colspan="5">范围与内容</td><td colspan="5">时间进度</td><td colspan="5">资源</td></tr>
<tr><td colspan="5">项目费用与融资</td><td colspan="5">技术状态与变化</td><td colspan="5">项目风险</td></tr>
<tr><td colspan="5">效果度量</td><td colspan="5">项目控制</td><td colspan="5">信息、文档与报告</td></tr>
<tr><td colspan="5">项目组织</td><td colspan="5">团队工作</td><td colspan="5">领导</td></tr>
<tr><td colspan="5">沟通</td><td colspan="5">冲突与危机</td><td colspan="5">采购与合同</td></tr>
<tr><td colspan="5">项目质量管理</td><td colspan="5">项目信息学</td><td colspan="5">标准与规范</td></tr>
<tr><td colspan="5">问题解决</td><td colspan="5">项目后评价</td><td colspan="5">项目监理与监督</td></tr>
<tr><td colspan="5">业务流程</td><td colspan="5">人力资源开发</td><td colspan="5">组织的学习</td></tr>
<tr><td colspan="5">变化管理</td><td colspan="5">项目投资体制</td><td colspan="5">系统管理</td></tr>
<tr><td colspan="5">安全、健康与环境</td><td colspan="5">法律与法规</td><td colspan="5">财务与会计</td></tr>
</table>

1.2 项目管理的约束条件与实施环境

1.2.1 项目管理的三重约束

每一个项目都具有很多约束条件，其中最重要的三重约束是时间（进度）、性能（目标）和成本（费用），简称为 TQC（time，quality，cost），如图 1-2 所示。

项目管理的三重约束关系告诉我们，任何项目都是在时间、性能和费用上进行平衡的结果，成功的项目管理要满足项目干系人在时间、性能和费用上的不同要求。

但是，一般来讲，目标、费用、进度三者是互相制约的，其关系如图 1-3

所示。

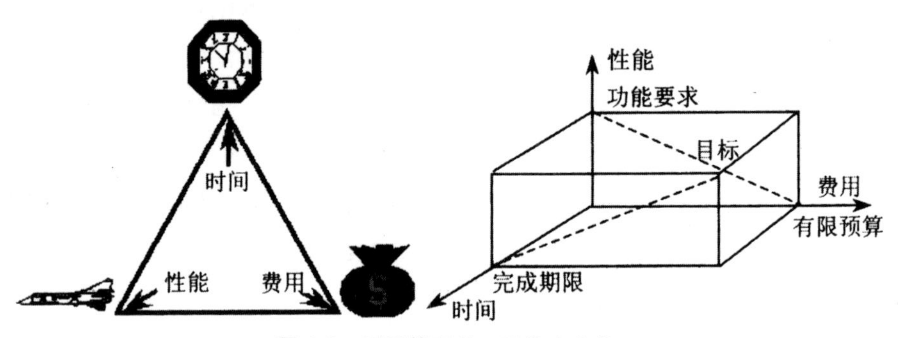

图 1-2 项目管理的三重约束条件

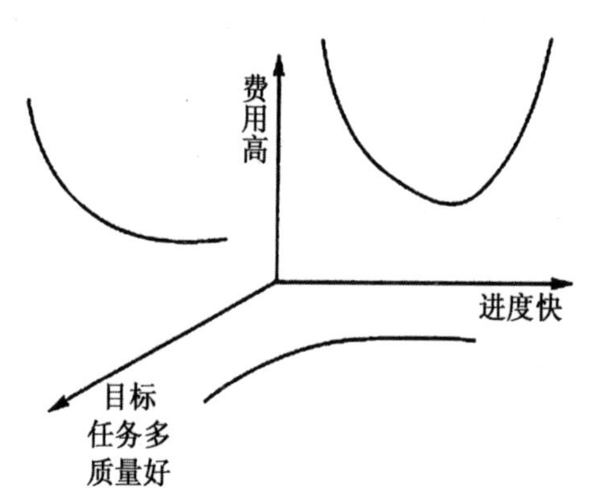

图 1-3 项目管理三要素之间的关系

从图 1-3 可以看出：当进度要求不变时，质量要求越高或任务要求越多，则费用越高；当不考虑费用时，质量要求越高或任务要求越多，则进度越慢；当质量和任务的要求都不变时，进度过快或过慢都会导致成本的增加。项目管理的目的是谋求“多”(任务)、“快”(进度)、“好”(质量)、“省”(成本)的有机统一。当然，对于一个确定的项目，其任务的范围是确定的。项目管理就演变为在一定的任务范围下如何处理好质量、进度与成本三者关系的问题，也就是要处理好“好中求快”和“好中求省”的问题。

1.2.2 项目干系人及其各自作用

所谓项目干系人，是指参与到项目中的个人和组织，项目对他们可能带来正面或负面的影响，他们对项目及其结果也可能施加影响。下面是项目中经常涉及的干系人：

1.项目出资人

项目出资人负责为项目提供资金,可能是实际命令项目执行的个人(或组织),也可能是客户或最终的用户,还可能是第三方机构(或个人)。

2.项目经理

项目经理是项目的实际负责人,作为对项目管理的专门领导,他负责从项目开始到结束的所有项目实施工作,要确保项目按照预定时间、预定成本、预定质量来完成。

3.项目管理组

项目管理组的主要任务是对项目的状况进行审查,并对跨度较大的项目进行资源协调。它往往由公司或单位的高级管理人员组成,一般包括项目发起人。

4.项目组成员

项目组成员负责完成项目中的所有工作,他们是具体从事项目工作并直接或间接向项目经理负责的人员。项目组成员有两种,核心成员和扩展成员。

5.项目承包人

依据合同而投入项目实施工作的一方,不具有对项目产品的所有权。

6.项目业主

对项目产品拥有所有权的一方,一般是项目的出资人,并负责主导项目的实施。

7.客户

客户是项目交付成果的使用者,具有多元化,有直接客户和间接客户,有内部客户和外部客户,每个客户都有不同的利益,必须准确理解和区分不同客户的需求。

8.用户

用户指产品的直接最终使用者。注意他与客户可能不是同一人或同一组织。例如,某单位组织的一个电子化人力资源管理系统(e-HRM)项目,假设与软件开发公司直接接触的是单位信息部门的人员(他们负责企业的信息化建设工作),软件开发公司认为信息部门就是本软件的客户,而真正的用户,最终主要是对方公司人力资源部的办公人员。

9.供货商

一个软件项目常常离不开供货商,它提供项目组织外的某些配套产品或某些服务。

10.其他干系人

在一个项目中,还有其他一些干系人,例如项目评审专家、项目审计人员、项目监理人员等。另外,可能还有一些其他可能受到项目影响的人员(例如一个房地产项目会牵涉到很多拆迁户的利益),当项目的进行涉及他们的利益时,他们会采取积极、中立或消极的态度来对待项目。这些人的态度也会影响到项目的工作目标、工作内容或工作进展。

1.2.3 项目经理的责任、权利与能力

项目经理是整个项目团队的灵魂,是项目实施的最高领导者、组织者、责任者,在项目管理中起着决定性的作用,处在项目各方的核心地位。他的基本素质、管理能力、经验水平、知识结构、个人魅力等,都会对项目的成败起着关键的作用。

1.项目经理的工作职责

项目经理的职责定义须视具体的项目而定,通常其最基本的职责是领导项目的计划、组织和控制工作,以实现项目目标。简单地说,项目经理对项目负有以下主要职责:

(1)确保目标实现。履行合同义务,监督合同执行,处理合同变更,项目经理以合同当事人的身份,运用合同的法律约束手段,把项目各方统一到项目目标和合同条款上来。保证用户满意是检查和衡量项目经理管理成败、水平高低的基本标志。

(2)制定开发计划。项目总目标一经确定,项目经理的职责之一就是将总目标分解,划分出主要工作内容和工作量,确定项目阶段性目标的实现标志、交付成果和进度控制点,制定项目阶段性目标和项目总体控制计划。完善合理的计划对于项目的成功至关重要。在项目的实施过程中,还要根据项目实际进展,在必要的时候,调整各项计划方案。

(3)组织项目实施。这主要体现在两个方面:其一,设计项目团队的组

织结构,对各职位的工作内容进行描述,并安排合适的人选,以及对项目所需的人力资源进行规划和开发;其二,对于大型项目,项目经理应该决定哪些任务由项目团队完成,哪些任务由承包商完成。组织实施还有一个更重要的内容是营造一种高绩效的能够有效激励团队的工作环境。

(4)做好项目控制。项目实施过程中,项目经理要时刻监控项目的运行,建立并完善项目团队内部的信息管理系统,包括会议和报告制度,保证信息交流的畅通。积极预防,防止意外的发生,及时解决出现的问题,同时要预测可能的风险和问题,保证项目在预定的时间、资金、资源下顺利完成。

2.项目经理的权利

权责对等是管理的一条基本原则,既然上面已经确定了项目经理的工作职责,就应该授予其一定权利。公司高层领导必须要授予项目经理一定约束条件下的权利,包括:

(1)生产指挥权。项目经理有权按项目合同的规定,根据项目随时出现的人、财、物等资源变化情况进行指挥调度;对于施工组织设计和安排的计划,也有权在保证总目标不变的前提下进行优化和调整,以保证能对实施中临时出现的各种变化应付自如。

(2)项目团队的组建权。项目团队的组建权包括两个方面:首先是项目经理班子或管理班子的组建权;其次是项目团队成员的选拔权。项目经理需要组建一个制定决策、执行决策的"左膀右臂"机构,也就是项目的经理班子或管理班子,负责项目各阶段的工作。

(3)财权。在财务制度允许的范围内,项目经理有权安排承包费用的开支,有权在工资基金范围内决定项目团队内部的计酬方式、分配方法、分配原则和方案,确定奖金分配。对风险应变费用、赶工措施费用等都有使用支配权,具体包括分配权和费用控制权。

(4)技术决策权。主要是审查和批准重大技术措施和技术方案,以防止决策失误造成重大损失。必要时召集技术方案论证会或外请咨询专家,以防止决策失误。

3.项目经理的能力要求

项目经理除了在对项目的计划、组织和控制等方面发挥领导作用外,他应具备一系列技能,来激励团队成员取得成功,赢得客户的信赖。合格的项目经理应具备以下的能力:

(1)获得项目资源的能力。项目经理必须要能够通过树立自己的形象,借助各种关系和高层领导,通过正当途径获得项目资源。获得资源和人员并不困难，但获得符合质量和数量要求的资源和人员却是困难的。例如，对于软件项目来说，重要的资源是人才，项目经理应该具备人才开发的能力。不但能够获取适合项目的人才，还能对项目人员进行训练、培养和激励。通过鼓励成员积极进取、不断学习，使其为项目做出更大的贡献。

(2)消除障碍和解决问题的能力。各种纠纷、冲突和矛盾在项目管理中难以避免。当纠纷与冲突对项目管理功能产生危害时，会导致项目决策失误、进度延缓、项目搁浅，甚至彻底失败，所以项目经理应保持对冲突的敏锐观察，识别冲突可能产生的不同后果，尽量利用对项目管理有利的冲突，同时降低和消除对项目产生严重危害的矛盾。如果不学会“灭火”技能，项目经理的职位就当不好，就很难让客户和公司高层经理满意。

(3)领导能力和权衡能力。团队领导并不领导团队，而是领导组成团队的个人。团队成员各有各的优点、缺点和偏好。要想领导一个团队，必须首先学会领导团队中的每一个人。另外，项目经理还要负责做出为了使项目取得成功所必须付出的权衡工作。在对项目的成本、进度和绩效进行权衡时，项目经理是关键人物。这几项中，哪一项比其他项具有更高的优先权，则取决于与项目、客户和所在的组织有关的许多因素。

(4)沟通能力。项目经理必须是一个良好的沟通者，他需要与项目团队、客户、公司高层管理者、承包商等进行定期的交流。经常进行有效的沟通，可以保障项目的顺利进行，及时发现潜在的问题，征求改进项目的建议，保证客户的满意，避免发生意外。

(5)管理时间的能力。优秀的项目经理能够充分掌握和利用好项目时间。项目工作要求人们有充足的精力，因为需要同时面临许多工作活动及无法预见的事情；并尽可能有效地利用时间，项目经理要能够辨明先后主次，把握好时间。

(6)对各个方面的敏感能力。项目经理对项目成员之间，或项目成员与其他利益相关者之间的冲突，也要有灵敏的感觉。同时，还需要有技术方面的敏感，能感觉到何时会出现技术问题，或者何时项目会滞后于进度计划。大多数项目都存在一定的变更，需要在相互抵触的目标之间权衡，因此，具有一定敏感和应变能力对项目经理来说是非常重要的。

1.2.4 项目的组织结构及其影响

1. 职能型

职能型项目组织结构如图 1-4 所示。在该组织结构中，项目的任务分配给相应的职能部门，职能部门主管对分配到本部门的任务负责，分布在不同职能部门的项目成员（加填充颜色的那些）不能相互交流。涉及不同职能部门的项目事项只能由职能主管进行协调。

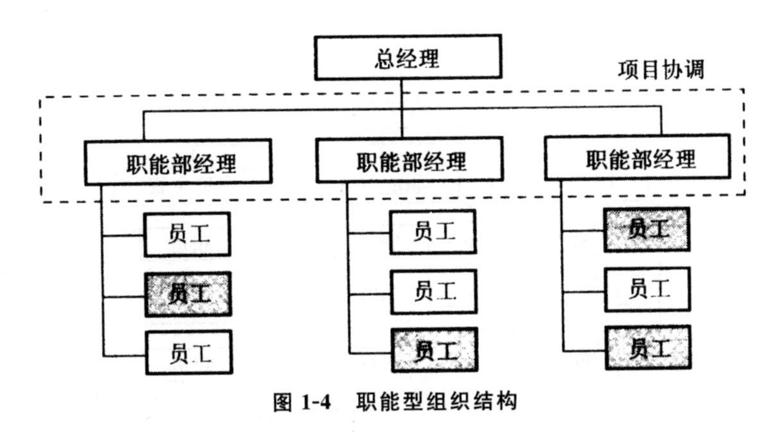

图1-4 职能型组织结构

2. 项目型

项目型组织结构如图1-5所示。该结构中的所有人员服从一个项目主管的领导。项目主管/经理具有较大的独立性和对项目的绝对权利，对项目的总体负全责。

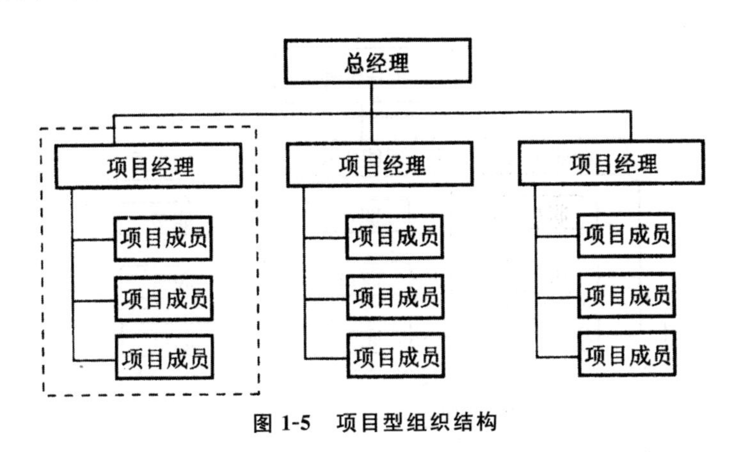

图1-5 项目型组织结构

3. 矩阵型

矩阵型是项目型和职能型项目组织结构的综合，该组织结构中的每个成员和职能部门各司其职，共同为项目负责。它又可以分为弱矩阵式、平衡矩阵式和强矩阵式三种形式。

(1)弱矩阵式组织。如图 1-6 所示,其中的项目成员分布在各职能部门,指定一个成员来担任项目经理,该项目经理没有多大权利来确定资源在各职能部门之间分配的优先程度,故这样的项目经理其实只是一个“虚职”——往往有职无权。

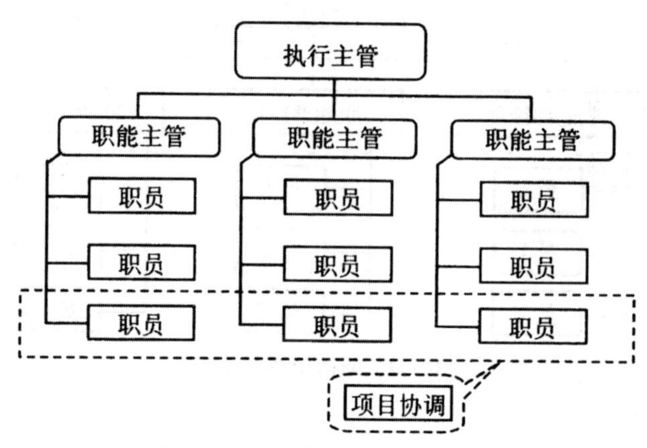

图 1-6 弱矩阵式项目组织结构

(2)平衡矩阵式组织。如图 1-7 所示,其中项目经理负责项目的执行,各职能经理对本部门的工作负责。平衡矩阵很难维持,平衡不好,要么变成弱矩阵,要么变成强矩阵。

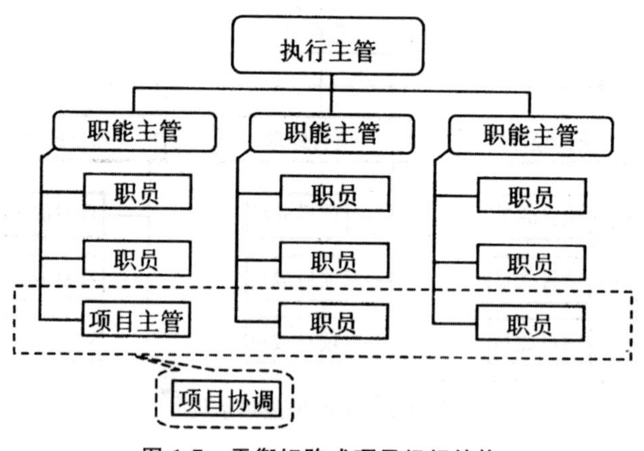

图 1-7 平衡矩阵式项目组织结构

(3)强矩阵式组织。如图 1-8 所示,强矩阵式组织实现项目经理负责制,项目经理对项目的控制力度加大,职能部门对项目的影响减小。该组织形式类似于项目型组织,项目经理决定项目实施过程,职能经理仅提供人力和技术支持。

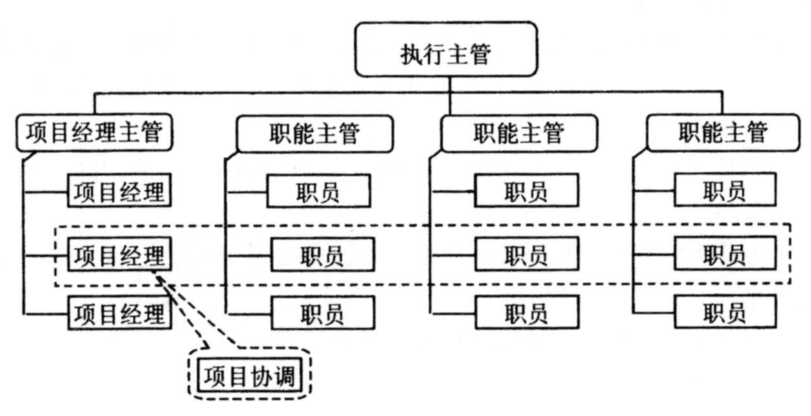

图 1-8 强矩阵式项目组织结构

以上述三种基本的项目组织结构为基础,可以衍生出其他形式的项目组织结构。考虑项目组织结构时,应结合项目的内外部环境,并考虑项目团队的实际情况,构造有利于实现项目目标的结构形式。另外,上述几种项目组织结构中,项目经理的权利是不同的。

在一个纯粹的职能型组织中,项目经理的权利最小;而在一个纯粹的项目型组织中,项目经理的权利最大。对于项目经理来说,弄清楚自己的项目组织结构是非常重要的。

1.3 软件项目管理及其作用分析

1.3.1 软件项目及其特征分析

1. 软件项目的概念

关于软件项目的概念,可以这样理解:软件项目是为解决信息化需求而产生的,与计算机软件系统的开发、应用、维护与服务等相关的各类项目。一个软件项目一旦确立,就需要实施者全面考虑如何利用有限的资源在规定的时间内去实现它,达到客户的最终要求。无论由于什么原因产生的软件项目,其目标都是一致的——为最终用户服务。

下面是一些软件项目的例子:

· 为满足某企业人力资源招聘的需要,开发一套 WEB 方式的在线简历接收和管理系统。

·为满足某政府机关协同办公的需要，开发一套办公自动化信息系统。

·某一专业杀毒软件公司，根据市场需求开发一套新的用来隔离病毒的防火墙软件。

·为某高校建立一套教务综合管理系统，实现课程、成绩、考试等集成化网络管理。

·为某医院开发一套综合医疗管理信息系统，实现门诊管理、病房管理的数字化。

·为某企业现有的信息化项目进行集成改造，并设计开发一套全新的 ERP 软件。

2.软件项目的产生

市场的需要是各类软件项目产生的根本。企业信息化、政府信息化、社会信息化等工作产生了许许多多的软件项目需求。例如，企业信息化提出了各类财务管理、人力资源管理、库存管理、商品进销存管理等业务处理软件，以及目前盛行的 ERP 软件、CRM 软件、SCM 软件等综合性集成化管理软件等；政府信息化提出了各类“金字”工程项目、协同办公软件、应急联动处理等软件项目；社会信息化提出了医疗信息化、教育信息化、社区服务信息化、金融信息化等牵涉到软件开发相关的项目。

由此可见，软件项目可能是由信息化需要而产生的，同时它也可能是由 IT 企业根据市场情况和趋势分析，从市场利益出发，研究投资的机会，自己选择一定的软件项目进行开发，然后再投入市场进行销售。例如，某企业根据商业信息化发展的需要，进行 RFID 识别软件项目的开发，然后再把产品投入市场，与其他现有商业信息化软件进行系统整合。

3.软件项目的特征

因为软件自身的特点，使得软件项目除了具备项目的基本特征之外，还有如下特征：

(1)阶段性。软件项目的阶段性，有时也称为紧迫性，它决定了其时间的限定性，项目必须具有明确的起点和终点，当实现了项目目标或被迫终止项目时必须结束。随着 IT 技术的发展，软件项目的生命周期越来越短，有的项目时间甚至是决定性因素，因为市场时机稍纵即逝，如果项目的实施阶段耗时过长，市场份额将被竞争对手抢走。

(2)不确定性。不确定性是指软件项目不可能完全在规定的时间内、按规定的预算由规定的人员完成。正是因为软件项目具有不确定性，所以在实际的软件项目实施过程中，应该要注意制定切实的计划。但在实际工作中，经常会有两种倾向：一种是觉得“计划没有变化快”，索性不制定计划；另一种是过度强调计划的重要性，将项目中非常琐碎的事情都考虑得非常清楚之后再启动项目。但如此“详细的计划”其实是在试图精确地预测未来，这也是不切实际的，在执行中不得不频繁地进行调整。以上两种极端都是不可取的。

（3）目标渐进性。软件项目按说应该有明确的目标。但是实际的情况却是：大多数软件项目的目标很不明确，经常出现任务边界模糊的情况。在软件系统开发前，用户常常在项目开始时只有一些初步的功能要求，没有明确的、精确的想法，也提不出确切的需求。而软件项目的质量主要是由项目团队来定义的，而用户只担负起审查的任务。因为项目的产品和服务事先不可见，在项目前期只能粗略进行项目定义，随着项目的进行才能逐渐完善和明确，这就使得软件项目的目标具有渐进性特点。在这个软件项目目标逐渐明晰的过程中，一般会进行很多修改，产生很多变更，使得项目实施和管理的难度加大。

（4）智力密集性。软件项目是智力密集项目，受人力资源水平技术的影响很大。项目成员的结构、责任心、工作能力和团队的稳定性对软件项目的质量、进度及是否成功有决定性的影响。软件项目工作的技术性很强，需要大量高强度的脑力劳动。与其他项目相比，在软件项目中，人力资源的作用更为突出，必须在人才激励和团队管理上给予足够重视。

1.3.2 软件项目中的常见问题

当今世界，软件项目失败的原因多种多样，其中比较普遍的问题主要有如下几种：

（1）需求不明确，且频繁变更。用户需求是关于软件一系列想法的集中体现。用户对于需求往往是开始比较模糊，随着项目的进展和反复沟通才逐渐明确，而且还会经常变化和调整，给开发工作造成困难。另外，开发人员与用户之间的信息交流往往不充分，经常存在二义性、功能遗漏，甚至是分析错误，结果是开发出的产品常常与用户要求不一致。

（2）计划不充分，目标不明确。开发计划太细或太粗都会造成项目实施的麻烦，没有良好的开发计划和开发目标，项目的成功就无从谈起。这方面的常见问题主要包括：第一，责任范围不明确，任务分配不合理，工作量估计不足；第二，对每个开发阶段要求提交的结果定义不明确，任务是否完成无法验证；第三，开发计划中的里程碑和检查点不合理或者数量有限；第四，开发计划中没有规定进度管理方法和相关激励机制与职责说明。

(3)过于乐观考虑,工作量估计过低。要对软件项目给出一个适当的工作量估计,需要综合开发的技术、人员的生产率、工作的复杂程度、历史经验等多种因素,将一些定性的内容定量化。而软件开发中,对工时数的重视程度不足、靠拍脑袋的估算是常见的问题。另外,忽视一些平时不可见的工作量,例如,人员的培训时间、各个阶段的评审时间等,也是常见的问题。除此之外,还有以下一些原因也造成工时数估算过低的客观情况。例如,出于客户和公司上层的压力在工时数估算上予以妥协;开发者过于自信,对于一些技术问题不够重视,或担心估算过多而被嘲笑,于是主观地缩短了系统的开发时间;犯“经验主义”错误,由于有类似项目经验,对本项目没有具体分析,就进行粗略的估计。

(4)项目团队水平不足。由于软件项目是知识密集型项目,因此,人手不足是大多数软件项目都会遇到的问题。技术人员的水平如果不能与项目的要求相适应,对新技术不很熟悉,对项目的质量、成本、进度都会产生影响。例如,通过增加低水平的员工,或者是通过加班来加快项目的进度,或者提高产品质量的做法,在软件项目中是很难奏效的。

(5)项目经理的能力不足。项目经理是项目成功的关键,但是,如果项目经理存在一些问题,例如,不能及时把握进度、不会调动开发团队的积极性、对成本缺乏控制、不注意团队成员的沟通、缺乏领导项目的成功经验等,都会造成项目的最终失败。

1.3.3 软件项目管理的作用

上面介绍了软件项目中出现的各种问题,究其原因可以概括为以下几个方面:

(1)项目管理意识淡薄。项目开发和项目管理是两个不同性质的工作。前者侧重于技术,而后者侧重于管理。在 IT 企业,特别是一些中小型 IT 企业,项目经理通常由技术骨干兼任,因此他们往往习惯于关注技术开发,而忽视项目管理工作。这就会造成疏忽项目计划的制定、上下左右的沟通、专业资源的分配、项目组织的调整、开发成本的控制、项目风险的分析等。由于忽视了项目管理的各项工作,必然会出现项目失控的危险。

(2)项目管理制度欠缺。做好管理,必须要有制度,这在管理活动中是不言而喻的。因此,项目管理也必须要有规范化的项目管理制度,并且这些制度必须是切实可行的,必须是因企业、因项目而异的。而在一些软件开发企业中，或者没有项目管理的制度，仅凭个人经验来实施项目管理；或者照搬教条，直接复制其他单位的现成制度，而实际上却无法实施，结果不仅实际的项目管理无所依循，而且也使项目的监控和支持难以落实。

(3)项目成本控制考虑不足。项目管理的核心任务是在范围、成本、进度、质量之间取得平衡。在国内，很多 IT 企业没有建立专业工程师的成本结构及运用控制体制，因而无法确立和实现项目的成本指标、考核方式和控制措施，导致公司与项目经理之间的责任不清。有些项目经理没有成本控制的权利和责任，可以不计成本地申请资源，而公司处于两难的境地。满足请求则造成投资过大，拒绝请求则会面临项目失败的危险。

(4)项目计划执行不到位。项目管理的主要依据是各种工作进度计划。制定科学、合理的进度计划，并保证计划的执行是实现项目目标的根本。由于项目经理对计划认识不足，制定的计划往往不够严谨，随意性很大，可操作性差，在实施中无法遵循，这就失去了计划的指导和监督作用。另外，有些项目开发中缺乏贯穿全程的详细项目计划，甚至采取每周制定下周工作计划的逐周制定项目计划的方式，这实质是使项目失控合法化的一种表现。对于项目进度检查和控制不足，也不能维护项目计划的严肃性。

(5)项目风险防范意识不足。任何项目都会或多或少地存在风险。市场竞争激烈和市场的成熟度的不足，是导致软件开发项目恶性竞争的主要风险。客户希望物美价廉的软件，而且经常会增加功能、缩短进度、压低价格；软件企业为了能够获得合同，忽视必要的可行性分析和项目评估，对客户的所有要求都给予承诺。这样一来，往往是项目尚未启动就已经注定了其中的高风险。一个失败的项目，不但会造成承担项目的企业在经济和信誉上的损失，而且会给客户造成经济和业务发展上的损失。

综上所述，决定一个项目失败的因素很多。一个好的管理虽然还不一定能保证项目成功，但是，坏的项目管理或不适当的项目管理却一定会导致项目失败。随着软件系统规模的增大、复杂性的增加，项目管理在项目实施中将会发挥越来越重要的作用。

1.3.4 软件项目的组织结构

前面已经介绍过项目的几种不同组织结构形式。目前，对于一些大型的 IT 企业来说，其软件开发的典型组织结构模式可用图 1-9 来表示。下面对其中的各个部分进行介绍。

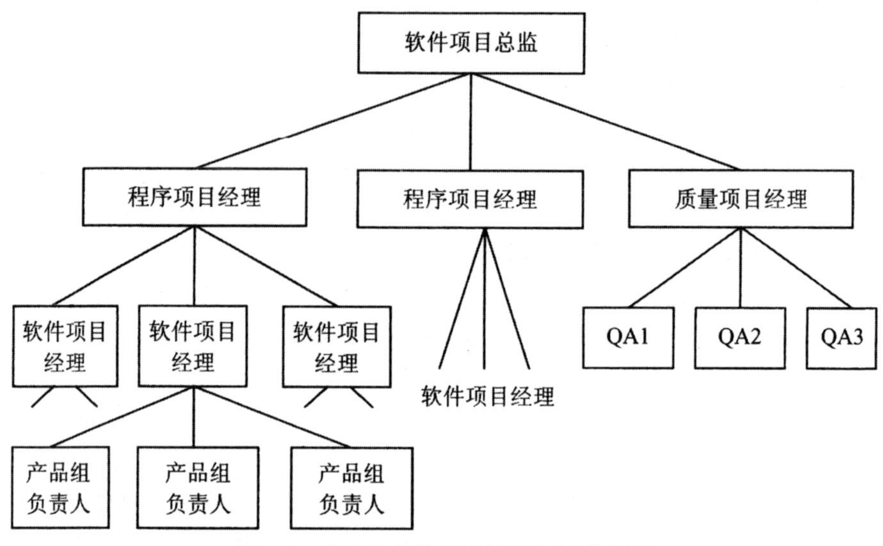

图 1-9　典型的软件项目管理组织模式图

1. 项目总监

项目总监是公司项目管理的最高决策机构和决策人。主要职责包括：负责整个软件项目的管理；依照项目管理制定相关制度，管理项目；监督项目管理相关制度的执行；对项目立项、项目撤销进行决策；任命程序项目经理和质量项目经理。

2. 程序项目经理

程序项目经理对项目总监负责，负责该项目某个特定子项目的开发。同时他下设一个或多个软件项目经理。每个软件项目经理下又设有产品项目组。产品项目组对软件项目经理负责，具体负责软件的开发、市场调研及销售工作。

3. 质量项目经理

质量项目经理直接对项目总监（而不是对程序项目经理）负责。其主要职责包括：对项目可行性报告进行评审；对市场计划和阶段报告进行评审；对开发计划和阶段报告进行评审；项目结束时对项目总结报告进行评审。

4. 产品项目组

产品项目组是具体实现项目目标的单位。在软件项目管理中，产品项目组的组织不应该太大(成员有5～10人即可)。对于大的产品项目组,成员之间花在沟通和交流的时间往往会比花在开发上的时间要多。而且,对于大的产品项目组,程序单元通常都带有任意性并且接口很复杂,从而增加发生接口错误的概率,并需要一些额外的检验和确认过程。

5. 软件项目经理

上面描述的内容主要是公司级的项目经理(包括项目总监、程序项目经理和质量项目经理)。在实际工作中,软件项目经理应确保全部工作在预算范围内按时、按质、按量完成。软件项目经理的基本职责、权利与能力结构,请参见1.2.3中的详细介绍。

1.4 本章小结

本章首先介绍了项目管理的基本知识,包括项目的起源、发展、含义及其特点,项目管理的含义、特征和内容以及项目管理的知识体系;然后介绍了项目管理的三重约束条件以及实施环境,包括项目干系人的含义、类型及其各自在项目管理中所起的作用,项目经理责任、权利与能力的分析,以及项目的不同组织结构形式及其各自的影响;最后,分析了软件项目的主要特征,介绍了在软件项目开发中的常见问题,在此基础上,说明了加强软件项目管理的重要作用,并说明了软件项目的典型组织结构模式。

第 2 章　软件项目启动管理

2.1　软件项目需求的获得

软件项目的启动管理，首先需要获得软件开发项目，这就要求软件开发单位认真地从各种渠道获取项目来源，并进行项目选择、需求识别，最终确定软件项目的需求建议书。

2.1.1　项目的来源渠道

要获得软件项目，必须分析来源渠道，通常它表现为一个全方位的搜索过程。在经过大量的数据分析和整理工作，甚至是市场分析后，才可以最终获得一个软件开发项目。

从软件开发企业自身来说，软件项目的获得渠道通常有以下几种产生方式：

(1)市场寻找。企业自己寻找项目机会，经过论证后确定自己进行某软件的开发。例如，某软件公司从有关渠道获知，国家卫生部将在全国各大医院大力推进医院信息化建设，于是决定进入医疗信息系统(HIS)的软件开发领域，并准备尽快将其产品市场化。

(2)客户提出。客户提出项目开发任务，其初步可行性研究已经完成，项目的提出者与投资者在进行详细的研究后确定实施该项目，并在全国范围内进行公开招标，选择开发商。如果此时软件开发企业有能力、有兴趣承担参与该项目的开发，就可以投标竞争。

(3)寻求外包。某些项目的提出者做完了所有的论证工作，也进行了系统的初步分析和设计，并引入了风险投资资金的支持，确定进行某一项目的开发。目前，正面向全球征集合作伙伴，共同进行项目的具体编程、测试、开发、维护等工作(其实就是想进行软件外包)。如果本企业对于接受软件外包项目比较有经验，目前阶段也有相应的技术人员、管理人员以及相关的专业外语人员，就可以申请该外包软件项目的开发任务。

(4)其他渠道。软件项目的来源还有一些其他的渠道，如外部环境的变化、国家的行业政策调整，都会引发对某一类软件项目的需求。例如，前几年国家旅游局对星级饭店的评比中，为了推进旅游业的信息化建设，对三星级以上饭店的评比标准中增加一条“必须要有集成化的饭店管理信息系统，能够在全店范围内实现多点消费、一次结单”，之后很多软件开发企业就开始介入了饭店管理信息系统的软件开发。

2.1.2　开发项目的选择

在面对各种项目机会时，要做好项目的选择，必须重点考察项目的以下 4 个要素：

(1)项目的合法性。选择项目时，首先要考虑项目是否符合国家的产业政策。国家提倡和鼓励的项目，是国家在一定时期内重点扶持、优先发展的产业，必将拥有广阔的市场前景。反之，凡是国家限制发展的和明令禁止的项目，则完全没有必要进行考虑。

(2)项目的含金量。项目科技含量的高低，标志着市场竞争力的强弱，决定着项目生命周期的长短，同时直接关联着经济效益的好坏，只有把眼光瞄准高科技项目，坚持“不断发展”的思路，才能收到“一次投资，终生受益”的理想效果。

(3)项目的成熟度。软件项目的核心是技术，成熟可靠的技术才能保证项目在实施过程中得心应手、运作自如。实验室的技术处于实验阶段，应慎重采用。项目应遵循“成熟、先进”的原则选择所采用的技术和产品，方能相对保证投资的安全。

(4)项目的适用性。软件项目的生存和发展，是依赖市场来承载的。市场对某项目的接纳程度，主宰着该项目的未来。因此，项目的适用性强弱，直接关系到它所衍生的产品在市场中的地位和份额。一个适用性较差的项目，它面对的市场是十分狭小的，其结果肯定是不战而败。这在软件开发单位自行选择软件开发任务时，是非常重要的考虑因素。

2.1.3　项目需求的识别

不管项目来自于何种渠道，都需要做好用户需求的识别，否则项目风险会大大增加。

从客户所在的角度而言，识别需求是项目启动过程和整个项目生命期的最初活动，客户通过识别商业或市场需求、机会，确定投资方向和项目机会。在这个过程中，将为项目的目标确定、可行性分析和项目立项提供直接、有效的依据。例如,一个企业发现其资源利用率很低、财务浪费严重、管理比较混乱,准备启动 ERP 系统。但是,在这之前必须要调查清楚当前企业资源利用的实际情况,以及对企业管理和成本造成的影响程度,尽量确定问题的数量和等级,看是否真的需要建立 ERP 系统。一旦已经确定了相关问题和需求,并证实了用 ERP 系统将会获得很大的收益后,才可以开始准备需求建议书。

从开发方的角度而言,识别需求是得到客户需求建议书后,项目团队从技术实现、项目实施的角度识别客户的实际存在的问题、基本意图和真实想法,从而与客户有效地沟通,准确分析需求和问题,为制定可行、合理、正确的技术及实施解决方案提供依据。

如果是软件企业自行选择开发的面向特定市场的项目,更需要认真分析其实际需求。

2.1.4 需求建议书的提出

需求建议书(Request for Proposal,简称 RFP)是从客户的角度,对项目进行的全面详细的论述。对于一个项目而言,特别是对于较复杂的项目而言,RFP 应当是全面的,并且能够提供足够而详细的信息,以使承包商或项目团队能针对客户的具体需求相应地准备一份有竞争力的、合理的项目申请书或项目建议书。需求建议书一般包含以下的主要内容:

(1)满足需求的工作陈述。该陈述应涉及项目工作范围,介绍客户需要软件提供商或项目团队完成的工作任务和工作基础单元。

(2)客户提出的相关要求。这些要求规定了所要进行的项目需要满足的技术标准、质量要求、进度要求、数量,以及软件方案需要满足的各项参数、指标。

(3)项目所应提交的交付物。这里的交付物是软件提供商应该提交的实体内容,但不一定只是项目最终的交付成果,也可能是双方协商确定的里程碑完成报告、进度报告等。例如,一个应用软件集成系统初次验收后的系统试运行报告,也可以作为一个交付物。

(4)客户供应条款、合同形式、付款方式。可以通过此需求,让软件提供商了解客户合同订立的原则、付款的可能形式,以做好商务上的洽商准备或放弃。

(5)客户对项目建议书的要求。这项要求在客户需要进行招标的项目中比较常见。客户通常会提供有关申请书(或投标文件)的格式和内容的规定,如不能少于或多于多少页等;也会对申请书的提交时间做出严格的最后期限规定，以便在同一时间公平地评价。

当然，也不是所有的项目都需要需求建议书，或者都包含以上全部内容，可能有的就是口头交流，这需要根据项目的具体情况而定。例如，对于一个项目，企业认为完全没有必要对外承包实施，自己就可以组织很少的人力完成，这时就可以根据情况选择是否需要制定需求建议书。如果是一个非招标项目，可以根据情况决定是否将上面最后一项内容写入需求建议书，而对于招标项目，这种需求建议书还可以转化成招标文件的一部分。

2.2　软件项目的背景分析

在从外部客户那里获取软件开发项目之后，还要做好项目背景的分析，包括对客户背景的分析、项目外部环境的分析，以及对与该项目相关利益者的分析等工作。

2.2.1　客户背景的分析

在为客户开发软件之前，先要分析客户的相关背景。主要包括以下几个方面：

(1)了解客户的基本情况。了解客户的方式很多，除了和客户进行直接交谈之外，最简单的就是登录客户网站，从中了解客户的发展历程、主营业务等信息。另外，查阅公司内部的历史项目数据库，看公司是否与该客户有过合作记录，如果有的话，可以访问当时参与项目的成员，了解该客户的公司文化、做事方式和领导风格。这有助于项目经理与客户的有效配合，并尽快和客户人员找到共同语言，迅速建立良好的合作关系。

(2)了解客户的发展前景和本项目对该公司的战略重要性程度。有时候一个看似小的项目，但是因为某一企业的成功应用，就可能是本企业进入一个全新领域的“敲门砖”。

(3)了解客户主要竞争对手的情况。我们的项目方案和实施结果应该有助于帮助客户提升自身竞争力。

(4)了解客户对此项目的目的和期望。要详细了解客户对项目是否有某些特殊的期望，比如有些客户希望自己的项目可以申请行业优质工程，有些客户希望把项目作为对某一特定节日的献礼，而有的项目只是领导为了创建一个“形象工程”等。

(5)了解和项目实施相关的客户方面的业务流程、人员安排、项目成果的最终用户以及他们的真正想法等信息。

2.2.2　项目环境信息的分析

启动软件项目之前，需要了解如下的项目环境、项目背景等信息：

(1)项目发起人是否有权开展项目；

(2)项目是否有财务支持；

(3)项目是否以前有人开发过，当时主要出现了什么问题；

(4)项目是否有合理的开始时间和截止时间；

(5)项目是否有行业相关的国家标准或国际规范；

(6)项目是否有要求明确的最终交付结果。

2.2.3　项目干系人的分析

对每个软件项目，都有几种不同的项目干系人，也称为项目利益相关者。他们在项目运行过程中扮演着不同的角色，同时也可能会对项目持不同态度。项目管理者要了解他们的想法，以利于协调工作、调动相关人员的积极性。

本书 1.2.2 小节中，已经概括了项目干系人的类型，其中需要重点分析以下 5 类：

(1)项目组成员。项目组成员之间存在相互合作关系，但也同时存在彼此之间的竞争关系。作为软件项目经理应把握分寸，力求成员之间和谐相处，并保持良好的工作氛围。

(2)公司现有业务、现有项目的成员。这些现有业务或项目是本项目开展的环境，同时也和本项目的开发形成竞争关系。这种竞争体现在资金、人才和设备等资源的分配、占有等方面。软件项目的成员往往还需要承担原来业务或项目的某种角色，因而如何协调与公司现有业务或项目之间的关系，是项目经理需要考虑的问题之一。

(3)资源提供者。包括资金、人力和技术三类提供者，他们可能是项目所在企业，也可能是风险投资公司，还可能是委托机构，或者是外部供应商等。这些资源提供者，一方面为使项目正常工作提供必要的资源保证，同时也给项目的开发提出了要求。项目发起人需要不断地与他们沟通(尤其是在项目启动阶段)，以便为项目后续工作奠定坚实基础。

(4)用户。用户的需求得到充分的满足才是项目实施的落脚点。与资源提供者不同，一般用户对项目的功能、性能方面有具体的要求，项目经理必须组织项目成员和用户进行沟通，及时了解用户需求信息，做好项目计划的确定，并要最终满足他们的真正需求。

(5)潜在利益相关者。潜在利益相关者有合作伙伴也有竞争对手。他们往往在情况发生变化时影响项目的开发。对此，项目经理必须掌握项目开发的进度，以及在实施过程中对项目的变化及时做出调整，从而保证项目的顺利进行。

2.3　软件项目的可行性分析

在项目启动前，必须做好可行性分析，也就是要对项目的涉及领域、投资额度、投资效益、应用的技术、所处的环境、产生的效益等多方面进行全面的分析。分析的内容包括技术的先进性、经济的合理性和建设的可能性，其目的是合理确定项目的投资价值。

2.3.1　可行性分析的作用

可行性研究立足于从管理上、技术上、经济上、实现上的难点进行阐述，逐步理清客户的需求，并在需求的基础上，规划总体解决方案，以作为项目投入产出评估的依据和产品选型的依据，以及后续实施方案的约束。总体来讲，可行性研究具有如下几点作用：

(1)为科学决策提供参考。业务人员在提出信息化需求时，可能并没有充分考虑它与其他系统之间的关系，这样得出的投入与产出分析是很粗略的。在此基础上，通过设计可行性方案，考虑清楚该项目的定位及其与其他系统的关系，这样的分析将更有说服力。投资者需要在多方论证的基础上，编制可行性研究报告，其结论是投资者投资决策的依据。

(2)为项目设计和实施提供依据。虽然项目可行性研究与项目设计是分别进行的，但项目设计要严格按照可行性研究报告的内容进行，可行性研究报告中已确定的规模、方案、标准、投资额度等控制指标不得随意改变。项目设计中的新技术、新产品也都必须经过可行性研究才能被采用。同时，可行性研究也是项目实施的重要依据。

(3)为项目评估提供标准。项目评估是指在可行性研究的基础上，通过论证分析，对可行性研究报告进行评估，提出项目是否可行、是否最优的选择方案，为最后决策提供咨询意见。这项工作可以由专业的咨询评估机构来完成。例如，银行或风险投资机构就可以在对可行性研究报告进行审查和评估之后，决定对该项目是否贷款或决定贷款金额的大小。

(4)为商务谈判、签订合同提供指南。有些项目可能需要引进技术、设备。可行性方案的制定是建立在业务需求的基础上，是不受任何产品影响的。因而它是后续产品选型的依据，它使得企业可以在产品选型过程中始终坚持"遵从自身的需求和规划"的原则，选择产品与方案，而不至于受到供应商解决方案的误导。例如，与供应商进行谈判时，要以可行性研究报告的有关内容(设备选型、处理能力、技术先进性等)为依据。在可行性研究报告批准后，才能与相关软件、设备、技术供应商进行商务谈判和签订合同。

2.3.2 可行性分析的内容

可行性研究是建立在初步调查基础之上的，它包括实现的可能性和开发的必要性两个方面。如果企业管理者或决策者的需求不迫切，就是不具备可能性；而如果各种条件尚不完善，就是不具备必要性。软件项目的可行性分析，应该从以下三个方面进行考虑：

1. 技术可行性分析

技术可行性是指在现有的技术条件下，能否达到用户所提出的要求，所需要的物理资源是否具备、是否能够得到。技术可行性需要确认的是：项目准备采用的技术是先进的、成熟的，能够充分满足用户在应用上的需要，并足以从技术上支持系统的成功实现。

在进行技术可行性分析时，一般应当考虑以下问题：

(1)进行开发风险的评估。在给定的限制范围和时间期限内，能否开发出预期软件，并实现必需的功能和性能；对于超出自己技术能力或者时间安排可能会有冲突的任务，不能盲目地"接单"，以免到时因无法按时完成而赔偿对方损失，并使企业名誉受损。

(2)分析人力资源的有效性。要分析技术团队能否建立，是否存在人力资源不足、技术能力欠缺等问题；另外，是否可以在人才市场或通过培训获得所需的熟练技术人员。

(3)分析技术能力的可能性。相关技术的发展趋势和当前所掌握的技术是否支持该项目的开发，市场上是否存在支持该技术的开发环境、开发平台和相关工具。

(4)分析设备(产品)的可用性。是否存在可以用于建立系统的其他资源，例如，一些设备及可行的替代品，还有是否有可以直接利用的组件或构件，是否能够进行外包服务。

技术可行性往往决定了项目的方向，一旦开发人员在评估技术可行性分析时估计错误，将会出现严重的后果，造成项目根本上的失败。

2. 经济可行性分析

经济可行性就是分析项目在经济上是否合理。如果不能提供开发软件所需的经费，或者一定时期内不能回收投资，经济上就是不可行的。经济可行性分析包括以下三项内容：

(1)成本分析。进行经济可行性分析，首先要估计成本，并以项目成本是否在项目资金限制范围内作为项目的一项可行性依据。项目成本包括开发成本与维护成本。系统开发成本包括设备(各种硬件/软件及辅助设备的购置、运输、安装、调试、培训费等)、机房及附属设施(电源动力、通信、公共设施费)和软件开发费用等。维护成本包括系统维护费(软件、设备、网络通信)和系统运行费用(人员费用、易耗品、办公费用)等。

说明：在费用估计时，切忌估计过低。例如，只算主机，不算辅助设备；只算开发费，不算维护费；只算一次性投资，不算经常性开支。如果成本估计过低，将会产生结论性错误，影响软件项目的建设。

(2)直接经济效益分析。软件的经济效益可以分为直接经济效益和间接经济效益。其中，前者是系统投入运行后，对利润的直接影响。例如，节省人员、压缩库存、加快资金周转、减少废品等。把这种效益与系统投入、运行费用相比，可以估计出投资的回收期。

(3)间接经济效益分析。软件系统的效益大部分是难以用货币形式表现出来的社会效益，例如，系统运行后，提供了以前提供不了的统计报表与分析报告；提供了比以前准确、及时、适用、易理解的信息；对管理者的决策提供了有力的支持；促进了体制改革，提高了工作效率，优化了工作条件；改善了企业形象，增加了竞争力，减少了人员费用；改进了客户服务水平，增强了顾客信任，增强了企业的竞争地位等，这些都是间接效益。

3. 运行环境可行性分析

软件项目的产品多数是一套需要安装并运行在客户单位的软件、相关说明文档、管理与运行规程。只有软件正常使用，并达到预期的技术指标、经济效益指标和社会效益指标，才能说软件项目的开发是成功的。而运行环境是制约软件在客户单位发挥效益的关键。

因此，需要从管理体制、管理方法、规章制度、人员素质、数据资源、硬件平台等多方面进行评估，以确定软件系统在交付以后，是否能够在客户单位顺利运行。

在实际项目中，软件的运行环境往往是需要再建立的，这就为项目运行环境可行性分析带来不确定因素。因此，在进行运行环境可行性分析时，可以重点评估是否能建立系统顺利运行所需环境及建立这个环境所需要进行的工作，以便将其纳入项目计划之中。

另外，软件项目也涉及合同责任、知识产权等法律方面的可行性问题。特别是在系统开发和运行环境、平台和工具方面，以及产品功能和性能方面，往往存在一些软件版权问题，是否能够购置到所需要使用的环境、工具的版权，有时也可能影响项目的建立。

2.3.3 可行性分析的步骤

可行性分析一般包括初步可行性分析、详细可行性分析、给出分析结论、提交可行性分析报告 4 个阶段。每个阶段都是一个独立的过程，根据项目情况也可以跨越某些阶段。

1. 初步可行性研究

初步可行性研究，是对市场或客户情况进行调查后，对项目进行的初步评估，其目的是决定是否可以开始进入下一阶段——详细可行性研究。一般可以从以下几个方面进行：

(1)分析项目的前途，从而决定是否应该继续深入调查研究。

(2)初步估计和确定项目中的关键技术核心问题，以确定是否有可能解决。

(3)初步估计必须进行的辅助研究，以解决项目的核心问题，并判断是否具备必要的技术、实验、人力条件作为支持。

因此，通过项目的初步可行性研究就应当能够回答以下一些问题：

- 项目建设的必要性；
- 项目建设的周期；
- 项目需要的人力、物力和财力；
- 项目功能和目标是否可以实现；
- 项目的经济效益、社会效益是否可以保证；
- 项目从技术上、经济上是否合理等。

经过初步的可行性研究，可以形成初步可行性研究报告，对项目进行比较全面的描述、分析和论证，以便为是否开始全面的可行性论证提供决策的参考。

2. 详细可行性研究

详细可行性研究是在项目决策前进行详尽的、系统的、全面的调查、研究、分析，对各种可能的技术方案进行详细的论证、比较，并对项目建设完成后所可能产生的经济、社会效益进行预测和评价，最终提交的可行性研究报告将成为进行项目决策和评估的依据。

进行详细可行性研究的依据是调查分析报告，技术、产品或工具的有关资料，需求建议书或项目建议书批准后签订的意向性协议，国家、企业的法律、政策、规划和标准等。

软件项目详细可行性研究的内容一般可归纳为以下几方面：

(1)概述。提出项目开发的背景、必要性和经济意义，研究项目工作的依据和范围，产品交付的形式、种类、数量。

(2)需求确定。调查研究国内外客户的需求情况，对国内外的技术趋势进行分析，确定项目的规模、目标、产品、方案和发展方向。

(3)现有资源、设施情况分析。调查现有的资源，包括硬件设备、软件系统、数据、规章制度等，以及这些资源的使用情况和可能的更新情况。

(4)初步设计技术方案。确定项目的总体和详细目标、范围，总体的结构和组成，核心技术和关键问题、产品的功能与性能。

(5)项目实施进度计划建议。

(6)投资估算和资金筹措计划。

(7)项目组织、人力资源、培训计划。包括现有人员的规模、组织结构、人员层次、个人技术能力、人员技术培训计划等。

(8)经济和社会效益分析。

(9)合作与协作方式等。

3. 给出可行性分析的结论

在详细可行性分析研究后，应该得出可行性分析的结论，明确给出以下某一个结论：

(1)项目各方面条件都已经基本具备，可以立即开发。

(2)目前项目实施的基本条件不具备，如资金缺口太大、项目技术难以在规定的时间内有所突破等，可建议终止项目，或者推迟到某些条件具备以后再进行。

(3)某些条件准备不充分，可建议修改、调整原来的系统目标，使其成为可行。

(4)不能进行或不必进行(如技术不成熟、经济上不合算等)。

4. 撰写可行性分析报告

可行性分析的最后一步，是撰写可行性分析报告。下面给出其一般的编写内容要求。

◎阅读材料

可行性研究报告的编写内容要求

1 引言

1.1 编写目的

说明编写本可行性研究报告的目的，指出预期的读者。

1.2 背景

说明：

a. 所建议开发的软件系统的名称；

b. 本项目的任务提出者、开发者、用户及实现该软件的计算中心或计算机网络；

c. 该软件系统同其他系统或其他机构的基本的相互来往关系。

1.3 定义

列出本文件中用到的专门术语的定义和外文首字母词组的原词组。

1.4 参考资料

列出用得着的参考资料，如：

a. 本项目的经核准的计划任务书或合同、上级机关的批文；

b. 属于本项目的其他已发表的文件；

c. 本文件中各处引用的文件、资料，包括所需用到的软件开发标准。

要列出上述资料的标题、文件编号、发表日期和出版单位，说明参考资料的来源。

2 可行性研究的前提

说明对所建议的开发项目进行可行性研究的前提，如要求、目标、假定、限制等。

2.1 要求

说明对所建议开发的软件的基本要求，如：

a. 功能；

b. 性能；

c. 输出：如报告、文件或数据（对每项要说明其用途、产生频度、接口以及分发对象等）；

d. 输入：说明系统的输入，包括数据的来源、类型、数量、数据的组织以及提供的频度；

e. 处理流程和数据流程：用图表的方式表示出最基本的数据流程和处理流程，并辅之以叙述；

f. 在安全与保密方面的要求；

g. 同本系统相连接的其他系统；

h. 完成期限。

2.2　目标

说明所建议系统的主要开发目标，如：

a. 人力与设备费用的减少；

b. 处理速度的提高；

c. 控制精度或生产能力的提高；

d. 管理信息服务的改进；

e. 自动决策系统的改进；

f. 人员利用率的改进。

2.3　条件、假定和限制

说明对这项开发中给出的条件、假定和所受到的限制，如：

a. 所建议系统的运行寿命的最小值；

b. 进行系统方案选择比较的时间；

c. 经费、投资方面的来源和限制；

d. 法律和政策方面的限制；

e. 硬件、软件、运行环境和开发环境方面的条件和限制；

f. 可利用的信息和资源；

g. 系统投入使用的最晚时间。

2.4　进行可行性研究的方法

说明这项可行性研究将是如何进行的，所建议的系统将是如何评价的。摘要说明所使用的基本方法和策略，如调查、加权、确定模型、建立基准点或仿真等。

2.5　评价尺度

说明对系统进行评价时所使用的主要尺度，如费用的多少、各项功能的优先次序、开发时间的长短及使用中的难易程度。

3　对现有系统的分析

这里的现有系统是指当前实际使用的系统，它可能是计算机系统，也可能是一个机械系统甚至是一个人工系统。分析现有系统的目的是为了进一步阐明建议中的开发新系统或修改现有系统的必要性。

3.1 处理流程和数据流程

说明现有系统的基本的处理流程和数据流程。此流程可以用图表即流程图的形式表示,并加以叙述。

3.2 工作负荷

列出现有系统所承担的工作及工作量。

3.3 费用开支

列出运行现有系统所引起的费用开支,如人力、设备、空间、服务、材料等项开支以及开支总额。

3.4 人员

列出为了现有系统的运行和维护所需要的人员的专业技术类别和数量。

3.5 设备

列出现有系统所使用的各种设备。

3.6 局限性

列出本系统的主要的局限性,例如,处理时间赶不上需要,响应不及时,数据存储能力不足,处理功能不够等。并且要说明,为什么对现有系统的改进性维护已经不能解决问题。

4 所建议的系统

本章将用来说明所建议系统的目标和要求将如何被满足。

4.1 对所建议系统的说明

概括说明所建议系统,并说明 2.1 中列出的那些要求如何满足,说明所使用的基本方法及理论根据。

4.2 处理流程和数据流程

给出所建议系统的处理流程和数据流程。

4.3 改进之处

按 2.2 条中列出的目标,逐项说明所建议系统相对于现存系统的改进。

4.4 影响

说明在建立所建议系统时,预期将带来的影响,包括:

4.4.1 对设备的影响

说明新提出的设备要求及对现存系统中尚可使用的设备须做出的修改。

4.4.2 对软件的影响

说明为使现存应用软件和支持软件能够同建议系统相适应,而需要对这些软件所进行的修改和补充。

4.4.3　对用户单位机构的影响

说明为了建立和运行所建议系统，对用户单位机构、人员的数量和技术水平等方面的全部要求。

4.4.4　对系统运行过程的影响

说明所建议系统对运行过程的影响，如：

a. 用户的操作规程；

b. 运行中心的操作规程；

c. 运行中心与用户之间的关系；

d. 源数据的处理；

e. 数据进入系统的过程；

f. 对数据保存的要求，对数据存储、恢复的处理；

g. 输出报告的处理过程、存储媒体和调度方法；

h. 系统失效的后果及恢复的处理办法。

4.4.5　对开发的影响

说明对开发的影响，如：

a. 为了支持所建议系统的开发，用户需进行的工作；

b. 为了建立一个数据库所要求的数据资源；

c. 为了开发和测验所建议系统而需要的计算机资源；

d. 所涉及的保密与安全问题。

4.4.6　对地点和设施的影响

说明对建筑物改造的要求及对环境设施的要求。

4.4.7　对经费开支的影响

扼要说明为了所建议系统的开发，设计和维持运行而需要的各项经费开支。

4.5　局限性

说明所建议系统尚存在的局限性以及这些问题未能消除的原因。

4.6　技术条件方面的可行性

本节应说明技术条件方面的可行性，如：

a. 在当前的限制条件下，该系统的功能目标能否达到；

b. 利用现有的技术，该系统的功能能否实现；

c. 对开发人员的数量和质量的要求并说明这些要求能否满足；

d. 在规定的期限内，本系统的开发能否完成。

5　可选择的其他系统方案

扼要说明曾考虑过的每一种可选择的系统方案，包括需要开发的和可以从国内国外直接购买的，如果没有供选择的系统方案可考虑，则说明这一点。

5.1 可选择的系统方案 1

参照第 4 章的提纲,说明可选择的系统方案 1,并说明它未被选中的理由。

5.2 可选择的系统方案 2

按类似 5.1 条的方式说明第 2 个乃至第 n 个可以选择的系统方案。

……

6 投资及效益分析

6.1 支出

对于所选方案,说明所需的费用。如果已有一个现存系统,则包括该系统继续运行期间所需的费用。

6.1.1 基本建设投资

包括采购、开发和安装下列各项所需的费用,如房屋和设施;数据通信设备;环境保护设备;安全与保密设备;操作系统和应用的软件;数据库管理软件等。

6.1.2 其他一次性支出

包括下列各项所需的费用,如:

a. 研究(需求的研究和设计的研究);

b. 开发计划与测量基准的研究;

c. 数据库的建立;

d. 相关软件的转换;

e. 检查费用和技术管理性费用;

f. 培训费、旅差费以及开发安装人员所需要的一次性支出;

g. 人员的使用及调动费用等。

6.1.3 非一次性支出

列出在该系统生命期内按月或按季或按年支出的用于运行和维护的费用,包括:

a. 设备的租金和维护费用;

b. 软件的租金和维护费用;

c. 数据通信方面的租金和维护费用;

d. 人员的工资、奖金;

e. 房屋、空间的使用开支;

f. 公用设施方面的开支;

g. 保密安全方面的开支;

h. 其他经常性的支出等。

6.2 收益

对于所选择的方案，说明能够带来的收益，这里所说的收益，表现为开支费用的减少或避免、差错的减少、灵活性的增加、动作速度的提高和管理计划方面的改进等，包括：

6.2.1 一次性收益

说明能够用人民币数目表示的一次性收益，可按数据处理、用户、管理和支持等项分类叙述，如：

a. 开支的缩减包括改进了的系统的运行所引起的开支缩减，如资源要求的减少，运行效率的改进，数据进入、存贮和恢复技术的改进，系统性能的可监控，软件的转换和优化，数据压缩技术的采用，处理的集中化/分布化等；

b. 价值的增升包括由于一个应用系统的使用价值的增升所引起的收益，如资源利用的改进，管理和运行效率的改进以及出错率的减少等；

c. 其他如从多余设备出售回收的收入等。

6.2.2 非一次性收益

说明在整个系统生命期内由于运行所建议系统而导致的按月的、按年的能用人民币数目表示的收益，包括开支的减少和避免。

6.2.3 不可定量的收益

逐项列出无法直接用人民币表示的收益，如服务的改进，由操作失误引起的风险的减少，信息掌握情况的改进，组织机构给外界形象的改善等。有些不可捉摸的收益只能大概估计或进行极值估计。

6.3 收益/投资比

求出整个系统生命期的收益/投资比值。

6.4 投资回收周期

求出收益的累计数开始超过支出的累计数的时间。

6.5 敏感性分析

所谓敏感性分析是指一些关键性因素如系统生命期长度、系统的工作负荷量、工作负荷的类型与这些不同类型之间的合理搭配、处理速度要求、设备和软件的配置等变化时，对开支和收益的影响最灵敏的范围的估计。在敏感性分析的基础上做出的选择当然会比单一选择的结果要好一些。

7 社会因素方面的可行性

本章用来说明对社会因素方面的可行性分析的结果，包括：

7.1 法律方面的可行性

法律方面的可行性问题很多，如合同责任、侵犯专利权、侵犯版权等方面的陷阱，软件人员通常是不熟悉的，有可能陷入，务必要注意研究。

7.2 使用方面的可行性

例如，从用户单位的行政管理、工作制度等方面来看，是否能够使用该软件系统；从用户单位的工作人员的素质来看，是否能满足使用该软件系统的要求等，都是要考虑的。

8 结论

在进行可行性研究报告的编制时，必须有一个研究的结论。结论可以是：

a. 可以立即开始进行；

b. 需要推迟到某些条件（如资金、人力、设备等）落实之后才能开始进行；

c. 需要对开发目标进行某些修改之后才能开始进行；

d. 不能进行或不必进行（如因技术不成熟、经济上不合算等）。

2.4 软件项目的启动

在可行性研究通过之后，就可以正式开始项目启动。其中的主要任务包括项目的核准与立项、项目启动的准备、召开项目启动会议、成立项目组织机构以及制定项目管理章程等。

2.4.1 项目的核准与立项

一个项目只有在可行性研究通过之后才能正式启动。一般包括编写立项报告，在通过审批后召开启动会议，任命项目经理，项目正式启动。对于一个小项目，只要可行、合法，不必经过有关部门的批准就可以实施。但是，对于一些大的项目，一般需要向有关部门进行申报核准，待审批通过后才能正式启动。这一过程称为项目立项。

立项报告是项目启动阶段的重要文档，需要将从意向提出、需求确认，到可行性方案论证，到产品选型各阶段产生的重要内容整理形成文档。还包括任命项目经理、建立项目组织机构、申请项目经费，然后按公司的管理流程，交给相关的部门会签，成为确认项目合法性的文件。后续的所有项目活动都要以立项报告为依据。

2.4.2　项目启动的准备

在正式的项目启动之前，需要做好项目启动的准备工作，具体可以准备一个项目启动检查清单，以确保项目启动工作的完整、有序。一般说来，启动准备工作包括：建立项目管理制度、整理启动资料等。其中，建立项目管理制度是非常关键，而且容易忽略的一项工作，其主要内容应该包括：项目考核管理制度、项目费用管理制度、项目例会管理制度、项目进度通报制度，以及项目计划管理制度（用来明确各级项目计划的制定、检查流程，例如，整体计划、阶段计划、周计划），项目文件管理流程（用来明确各种文件名称的管理和文件的标准模板，例如，汇报模板、例会模板日志、问题列表等）。

2.4.3　召开项目启动会议

项目启动的准备工作完成后，就可以召开项目启动会议。启动会议是项目开工的正式宣告，参加人应该包括项目组织机构中的关键角色，如管理层领导、项目经理、供应商代表、客户代表、项目监理、技术人员代表等。

在软件项目开发中需要与用户的各个层面打交道，但现实往往是用户单位的员工根本不了解软件公司在给自己的企业做什么，因此有必要召开一个正式的项目启动会议，向双方员工传递项目的信息，激发公司全体员工对项目的热情。在项目启动会议上，双方领导要讲话，特别是用户方的领导要强调项目的意义。例如，联想上 ERP 项目时就专门召开了全体员工誓师大会，柳传志亲自到会讲话，把 ERP 项目摆到关乎企业生死存亡的高度，并亲手将一面大旗授予 ERP 项目的负责人。柳传志还说："有人说现在上 ERP 是找死，但现在如果不上就是等死，我们与其在这里等死，为什么不去拼搏一把呢？"事实证明，这不仅极大地鼓舞了项目组成员的斗志，同时也使全体员工明白这不仅仅是信息部门的事，而且是公司从上到下都要关心的事。项目启动会议的任务包括：

- 阐述项目背景、价值、目标；
- 项目交付物介绍；
- 项目组织机构及主要成员职责介绍；
- 使双方人员彼此认识，清楚各个层次的接口；
- 项目初步计划与风险分析；

· 项目管理制度；
· 项目将要使用的工作方式。

2.4.4 成立项目组织机构

除了用户与开发方会同召开项目启动大会外，软件开发单位内部也要召开项目组成立大会。在项目组成立大会上，要成立项目组织机构，选定项目组成员，任命项目经理并确定其职责、权限等。另外，在项目组成立大会上，公司的财务、采购、人事、技术、销售等部门都要参加，这样才能创造一个良好的内部服务体系，让项目组把主要精力放在对外的客户服务上。关于项目经理的相关职责、权利、能力等，本书 1.2.3 小节已经介绍，这里不再赘述。

2.4.5 制定项目管理章程

在项目组成立大会上，还有一件重要的事情——制定项目管理章程，其中要对项目进行完整定义，确定好项目的内容、项目负责人的权限、项目团队的成员、项目的开发周期、项目需要的设备以及资金数量等。在一定意义上，项目章程提供了项目经理运用、组织生产资源，进行生产活动的权利，在章程规定的范围内，项目经理的权利比总经理大，与此相关的事情，都由项目经理负责。这样，人力资源部在项目实施期间，就可以按照章程规定，由项目经理来调动项目人员。而项目开发中相关设备的采购，也就不需要一次次地去找总经理，只要是章程规定范围内的，由项目经理签字就可以了。

项目章程必须由总经理和项目经理签字，并在项目组成立大会上宣读。为了增强团队凝聚力，可以在会上举行项目组誓师宣言，形成“成则举杯相庆，败则拼死相救”的团队精神。这样的内部造势，不仅可以让各个部门了解项目，创造条件为项目组服务，而且可以很好地给项目组成员一定的压力和动力，意识到该项目的意义和团队精神的重要性。

在项目章程的基础上，企业应该形成具体的项目任务书，细分到各部门、个人，发到总经理、专家小组、开发部、财务部、市场部、销售部、行政人力资源部等相关部门。

项目章程应包括如下要素：项目名称、发起人、项目经理及其职责、目标和交付成果、时间安排、资源、预算、成员等。表 2-1 给出了项目章程的基本框架格式。

表 2-1　项目章程表

项目名称		项目经理		批准时间	
项目正式目标					
项目经理职责					
相关资源配备					
项目相关职能					
项目完成时间					
负责人签字					

2.5　本章小结

“美好的开始是成功的一半”，做好软件项目的启动管理，对于后续工作非常重要。

本章首先介绍了软件项目的获得方式和分析方法，包括软件项目的来源渠道、软件项目的选择标准、识别项目的用户需求、提出需求建议书、软件项目的背景分析；然后介绍了软件项目可行性分析的作用、内容与步骤；最后，对软件项目具体启动的过程与内容进行了内容介绍。

通过本章学习，读者应充分理解软件项目启动的作用，并掌握软件项目可行性分析的内容，可行性分析报告的编写，项目启动会议的召开以及项目管理章程的制定等内容。

第3章　项目招投标与合同管理

3.1　项目招投标的含义与流程

采用招投标方式来确定开发方或软件提供商，是大型软件项目普遍采用的一种形式，对于软件专业的学生，必须熟悉其相关知识。本节介绍项目招投标的含义与基本流程。

3.1.1　项目招投标的含义

项目招投标包括对应的两个方面：对于用户单位来说，就是招标；对于开发单位来说，就是投标。具体来讲，软件项目招标是指招标人（用户单位）根据自己的需要，提出一定的标准或条件，向潜在投标商发出投标邀请的行为；而投标是指投标人（软件开发单位或软件提供商、代理商）应招标人的邀请，根据招标公告和其他相关文件的规定条件，在规定的时间内向招标人应标的行为。项目招投标的最终结果是双方签订开发合同。

3.1.2　项目招投标的流程

项目招投标的工作流程，总体上包括准备、招标、投标、开标、评标与定标等步骤。

1. 准备阶段

在准备阶段，软件用户单位要对招投标活动的整个过程做出具体安排，内容包括：

（1）制定总体方案。即对招标工作做出总体安排，包括确定招标项目的实施机构和项目负责人、相关责任人、具体的时间安排、招标费用测算、采购风险预测及相应措施等。

（2）项目综合分析。对要招标的项目，应从资金、技术、人员、市场等几个方面对软件项目进行全方位综合分析，为确定最终的需求、采购方案及其清单提供依据。

(3)确定招标方案。也就是对软件项目的具体技术要求确定出最佳的方案,包括软件项目所涉及产品和服务的技术规格、数据标准及主要商务条款,以及项目的采购清单等,对有些较大的软件项目,在确定建设、采购方案和清单时,还有必要对项目进行分包。

(4)编制招标文件。招标文件按招标的范围可以分为国际招标书和国内招标书。国际招标书要求有两种版本,按国际惯例以英文版本为准。考虑到我国企业的外语水平,标书中常常特别说明,当中英文版本产生差异时以中文为准。按照软件项目的标的物划分,又可以将招标文件分为三大类:软件开发类、软件维护类、软件服务类,或者同时其中的几类。

(5)组建评标委员会。评标委员会由招标人负责组建,应该由招标单位的代表及其技术、经济、法律等有关方面的专家组成,总人数一般为5人以上单数,其中专家不得少于三分之二,与投标人有利害关系的人员不得进入评标委员会。另外,《政府采购法》及财政部制定的相关配套办法对专家资格认定、管理、使用有明文规定。因此,政府软件项目需要招标的,专家的抽取须按其规定。在招标结果确定前,评标委员会成员名单应保密。

(6)邀请有关人员。主要是邀请有关方面的领导和来宾参加开标仪式,以及邀请监理单位派代表进行现场监督。这也是确保招标过程"公开""公平""公正"的要求。

以上的这些具体准备工作可以由软件用户单位自己来组织(如对于有丰富项目招投标经验的各类企业用户),也可以委托给专业的招标代理公司来做(如各政府机关、事业单位、高校、研究机构、医院等,可以甚至必须由专门的招标代理公司来组织)。

2.招标阶段

这里的招标阶段,是指招标人发布招标公告吸引投标人应标的过程。其程序如下:

(1)发布招标公告(或投标邀请函)。公开招标应当发布招标公告(邀请招标应该发布投标邀请函)。招标公告必须在指定报刊、网络等媒体上发布,并且有一定的时间要求。招标公告发布或投标邀请函发出之日到提交投标文件截止之日,一般不得少于20天。

(2)资格审查。招标人可以对有兴趣投标的投标人进行资格审查。资格审查的办法和程序可以在招标公告(或投标邀请函)中载明,或通过指定报刊、媒体发布资格预审公告。

(3)发售招标文件。在招标公告(或投标邀请函)规定的时间、地点向有兴趣投标，并且经过审查符合资格要求的单位发售招标文件。

(4)招标文件的澄清与修改。对已售出的招标文件需要进行澄清或非实质性修改的，招标人应当在提交投标文件截止日期 15 天前，以书面形式通知所有招标文件的购买者。

3. 投标阶段

这里的投标阶段，是指投保人从公开的报刊、网络等媒体上看到感兴趣的招标公告，或者接收到投标邀请书后，准备相关材料，向招标机构投出标书的过程。其程序如下：

(1)编制投标文件。投标人应按照招标文件的规定编制投标文件，投标文件应载明的事项有：投标函；投标人资格、资信证明文件；投标项目方案及说明；投标价格；投标保证金或者其他形式的担保；招标文件要求具备的其他内容。

(2)投标文件的密封和标记。投标人对编制完成的投标文件必须按照招标文件的要求密封、标记。该过程也非常重要，经常有因密封或标记不规范而被拒绝接受投标的例子。

(3)送达投标文件。投标文件应在规定的截止时间前密封送达投标地点。招标人对在提交投标文件截止日期后收到的投标文件，应不予开启并退还。招标人应当对收到的投标文件签收备案。投标人有权要求招标人或者招标投标中介机构提供签收证明。

(4)投标人可以撤回、补充或修改已提交的投标文件，但是应当在提交投标文件截止日之前书面通知招标人，撤回、补充或修改也必须以书面形式进行。

4. 开标阶段

招标人应当按照招标公告(或投标邀请函)规定的时间、地点和程序以公开方式举行开标仪式。开标由招标人主持，邀请采购人、投标人代表和监督机关(或监理单位)及有关单位代表参加。评标委员会成员不参加开标仪式。开标仪式的基本程序如下：

(1)主持人宣布开标仪式开始，然后简要介绍招标项目的基本情况。

(2)介绍参加开标仪式的领导和来宾同志(要说明来自什么单位、职务、身份等)。

(3)介绍参加投标的投标人单位名称及投标人代表(这里需要对所招标项目作进一步介绍，如招标公告发布的时间、媒体、版面；截止什么时间有多少家单位做出响应，并提交了资格证明文件；有多少家购买了招标文件；在截止时间前有多少家递交了投标文件等)。

(4)宣布监督方/公证方代表名单(监督方/公证方代表所在单位、职务、身份)。

(5)宣布工作人员名单(主要是开标人、唱标人、监标人/公证人、记标人)。

(6)宣读注意事项(包括开标仪式会场纪律、工作人员注意事项、投标人注意事项)。

(7)检查评标标准及评标办法的密封情况。由监督方代表、投标人代表检查招标方提交的评标标准及评标办法的密封情况,并公开宣布检查结果。

(8)宣布评标标准及评标办法。由工作人员开启评标标准及评标办法,并公开宣读。

(9)检查投标文件的密封和标记情况。由监督方代表、投标人代表检查投标人递交的投标文件的密封和标记情况,并公开宣布检查结果。

(10)开标。由工作人员开启投标人递交的投标文件(须在确认密封完好无损且标记规范的情况下)。开标应按递交投标文件的逆序进行。

(11)唱标。由工作人员按照开标顺序唱标,唱标内容须符合招标文件的规定。唱标结束后,主持人须询问投标人对唱标情况有无异议,投标人可以对唱标作必要的解释。

(12)监督方代表讲话。由监督方代表或公证机关代表公开报告监督或公证情况。

(13)参加开标仪式的领导和来宾讲话,就开标及本次采购过程中的情况发表意见。

(14)开标仪式结束。主持人应告知投标人评标的时间安排和询标的时间、地点,并对整个招标活动向有关各方提出具体要求。开标应当做好记录,存档备查。

5.评标阶段

开标仪式结束后,由招标人召集评标委员会,向评标委员会移交投标人递交的投标文件。评标应当按照招标文件的规定进行。评标由评标委员会独立进行评标,程序如下:

(1)审查投标文件的符合性。主要是审查投标文件是否完全响应了招标文件的规定,要求必须提供的文件是否齐备,以判定各投标方投标文件的完整性、符合性和有效性。

(2)对投标文件的技术方案和商务方案进行审查,例如,技术方案或商务方案明显不符合招标文件的规定,则可以判定其为无效投标。

(3)询标。评标委员会可以要求投标人对投标文件中含义不明确的地方进行必要的澄清,但澄清不得超过投标文件记载的范围或改变投标文件的实质性内容。

(4)综合评审。按照招标文件的规定和评标标准、办法对投标文件进行综合评审。

(5)评标结论。评标委员会根据综合评审和比较情况,得出评标结论,评标结论中应具体说明收到的投标文件数、符合要求的投标文件数、无效的投标文件数以及无效的原因、评标过程的有关情况、最终的评审结论等,并向招标人推荐1～3个中标候选人。

6.定标阶段

定标阶段就是根据评标的结果,最终确定中标单位并签订合同的过程。程序如下:

(1)招标人审查评标委员会的评标结论。包括评标过程中的所有资料,即评标委员会的评标记录、询标记录、综合评审和比较记录、评标委员会成员的个人意见等。

(2)定标。招标人按照招标文件规定的定标原则,在规定时间内从评标委员会推荐的中标候选人中确定中标人,中标人必须满足招标文件的各项要求,且其投标方案为最优。

(3)中标通知。招标人在确定中标人后,应将中标结果书面通知所有投标人。

(4)签订合同。中标人按照中标通知书和招标文件的规定,与投标人签订合同。

3.2 项目招标书的设计

本节介绍编制招标书的基本原则,并详细分析一个项目招标书所包括的主要内容。

3.2.1 编制招标书的原则

招标书直接影响到招标效果。为顺利完成招标过程,编制招标书时应遵循以下原则:

(1)全面反映客户需求的原则。招标机构必须针对使用单位状况、项目复杂情况，组织好使用单位、专家编制好招标书，做到全面反映使用单位中各类用户的需求。

(2)科学合理的原则。技术要求与商务条件必须依据充分并切合实际；技术要求根据可行性报告、技术经济分析确立，不能盲目提高标准、刻意追求新技术等。

(3)公平竞争的原则。招标的原则是“公开、公平、公正”，只有这样才能吸引真正感兴趣、有竞争力的投标企业竞争，才能真正维护使用单位利益。政府的招标管理部门，在进行管理监督招标工作中，一项最重要的任务就是审查标书中是否含有歧视性条款。

(4)维护企业利益、政府利益的原则。招标书编制要注意维护软件使用单位的商业秘密，不得损害国家利益和社会公众利益；也不能有意为开发单位设置过高的门槛。

3.2.2　招标书的主要内容

招标书分为三大部分：程序条款、技术条款、商务条款。一般包含下列主要内容：

(1)招标公告(投标邀请函)：主要是招标人的名称、地址、联系人及联系方式等；招标项目的性质、数量；招标项目的地点和时间要求；对投标人的资格要求；获取招标文件的办法、地点和时间；招标文件售价；投标时间、地点及需要公告的其他事项。

(2)投标人须知：本部分由招标机构编制，说明本次招标的基本程序，包括投标者应遵循规定和承诺的义务；投标文件的基本内容、份数、形式、有效期和密封，以及投标其他要求；评标的方法、原则、招标结果的处理、合同的授予及签订方式、投标保证金。

(3)技术要求及附件：这是招标书中最重要的部分，包括如下内容：招标编号，软件项目名称及其数量，交货日期，软件用途与技术要求，技术文档的种类、份数和文种，培训及技术服务要求，安装调试要求，人员培训要求，验收方式和标准，报价与付款方式。

(4)投标书格式：此部分由招标公司编制，投标书格式是对投标文件的规范要求。其中包括投标方授权代表签署的投标函，说明投标的具体内容和总报价，并承诺遵守招标程序和各项责任、义务，确认在规定的投标有效期内，投标期限所具有的约束力。

(5)投标保证书：是投标有效的必检文件，一般采用支票、投标保证金或银行保函。

(6)合同条件:这也是招标书的一项重要内容。此部分内容是双方经济关系的法律基础,因此对招投标方都很重要。由于项目的特殊要求需要提供补充合同条款,如支付方式、售后服务、质量保证、主保险费用等特殊要求,在标书技术部分专门列出。但这些条款不应过于苛刻,更不允许(实际也做不到)将风险全部转嫁给中标方。

(7)投标企业资格文件:这部分要求投标人提供企业许可证,以及其他资格文件,如 ISO 9001、CMM 证书、软件开发的资质级别证书,以及最近几年的业绩证明等。

◎阅读材料

软件项目典型招标书的目录框架

第 1 章　投标邀请

第 2 章　投标人须知前附表

第 3 章　投标人须知

1. 说明

2. 招标文件

3. 投标文件的编制

4. 投标文件的密封和递交

5. 开标与评标

6. 授予合同

第 4 章　合同专用条款

第 5 章　合同通用条款

第 6 章　合同格式

第 7 章　系统规划设计要求与目标

第 8 章　附件(投标文件格式)

1. 投标书格式

2. 开标一览表格式

3. 投标分项报价表格式

4. 技术规格偏离表格式

5. 商务条款偏离表格式

6. 投标保证金保函格式

7. 法定代表人授权书格式

8. 资格证明文件格式

9. 履约保证金保函格式

10. 投标人情况表格式

11. 投标人财务状况表格式

12. 投标人2002/2003年的财务报表

13. 投标人专业技术人员一览表格式

14. 投标人近二年已完成的与招标内容相同或相似的项目一览表格式

15. 投标人正在承担的与招标内容相同或相似的项目一览表格式

16. 投标人资产目前处于抵押、担保状况格式

17. 投标人近三年结束正在履行的合同引起仲裁或诉讼的格式

第9章　评标标准

3.3　项目投标书的编写

准备项目投标书，是需要花费很多时间和成本的。因此，开发单位在面对招标项目时，不应盲目参与，而应针对实际准确决策。一旦决定参与，就必须做好招标书的编写。

3.3.1　投标成功的决策因素

(1)目标对象分析。本招标项目与企业的经营目标是否一致？除非企业想开拓新的领域，否则不要轻易涉足自己不熟悉的领域。例如，一家过去主要从事烟草企业信息化软件开发的公司，在面对一个金融信息化建设项目时，必须认真权衡，决定好有无必要参与。

(2)竞争对手分析。是否投标，还应注意竞争对手的多少、各自的实力、优势，以及投标环境的优劣情况。例如，主要竞争对手的在建项目十分重要，如果他们的在建项目即将完工，可能急于获得新的软件项目，报价就不会很高。反之，如果他们的在建项目规模大、时间长，则投标报价可能会很高。对此，要具体分析判断，采取相应的对策。

(3)风险分析。该项目在实施过程中会有哪些风险？特别是创新项目，通过努力其成功的可能性有多大？项目执行过程中，可能还受到哪些因素的影响和约束，企业能够解决吗？

(4)声誉与经验分析。企业在过去曾经承担过类似项目吗？如果承担过，客户的评价如何？客户是否满意？企业过去曾投标过该类项目，并有投标失败的记录吗？投标该项目能给企业提供增强能力的机会吗？成功实现

该项目能否提高企业的形象和声誉等。

(5)客户资金分析。客户建设该项目的主要筹资渠道是什么？是否有足够的资金支持本项目？项目在经济上是否合理和可行？对于经济效益或社会效益不佳的项目应慎重。

(6)项目所需资源分析。如果中标，企业是否有合适的资源(包括人力资源、技术资源、设备资源)来执行该项目？开发方需要从本企业中获得合适的人选来承担项目工作。

(7)客户单位的学习能力。客户单位的高层领导、相关部门主管以及软件未来的主要应用人员的知识结构，以及继续学习和接受新知识的能力，也是需要考虑的因素。软件项目在投标前，就需要做好客户“培训”，这样一定程度上可减少后期在回款上的麻烦。

投标决策的正确与否，短期来看关系到能否中标以及中标后的效益多少，长期来看还关系到企业的发展前景和经济利益。因此，需要从多方面掌握大量的信息，知己知彼，百战不殆。对开发难度大、风险大、技术设备、资金不到位的项目要主动放弃，否则，企业最终会陷入工期拖长、成本加大的困境，企业的信誉、效益也可能会受到损害。

表 3-1 是一家软件公司在面对某项目的投标书时，对是否投标做出的一个评估表。

表 3-1　项目投标评估表

评估项目	得分	具体内容的分析
目标对象分析	85	本项目为一个在线式客户关系管理软件项目(e-CRM)，与目前公司主要从事的 ERP 软件开发项目以及 SCM 软件开发项目比较一致，适合拓展
竞争对手分析	65	该企业目前使用的软件大多由北京的 W 公司和上海的 Y 公司开发，这两家企业肯定不会放过这一次机会，显然要面临一个比较激烈的竞争
业务扩展分析	85	某些公司已经有销售管理系统软件，正好可以借机扩展到 CRM 研究领域
项目风险分析	80	风险不大，因为本企业对企业管理软件开发经验已经比较丰富
业务一致性分析	60	本公司对该客户的业务领域(纺织品进出口与商品销售)不是很熟悉

续表

评估项目	得分	具体内容的分析
资金保障分析	80	该项目是本公司争取的企业信息化改造专项资金建设项目,资金有保障
客户知识分析	86	本公司老总是管理学博士,思想比较进步,能够接受新事物;销售部、营销部、信息部领导的信息化意识也很强,相关业务人员已经有多年的管理信息化软件使用经验,愿意接受新的在线式工作方式
有效资源分析	75	本企业前一段时间刚走了几名网络程序工程师,以至于这类人员目前较缺乏,如果该项目中标,公司人力资源部必须要尽快招聘到这样的技术人才
最终综合评估	77	根据公司以往的评估标准(75分以上就参与投标),决定参与本次投标

3.3.2 投标书编写的注意事项

(1)要认真研究招标文件,对招标文件的所有要求,投标文件都应做出实质响应。

(2)内容上要符合招标文件的所有条款、条件和规定,且无重大偏离与保留。

(3)各种资质文件、商务文件、技术文件等应依据招标文件要求准备齐全,因为缺少任何一个必需的文件,投标书将有可能被排除在中标人之外(甚至直接就被判定无效)。

(4)投标书最好附上拟派出的项目负责人与主要技术人员的资质、简历和业务成果。

(5)一定要在招标文件要求提交投标文件的截止时间前,将投标文件送达投标地点。

(6)要确保招标人收到投标文件后,当场签收保存,保证其不得再私自开启。

(7)注意投标人在招标文件要求提交投标文件的截止时间前,可以补充、修改或撤回已提交的投标文件,并书面通知招标人。所以必要的时候还可以抓住时机,补充内容。

3.4 项目合同管理

经过招投标程序，并确定了中标单位后，双方需要签订项目合同。项目合同对项目开发的双方都会起到重要的保障作用，它明确地表明了双方各自的责任、权利和利益。本节介绍项目合同管理中的相关知识，包括合同签订时的注意事项和合同管理的主要内容。

3.4.1 签订合同时的注意事项

签订合同时必须要明确客户、开发商和监理之间的责任，同时要特别注意以下问题：

1. 严格规定项目的范围

软件项目合同范围定义不当而导致管理失控，是项目成本超支、时间延迟及质量低劣的主要原因。有时，由于不能或者没有清楚地定义软件项目合同的范围，以致在项目实施过程中不得不经常改变作为项目灵魂的项目计划，相应的变更也就不可避免地发生，从而造成项目执行过程的被动。所以，强调对项目合同范围的定义和管理是非常重要的。

2. 明确合同的付款方式

对于软件项目的合同而言，很少有一次性付清合同款的做法。一般都是将合同期划分为若干个阶段，按照项目各个阶段的完成情况分期付款。在合同条款中必须明确指出分期付款的前提条件，包括付款比例、付款方式、付款时间、付款条件等。付款条件是一个比较敏感的问题，是客户制约承包方的一个首选方式。承包方要获得项目款项，就必须在项目的质量、成本和进度方面进行全面有效的控制，在成果提交方面，以保证客户满意为宗旨，因此，签订合同时在付款方式问题上，双方规定得越具体、越详尽越好。

3. 注意合同变更索赔的风险

在软件的设计与开发过程中，存在着很多不确定因素，因此，变更和索赔通常是合同执行过程中经常发生的事情。在合同签订阶段就明确规定变更和索赔的处理办法可以避免一些不必要的麻烦。因为有些变更和索赔的处理需要花费很长的时间，甚至造成整个项目的停顿。尤其是对于国外的软件提供商，他们的成本和时间概念特别强，客户很可能由于管理不善造成对方索赔。要知道索赔是承包商对付业主（客户）的一个十分有效的武器。

4. 交代清楚系统验收的方式

不管是项目的最终验收，还是阶段验收，都是表明某项合同权利与义务的履行和某项工作的结束，表明客户对软件提供商所提交的工作成果的认可。从严格意义上说，成果一经客户认可，便不再有返工之说，只有索赔或变更之理。因此，客户必须高度重视系统验收这道手续，在合同条文中对有关验收工作的组织形式、验收内容、验收时间，甚至验收地点等做出明确规定，验收小组成员中必须包括系统建设方面的专家和学者。

5. 注意软件维护期的约定

软件项目通过验收后，一般都有一个较长的维护期，这个期间客户通常保留5%～10%的合同费用。签订合同时，对这一点必须有明确的规定。当然，这里规定的不只是费用问题，更重要的是规定软件提供商在维护期应该承担的义务。对于软件项目开发合同来说，系统的成功与否并不能在系统开发完毕的当时就做出鉴别，只有经过相当时间的运行才能逐渐暴露。因此，客户必须就维护期内的工作认真分析，得出一个有效的解决办法。

6. 采用统一规范的合同模板

为规范软件开发的合同管理，有关部门制定有统一的软件开发合同模板。签订合同时，要使用这种统一的模板格式。

如下面的阅读材料所示，就是一个软件开发项合同规范化的模板。

◎阅读材料

软件开发项合同

为进一步明确双方的责任，确保合同的顺利履行，根据《中华人民共和国合同法》之规定，经甲乙双方充分协商，同意以下条款，特订立签署本合同，以便共同遵守。

第一章 定义

1. 一方：甲方或乙方

2. 双方：甲方和乙方

3. 合同：指甲乙双方签署的、合同格式中甲乙双方所达成的协议，包括所有的附件、附录和上述文件所提到的构成合同的所有文件。

4. 合同价：指根据本合同规定乙方在正确地完全履行合同义务后甲方应支付给乙方的价格。

5. 工作成果：即合同标的，合同规定项目开发的设计以及功能模块。

6. 项目试运行：乙方内部调试完成后，进行交接，甲方签署《项目交接单》，即进入项目试运行阶段，甲方应当在规定的试运行期限内安排相关人员对项目进行全面测试。

7. 项目测试验收：由甲方组织的验收小组实施，甲方进行系统测试和验收。测试验收标准遵从合同中的相应规定。验收合格后签署《项目验收单》。

第二章　合同目标

甲方同意：向乙方支付规定数目的开发款项。

乙方同意：(1)向甲方出售合同附件 1 所指的应用软件；(2)按合同附件 2 向甲方提供软件实施和维护服务；(3)按技术服务合同向甲方提供实施咨询服务。

第三章　双方的基本权利和基本义务

甲方的权利和义务：(1)配合乙方工作，提供系统建设所需的数据和材料；(2)依合同约定使用合同的工作成果；(3)本合同的工作成果使用应当符合国家法律规定和社会公共利益。

乙方的权利和义务：(1)按时完成项目的建设，乙方保证最终测试合格的每一类目的功能都能达到合同中关于功能的描述；(2)乙方工作成果不得侵犯第三方的合法权利。

第四章　价格

本合同金额以人民币结算，总金额为__________元。其中固定软件费为__________元，固定软件实施费用为__________元，以上价格已含税费或相类似的费用。

第五章　支付条款

甲方应按下述方式和比例向乙方支付本合同第四章规定的合同货款。

(1)本合同总金额中的 30%应在合同签订后 10 个工作日内，由甲方以__________方式支付给乙方。

(2)软件安装，并经甲方试运行确认后 10 个工作日内，合同总金额中的 60%由甲方以__________方式支付给乙方。

(3)验收合格后，甲方签署《项目验收单》后____个工作日内，甲方支付项目尾款，即__________元。

(4)在验收合格完成后一年内,乙方完成了甲方的售后服务任务,支付乙方履约保证金__________元。

第六章 系统实施

乙方在收到甲方首付款__________天内,向甲方交付"软件"。

乙方应按合同附件1有关条款向甲方提供"软件",包括相关技术资料。如果上述"软件"有短缺、损伤或损坏,乙方应在收到甲方正式通知后__________天内免费补足上述短缺、损伤或损坏的部分。如影响进度,由此造成的直接损失由乙方承担。

乙方将协助甲方完成"软件"的安装。

第七章 系统测试与验收

乙方安装完成后,在2天内通知甲方组织验收,系统测试可按照附件4所示的系统测试和验收标准实施,验收不合格的,乙方应负责重新提供达到本合同约定的质量要求的产品。

甲、乙双方应严格履行合同有关条款,如果验收过程中发现乙方在没有征得双方同意的情况下擅自变更合同标的物,将拒绝通过验收,由此引起的一切后果及损失由乙方承担。

第八章 技术支持和售后服务

乙方应提供完善周到的技术支持和售后服务,否则视情节轻重,从乙方的履约保证金中进行扣除。

第九章 双方的违约责任

甲方中途解除合同,应向乙方偿付退货部分货款30%的违约金。

甲方违反合同规定拒绝接货的,应当承担由此造成的损失。

乙方不能按时交付项目,应向甲方偿付不能交货部分合同款的30%作为赔偿金。

如果乙方没有按照规定的时间交货、完成软件安装和提供服务,甲方将对其课以罚款,罚款应从合同款中扣除。

任何一方未经对方同意而单方面终止合同的,应向对方赔偿相当于本合同总价款100%违约金。

第十章 不可抗力

如果双方任何一方由于受诸如战争、严重火灾、洪水、台风、地震等不可抗力的事故,致使影响合同履行时,履行合同的期限应予以延长,延长的期限应相当于事故所影响的时间。不可抗力事故系指买卖双方在缔结合同时所不能预见的,并且它的发生及其后果是无法避免和无法克服的事故。

甲乙双方的任何一方由于不可抗力的原因不能履行合同时，应及时向对方通报不能履行或不能完全履行的理由，在取得有关主管机关证明以后，允许延期履行、部分履行或者不履行合同，并根据情况可部分或全部免予承担违约责任。

第十一章　履约保证金

本项目履约保证金为人民币__________元，期限壹年。

乙方未能履行其合同规定的任何义务，甲方有权从履约保证金中获得补偿。

第十二章　转让与分包

乙方承诺本合同由乙方履行，不存在转让与分包。

第十三章　合同纠纷的解决

本合同如发生纠纷，当事人双方应当及时协商解决，协商不成时，根据《中华人民共和国仲裁法》的规定向当地的仲裁委员会申请仲裁。

第十四章　合同的知识产权、保密、生效

合同的知识产权：项目的实施成果归甲方所有，包括除现有“软件”之外的任何其他新的软件代码的开发、报表的开发等。

保密：乙方必须为甲方严守商业机密，没有经过甲方的书面认可，不得将该项目有关的任何数据转用于第三方。没有甲方事先书面同意，乙方不得将由甲方或代表甲方提供的合同、合同中的规定、计划、数据或甲方为上述内容向乙方提供的资料提供给与履行本合同无关的其他任何人。没有乙方事先书面同意，甲方不得将由乙方或代表乙方提供合同、合同中的规定、计划、数据或乙方为上述内容向甲方提供的资料提供给与履行本合同无关的其他任何人。

合同的生效：本合同自甲乙双方当事人签字盖章后生效。合同执行期内，甲乙双方均不得随意变更或解除合同。合同如有未尽事宜，须经双方共同协商，做出补充规定，补充规定与本合同具有同等效力，也可按照《中华人民共和国合同法》的规定执行。本合同一式 4 份，甲乙双方各执 2 份。

第十五章　其他

本合同所有附件为本合同不可分割的一部分，与合同正文具有同等效力；

本合同受中华人民共和国法律保护；

对本合同条款的任何变更、修改或增减，均须双方协商同意后授权代表签署书面文件，以作为本合同的组成部分，并具有同等效力。

甲方：	乙方：
地址：	地址：
电话：	电话：
传真：	传真：
邮政编码：	邮政编码：
甲方代表(签字)	乙方代表(签字)
日期：	日期：
合同编号：××××	签字地点：××××

附件1　应用系统软件配置及价格；

附件2　软件开发、实施、维护合同；

附件3　软件系统售后服务合同；

附件4　项目软件系统测试和验收标准。

3.4.2　软件项目合同条款分析

软件项目的合同条款很多，既包括技术性条款，又包括商务性条款。对这些条款的认真分析和准确把握，对于合同效力的发挥具有重要作用。下面介绍一些主要条款的含义：

1.与软件产品有关的合法性条款

(1)软件的合法性条款。软件的合法性，主要表现在软件著作权上。首先，当软件的著作权明晰时，客户单位才能避免发生因使用该软件而侵犯他人知识产权的行为。其次，只有明确了软件系统的著作权主体，才能够确定合同付款方式中采用的"用户使用许可报价"方式是否合法。因为，只有软件著作权人才有权收取用户的"使用许可费"，如果没有经过软件著作权人的许可，软件的代理商是无权采用单独收取用户使用许可报价的方式。因此，如果项目采用的是已经产品化的软件系统，应当在实施合同中明确记载该软件的著作权登记的版号。如果没有进行著作权登记，或者项目完全是由客户单位委托软件开发商独立开发的，则应当明确规定开发商承担软件系统合法性的责任。

(2)软件产品的合法性。主要是指该产品的生产、进口、销售已获得国家颁布的相应的登记证书。我国《软件产品管理办法》规定，凡在我国销售的软件产品，必须经过登记和备案。无论是软件开发商自己生产或委托加工的软件产品，还是经销、代理的国内外软件产品，如果没有经过有关部门的登记和备案，都会引起实施行为的无效。国内的软件开发商和销售商要为此承担民事上的主要责任，以及行政责任。如果是软件商接受客户单位的委托而开发的，并且是客户单位自己专用的软件，则不用进行登记和备案。

2. 与软件系统有关的技术条款

(1)与软件系统匹配的硬件环境。一是软件系统适用的硬件技术要求，包括主机种类、性能、配置、数量等内容；二是软件系统可以支持、支撑的硬件配置和硬件网络环境，包括服务器、台式终端、移动终端、掌上设备、打印机与扫描仪等外部设备；三是客户单位现有的、可运行软件系统的计算机硬件设备，以及项目中对该部分设备的利用。签订硬件环境条款的目的，是为了有效地整合现有设备资源，减少不必要的硬件开支，同时，也可以防止日后发生软件系统与硬件设备不配套的情况。

(2)软件匹配的数据库等软件系统。软件要与数据库软件、操作系统相匹配才能发挥其功能。因此，在项目实施合同中，必须明确这些匹配软件的名称、版本型号及数量，以便客户单位能够尽早购买相应的软件系统，为项目实施、培训做好准备。

(3)软件安全性、容错性、稳定性的保证。在项目合同中，软件提供商必须对所提供软件的安全性做出保证。这对今后保修、维护，甚至终止合同、退货、对争议与诉讼的解决，都有重要的意义。另外，合同中还应该对软件的容错功能、稳定性进行文字化表述，以确定客户单位在实际运用中要求软件提供商进行技术维修、维护或补正的操作尺度。

3. 软件适用标准体系的条款

软件是否符合相关的标准规范，对客户是非常重要的。因此，在合同中应当指明本软件适用的标准体系，或者符合哪项标准的要求，特别是对一些特殊行业的生产性企业，是能否进行生产的必要条件。例如，药品生产企业的管理软件，必须保证与其匹配的企业相关的业务流程和管理体系符合GMP质量认证标准。否则，就可能引发纠纷。所以，客户单位在签订实施合同之前，必须与软件提供商确定软件对有关标准的支持或符合程度。

一般来说，除了计算机信息安全方面的标准外，软件涉及的标准还包括会计核算方面的标准；通用语言文字方面的标准；产品分类与代码方面的标准；计量单位、通用技术术语、符号、制图等方面的标准；国家强制性质量认证标准等。

4.软件实施方面的条款

项目实施方面的条款是合同的主体部分，通常包括如下几项主要内容：

(1)项目实施定义。项目实施定义是确定整个项目实施范围的条款。如果因为实施范围发生争议或纠纷，就要根据这个条款的约定来裁决。例如，把实施完毕定义为“以软件系统安装调试验收为终点”，还是定义为“以客户单位数据录入后的试运行结束为终点”，差别就大得多——前者软件提供商只要把软件系统安装成功，就完成了实施义务，之后就可以收取全额实施费用，而不承担软件系统适用性的任何风险；后者却要承担在试用期的风险。而按照我国的合同法规定，在试用期内，客户单位有权决定是否购买标的物。因此，在实施合同中签订这个条款，对维护双方的权利是非常有必要的。通常，实施定义可以表述为：“项目实施是软件提供商在客户单位的配合下，完成软件系统的安装、调试、修改、验收、试运行等全过程的行为。”

(2)项目实施目标。就是指通过软件项目的全部实施，使客户单位获得的技术设备平台和达到的技术操作能力。在实施合同中约定的项目实施目标，是项目验收的直接依据和标准。因此，它是合同中最重要的条款之一。但是，在当前，相当一部分合同中并没有该条款，而是把它放在软件提供商的项目实施建议书中。如果该建议书是合同的附件，与合同具有同等效力，其约束力还是比较强的；如果不是合同的附件，其效力的认定很难说。

(3)项目实施计划。是双方约定的整个实施过程中各个阶段的划分、每个阶段的具体工作及所用时间、工作成果表现形式、工作验收方式及验收人员、各时间段的衔接与交叉处理方式，以及备用计划或变更计划的处理方式。它是合同中最具体的实施内容之一，有明确的时间界限，对软件提供商的限制性很强。通常情况下，它是最易发生争议的环节。

(4)双方在实施过程中的权利与义务。双方的权利与义务一般体现在以下几个方面：组建项目组；对客户单位实际状况的了解与书面报告；提交实施方案；实施过程中的场地、人员配合；对客户方的项目组成员进行技术培训；软件安装及测试、验收；客户方的数据录入与系统切换；新设备或添加设备的购买；实施工作的质量管理认证标准等。

(5)项目工作小组及其工作任务、工作原则和工作方式。首先，对项目小组的要求主要表现在组成人员的素质、技能、水平、资格、资历和组成人员的稳定性保证两个方面。其次，工作小组的任务一般包括以下内容：软件系统的安装、测试；项目全程管理；项目实施进度安排、调整与控制；客户单位业务需求分析、定义和流程优化建议；系统实施分析、评价和管理建议；对软件系统进行客户化配置；在合同规定范围内对软件系统的修改与变更；对实施中突发的技术上、操作程序上或管理上的问题的分析、报告与解决;对在实施过程中发生的争议、矛盾与纠纷进行协调、报告和解决;项目小组成员间的专业方面的咨询、交流与培训;对客户单位操作人员进行系统的应用培训;对软件系统实施的进度验收、阶段性验收和最终验收。再次,项目小组的工作原则应该是严格执行合同、协调各方关系、报告新情况、提出变更方案与设想。最后,项目小组的工作方式方面,可以灵活地采取协调会议、配合工作、情况报告、交换记录等工作方式,以确保双方沟通顺畅。

(6)项目实施的具体工作与实施步骤。项目合同中必须包括项目实施的具体工作及其实施步骤。具体工作应逐一列出,同时,应标出工作人员、工作内容、开始与结束的时间、工作场所、验收方式与验收人、工作验收标准等内容。实施步骤是把具体工作做成一个完整的流程,使双方都明确应当先做什么,再做什么,知道自己工作的同时,对方在干什么。这样就可以在双方心里有同一盘棋,便于相互间的配合与理解。

(7)实施的修改与变更。这方面,要注意以下几点内容:第一,从软件本身的结构上看,一些国外的高端企业信息化软件系统,与固定的管理理念和业务流程方式结合得非常紧密,在项目实施中对软件系统的修改几乎不可能。因此,客户单位应当在咨询商的指导、协助下,把重点放在改造自己企业的业务流程上,而不要刻意坚持在合同中对软件系统的修改条款。第二,在实施过程中对软件系统的客户化改造与变更,必须按照合同规定的程序进行,不能随意处理。通常的程序是提出或记录书面的软件修改需求、双方商定修改的软件范围及修改的期限、接受方书面确认对方提出的需求。为了简化书面形式,可制定一个固定格式的软件修改需求表,双方在提出及确认需求、修改完毕时在同一张表上签字。第三,在双方签署的合同或实施计划中,软件提供商应当明确声明软件系统不能修改的范围。以避免误导客户、侵犯客户知情权,及妨碍后续软件模块使用等行为的发生。第四,要规范在实施过程中对软件修改的行为。必须在合同中约定允许提出修改需求的时间段。只有在该时间段内提出才有效。这种修改属于合同许可的范围,一般情况下不引起合同实质性权利义务的变更。否则,对方可以不予考虑和答复。如果对方同意进行协商,应属新的要约,是对原合同的修改。双方可以对包括费用在内的实质性内容进行新的协商。

(8)项目验收。由于软件系统涉及的业务流程比较多,实施过程中分项目、分阶段实施的情况经常存在,因此会有不同类型的验收行为。体现在实施合同上,就应当明确约定各个验收行为的方式及验收记录形式。通常,验收包括对实施文档的验收、软件系统安装调试的验收、培训的验收、系统及数据切换的验收、试运行的验收、项目最终验收等。软件的验收要以企业的项目需求为依据，最终评价标准是它与原来的工作流程与工作效率，或者是与原有系统相比的优劣程度，只有软件的功能完全解决了企业的矛盾，提高了工作效率，符合企业的发展需要，才可以说项目实施是成功的。

5. 技术培训条款

技术培训是软件项目实施成功的重要保障和关键的一步。签约双方都享有权利，并承担义务。通常情况下，双方签约的技术培训条款要涉及以下的权利义务：

(1)要求制定培训计划的权利。客户单位有权要求软件提供商制定详细的培训计划，包括培训时间、地点、授课人情况、培训步骤、培训内容、使用的教材、学员素质与资格要求、考核考察标准、考核方式、培训所要达到的目标、补救措施等内容与安排。

(2)要求按约定实施培训计划和按期完成培训的权利。客户单位有权要求软件开发商按照培训计划全面、正确、按时完成其承担的培训义务，以保障软件项目的实施与运用。

(3)普遍接受培训的权利。客户单位现有人员，只要纳入软件操作流程的，都应当受到专业化的培训，不应当发生不平等的培训待遇的现象。也就是说，不应当出现只由专业人员培训少数骨干，而实际操作人员只能接受指导的状况。

(4)要求达到培训目标或标准的权利。客户单位接受培训的目的，是要达到既定的技术操作水平，而不仅仅是需要培训的过程。所以，其有权要求软件提供商通过培训，实现约定的培训目标。

(5)要求派遣合格的授课人员的权利。授课人员的综合水平及责任心是达到培训标准的重要因素之一。客户单位有权利在合同中要求软件提供商出具授课人员的资历背景、授课能力等介绍，也有权利在培训过程中要求更换不合格或授课效果明显达不到培训标准或目标的授课人员。

(6)要求学员在计算机操作应用方面达到一定水准的权利。只有学员的计算机操作能力与水平相对一致，才能在短时间的集中、共同培训中获得较好的效果。因此，在培训条款中，应当明确学员的条件或标准，并要求在履行中按照约定派出符合条件的学员参加培训，以此作为客户单位的义务加以规定。

(7)保证学员认真接受培训的权利。客户单位有义务保证其所派出的学员遵守培训纪律，认真参加培训，接受专业技术培训和技术指导。只有这样，才能为授课人员营造、维系一个良好的培训环境与气氛，才能保证培训的效果。

(8)要有明确的考核标准。考核标准的确定,对客户单位日后的具体实施有着十分重要的影响。标准定得太低,学员在实施操作中,就不可能真正、完全、熟练地使用软件来处理日常工作;标准定得太高,学员的学习时间就会延长,可能影响项目实施进程;如果在合同中没有约定考核标准,当项目实施因操作人员的能力而搁浅,就没有判断的标准。

6.售后技术支持和服务条款

售后技术支持和售后服务是软件提供商的法定义务。软件提供商承担的售后技术支持与服务,可以分为免费和收费两种。合同的具体条款包括以下方面:

(1)软件产品的免费服务项目。法定的免费维修的故障项目包括硬件系统在标准配置情况下不能工作;不支持产品使用说明明确支持的产品及系统;不支持产品使用说明明示的软件功能。除了法定的免费维修项目外,双方可以约定其他的免费服务项目,例如,软件运行中的故障带来的排错、软件与硬件设备在适配方面的调整、应用软件与系统软件或数据库匹配方面的调整、客户单位人员的非正常操作引起的系统或数据的恢复等。

(2)免费维修的时限约定。应规定软件产品法定的免费维修期。由于管理软件系统实施的特殊性,免费维修起始日期的确定是非常重要的,这也应该在合同中明确规定。

(3)可以约定的收费服务项目。收费服务的项目由当事人双方在合同中明确约定。通常包括:二次开发、软件的修改或增加、系统升级、应用模块或功能的增加、因客户单位的机构变化引起的软件系统的调整等。

(4)软件提供商采用的售后技术支持与服务的方式。主要有以下几种:到客户单位现场服务;通过电话、传真、电子邮件、信函等联系方式解答问题;通过专门网站提供软件下载、故障问题解答、热线响应、操作帮助或指南等网络支持服务;通过指定的专业或专门的技术支持和售后服务机构提供服务。

(5)技术支持与服务的及时性条款。在合同中还应约定软件商提供技术支持与服务的响应时间(如 24 小时实时响应)和到场时间(如保证本市用户 3 小时到场),以及到场前应了解的故障情况,还可以对到场工程师的能力及要求做出一定的约定。

3.4.3 合同执行过程的管理

合同执行过程的管理,就是确保合同双方履行合同条款,并协调合同执行与项目执行关系的系统工作。它作为其他工作的指南，对整个项目的实施起着总协调的作用。

在软件开发的整个过程中，从开发单位来说，它既可以是需方（甲方）——例如它在对外进行设备采购或者软件系统采购，以及外包部分项目任务时；也可以是供方（乙方）——例如，当它作为开发单位，为用户最终提供软件产品的时候。所以，下面的合同执行管理同时分析了作为需方（甲方）合同管理的内容，以及作为供方（乙方）合同管理的内容。

1.需方（甲方）合同管理

对于企业处于需方（甲方）的环境，合同管理是需方对供方（乙方）执行合同的情况进行监督的过程，主要包括对需求对象的验收过程和违约事件的处理过程。

（1）验收过程是需方对供方的产品或服务进行验收检验，以保证它满足合同条款的要求。具体包括：根据需求和合同文本制定对本项目涉及的建设内容、采购对象的验收清单；组织有关人员对验收清单及验收标准进行评审；制定验收技术并通过供需双方的确认；需方处理验收计划执行中发现的问题；起草验收完成报告等。

（2）违约事件处理。如果在合同执行过程中，供方发生与合同要求不一致的问题，导致违约事件，需要执行违约事件处理过程。具体活动包括：需方合同管理者负责向项目决策者发出违约事件通告；需方项目决策者决策违约事件处理方式；合同管理者负责按项目决策者的决策来处理违约事件，并向决策者报告违约事件处理结果。

2.供方（乙方）合同管理

企业处于供方的环境，合同管理包括对合同关系适用适当的项目管理程序并把这些过程的输出统一到整个项目的管理中。主要内容包括：合同跟踪管理过程、合同修改控制过程、违约事件处理过程、产品交付过程和产品维护过程。另外，此时的合同管理还包括资金管理，支付条款应在合同中规定。支付条款中，价款的支付应与取得的进展联系起来。

3.合同执行过程的管理依据

合同执行过程的管理依据主要有以下几项：

·合同文本。

·工作结果。作为项目计划实施的一部分，收集整理供方的工作结果（完成的可交付成果、符合质量标准的程度、花费的成本等）。

·变更请求。变更请求包括对合同条款的修订、对产品和劳务说明的修订。如果供方工作不令人满意，那么终止合同的决定也作为变更请求处理。供方和项目管理小组不能就变更的补偿达成一致的变更是争议性变更，称之为权利主张。

·供方发票。供应方会不断地开出发票，要求清偿已做的工作。开具发票的要求，包括必要的文件资料附件，通常在合同中加以规定。

4.合同管理的工具和方法

·合同变更控制系统。合同变更控制系统定义可以变更合同的程序，包括书面工作、跟踪系统、争端解决程序和变更的批准级别。

·执行报告。执行报告向管理方提供供方是否有效地完成合同目标的信息。

·支付系统。对供方的支付通常由执行组织的应付账款系统处理。对于有多种或复杂的采购需求的大项目，项目应设立自己的支付系统。

5.合同管理的输出

·信函。合同条款和条件常常要求买方/供方在某些方面的沟通以书面文件进行。例如，对执行令人不满意的合同的警告，合同变更或条款的澄清。

·合同变更。合同变更(同意的或不同意的)是项目计划和项目采购过程的反馈。项目计划和相关的文件应作适当的更新。

·支付请求。支付请求假定项目采用外部支付系统，例如，项目有自己的支付系统，在这里输出为“支付”。

·合同跟踪管理记录。对合同执行过程进行跟踪管理并记录结果；落实合同双方的责任。合同跟踪管理过程包括：根据合同要求对项目计划中涉及的外部主任进行确认，并对项目计划进行审批。

3.4.4 项目收尾阶段的合同管理

在项目收尾阶段，合同管理的任务包括以下几方面内容：

1.整理项目合同文件

这里的项目合同文件泛指与项目采购或承包开发有关的所有合同文件，包括(但不仅限于)项目合同本身、所有辅助性的供应或承包工作实际进度表、项目组织和供应商或软件提供商请求并被批准的合同变更记录、供应商或软件提供商制定或提供的技术文件、供应商或软件提供商的工作绩效报告，以及任何与项目合同有关的检查结果记录。

这些项目合同文件应该经过整理并建立索引记录，以便日后使用。

2. 项目采购合同的审计

项目采购合同的审计是对从项目采购计划直到项目合同管理整个项目采购过程的结构化评价，这种评价和审查的依据是有关的合同文件、相关法律和标准。项目采购合同审计的目标是要确认项目采购管理活动的成功之处、不足之处，以及是否存在违法现象。

3. 项目合同的终止

当供应商或软件提供商全部完成项目合同所规定的义务以后，项目组织负责合同管理的个人或小组就应该向供应商或软件提供商提交项目合同已经完成的正式书面通知。

一般合同双方应该在项目采购或承接合同中对于正式接受和终止项目合同有相应的协定条款，项目合同终止活动必须按照这些协定条款规定的条件和过程开展。

需要说明的是，项目合同的提前终止也是项目合同终结管理的一种特殊工作。

3.5　本章小结

采用招投标方式来确定软件提供商，是当前软件项目普遍采用的形式；按照合同方式进行软件项目管理，对于双方都有一定的约束作用，为软件开发的顺利进行提供了保障。

本章首先介绍了项目招投标的含义及其整体工作流程（总体上包括准备、招标、投标、开标、评标与定标等步骤）；然后分别从用户方的招标，以及开发单位的投标两个角度，介绍了他们在软件项目招投标中的注意事项；最后，对合同管理的内容进行了介绍，包括软件项目合同的内容组成、各条款的注意事项，以及不同阶段中合同管理的内容。

通过本章学习，读者应充分理解招投标方式的整体流程；并掌握招标书的内容、投标建议书的撰写，以及软件开发项目合同的签订，不同阶段的合同管理内容等具体知识。

第4章　软件项目需求管理

4.1　软件需求概述

要进行软件项目的需求管理，首先要明白软件需求的含义、层次、特点、类型以及表示软件需求结果的需求规格说明书的编写方法等。本节介绍软件需求方面的上述基本知识。

4.1.1　软件需求的含义和层次划分

软件需求是指用户对软件的功能和性能的要求，就是用户希望软件能做什么事情，完成什么样的功能，达到什么样的性能。软件人员要准确理解用户的要求，进行细致的调查分析，将用户的需求陈述转化为完整的需求定义，再由需求定义转化为需求规格说明。

软件需求可以按照层次进行划分，其内容包括业务需求、用户需求、功能需求、软件需求规格等层次，它们之间的关系如图4-1所示。其中各自的含义如下：

· 业务需求反映客户对软件系统的目标要求，由管理人员或市场分析人员确定。

· 用户需求描述了用户通过使用本软件产品必须要完成的任务，由用户协助提供。

· 功能需求定义了开发人员必须实现的软件功能，这些功能可以用来满足业务需求。

· 系统需求在内容上比功能需求更为完善，后面4.1.3有关于其内容的详细介绍。

· 软件需求规格充分描述了软件系统应具有的外部行为，它描述了系统展现给用户的行为和执行的操作等。它包括：产品必须遵从的标准、规范和合约；外部界面的具体细节；非功能性需求（例如性能要求等）；设计或实现的约束条件及质量属性。

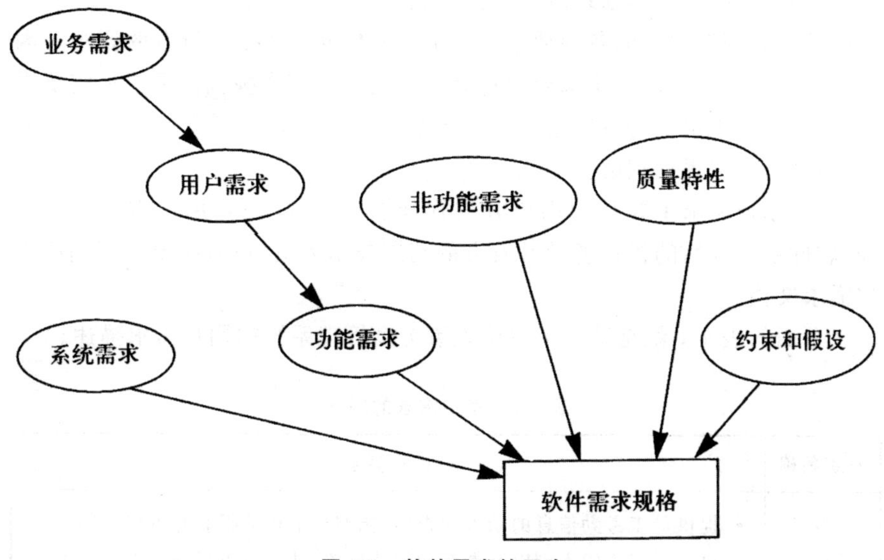

图 4-1　软件需求的层次

综合以上的内容分析以及图 4-1 的描述，可以总结出：用户需求必须与业务需求相一致；用户需求使需求分析者能从中总结出功能需求，以满足用户对产品的期望从而完成其任务；而开发人员则根据软件需求规格，来设计软件以实现必要的功能。

4.1.2　用户需求与特点分析

用户需求来源于对用户的业务调查，是考虑用户自身的特性与要求，并参照行业规范进行业务分析的结果，是关于软件一系列想法的集中体现，涉及软件功能、操作方式、界面风格、报表格式、用户机构的业务范围、工作流程和用户对软件应用的展望等。

因此，用户需求也就是关于软件的外界特征的规格表述，它具有以下基本特点：

(1)用户需求直接来源于用户。需求可以由用户主动提出，也可以通过与用户沟通、交流或者进行问卷调查等方式获得。由于用户对计算机系统认识上的不足，分析人员有义务帮助用户挖掘需求，例如，可以使用启发的方式激发用户的需求想法。

(2)用户需求需要以文档的形式提供给用户审查。因此，需要使用流畅的自然语言和简洁清晰的直观图表来表述，以方便用户的理解与确认。

(3)可以把用户需求理解为用户对软件的合理请求。这就意味着,一方面必须全面理解用户的各项要求,但同时又不能全盘接受所有的要求。因为并非所有用户提出的全部要求都是合理的。对其中模糊的要求还需要澄清,然后才能决定是否可以采纳。对于那些无法实现的要求应向用户做充分的解释,以求得到理解。

(4)用户需求主要是为用户方的管理层撰写的,但是用户方的技术代表、软件系统今后的操作者及开发方的高层技术人员,也有必要认真阅读用户需求文档。

下面的表 4-1 就是某一个单位人事考勤管理系统的用户需求描述。

表 4-1 用户需求的描述

系统名称	用户需求
人事考勤系统	• 提供员工考勤信息的录入和查询,能够产生相关报表并可以打印 • 可以进行请假类别以及考勤扣款的设置,结果可以反映到工资表中

4.1.3 系统需求与类型划分

系统需求是比用户需求更具有技术特性的需求陈述。它是提供给开发者或用户方技术人员阅读的,并将作为软件开发人员设计系统的起点与基本依据。

系统需求包括多个方面,可以从不同角度进行类型划分。例如,从项目管理角度看,软件需求包括功能需求、性能需求、环境需求、资源需求、成本需求、进度需求、现实约束、预先估计以后系统可能达到的目标等。

而从项目开发角度看,软件需求主要包括两大类型:功能需求和非功能需求。

1. 功能需求

功能需求是软件系统最基本的需求表述,包括对系统应该提供的服务,对输入做出的反应,以及系统在特定条件下的行为描述。在某些情况下,功能需求还必须明确系统不应该做什么。所以,它需要详细地描述系统功能特征、输入和输出接口、异常处理方法等。

下面的表 4-2 就是上面人事考勤管理系统的部分功能需求描述。

表 4-2　功能需求的描述

系统名称	功能需求
人事考勤系统	·通过指纹识别进行考勤信息的录入 ·提供考勤信息的多条件查询(姓名/日期/指定时间段/综合查询) ·提供日报表、月报表、年报表的数据统计,并提供打印功能 ·输入假期类别,并设置扣款标准;扣款结果可以与工资系统连接

2. 非功能性需求

非功能性需求是对功能需求的限制性要求,包括系统的性能需求、可靠性需求、可用性需求、安全需求,以及系统对开发过程、时间、资源等方面的约束和标准等。例如:

·"汇总统计分析必须在一分钟之内生成",这就是一项性能需求;

·"系统应支持 7×24 小时提供服务的业务需要",这就是一项可靠性需求;

·"在任何情况下,主机或备份系统应该至少有一个可用,而且在一年内,该系统的不可用时间不能超过总时间的 1%",这就是一项可用性需求。

非功能性需求一般关心系统的整体特性,而不是个别的系统特性。因此,非功能性需求比功能性需求要求更严格,更不易满足。一个功能需求没有满足,可能降低系统的能力;而一个非功能性需求没有满足,则可能使整个系统无法使用。当然,非功能性需求还与系统的开发过程有关。例如,质量标准的描述、使用开发工具的描述,以及所必须遵守的原则等。下面的表 4-3 就是上面人事考勤管理系统中一部分性能需求的描述。

表 4-3　性能需求的描述

系统名称	性能需求
人事考勤系统	·指纹识别系统的响应时间应该在 2 秒以内 ·人事考勤管理系统必须支持 100 个客户的同时访问 ·可以在 10 秒内从 10000 个员工记录中检索出所需要员工的考勤信息 ·应该可以在 1 分钟之内给出整个集团公司的月份考勤统计报告

另外,由于大多数软件系统本质上都是信息处理系统。因此,系统需求分析中还必须做好数据需求分析,包括对输入数据、输出数据、加工中的数据和保存在存储设备上的数据等的全方位分析。在结构化方法中,可以使

用数据字典对数据进行全面准确的定义,例如,数据的名称、组成元素、出现的位置、数据的来源、数据的流向、数据出现的频率和存储的周期等。当所要开发的软件系统涉及对数据库的操作时,还可以使用数据关系模型图,对数据库中的数据实体及数据实体之间的关系进行描述。

4.1.4 软件需求规格说明书

1. 需求规格说明书的重要性

需求分析完成之后,软件需求分析人员需要将用户对软件的一系列要求、想法,编写为软件需求规格说明书(简称需求规格说明书),它详细地说明了软件产品"必须做什么",以及对模糊的部分"不做什么",还包括软件应该"做成什么样"等。需求规格说明书在后面的开发、测试、质量保证以及相关项目管理功能中都将起到重要的作用。

编写需求规格说明书的目的是使用户和开发者双方对该软件有一个共同的理解,使之成为开发工作的基础。它还给软件设计提供了一个蓝图,给系统验收提供了一个标准。

2. 需求规格说明书的结构框架

一般的需求规格说明书的内容结构框架如下所示:

◎阅读材料

软件需求规格说明书的内容结构框架

(1)引言

①编写目的:说明编写这份需求规格说明书的目的,指出预期的读者。

②项目背景:说明待开发的产品(或系统)的名称;本项目的任务提出者、开发者、用户及实现该产品的单位;该系统同其他系统的相互关系等。

③专用术语定义:列出本文件中用到的专门术语的定义。

④参考资料:列出相关的参考资料。

⑤版本更新信息。

(2)任务概述

①系统定义:描述项目的来源及背景、系统的整体结构、各组成部分的结构等。

②项目目标:描述本项目要达到的市场目标、技术目标等。

③用户特点：描述用户的业务特点和计算机应用水平等，充分说明操作人员、维护人员的教育水平和技术专长。

④项目假设与约束：列出开发本项目的假设与约束，例如，经费限制、时间限制，以及本产品的预期使用频度等重要约束。

(3)需求规定

①对功能的规定：包括功能编号、所属产品编号、优先级、功能定义、功能描述。

• 外部功能；

• 内部功能。

②对性能的规定。

• 响应时间；

• 开放性；

• 精度需求；

• 可移植性；

• 灵活性。

③输入输出要求：描述各输入输出数据的类型、格式、数值范围、精度、媒体等，输入及输出的数量和频率等。

④数据管理能力要求：说明需要管理的文件和记录的个数、表和文件大小规模等，要按可预见的增长对数据及存储要求做出估计。

⑤故障处理要求：列出可能的故障及其对各项性能所产生的后果和对故障处理的要求。

• 内部故障；

• 外部故障。

⑥其他要求。

• 保密性：本软件作为图书管理的辅助工具，它的规模比较小，可限定在某些区域中使用。

对不同的模块通过分配不同的权限，增加系统的保密性。

• 可维护性：系统结构设计要合理、清晰，文档齐备，并具有较强的可维护性。

(4)运行环境规定

①设备配置：列出处理器的型号、内存容量、外存容量等。

②支持软件：包括操作系统、相关系统软件等。

③接口。

• 用户接口；

• 软件接口。

④其他。

(5)双方签字

需求方(需方):

开发方(供方):

日期:

3. 需求规格说明书的编写要求

需求规格说明书应该满足以下各个方面的描述要求:

(1)条理清晰。目前大多数的需求分析采用的仍然是自然语言,自然语言对需求分析最大的弊病就是它的二义性,所以开发人员需要对需求分析中采用的语言作某些限制。例如,尽量采用"主语+动词"的简单表达方式。需求分析中的描述一定要简单,不要采用疑问句、修饰这些复杂的表达方式。除了语言的二义性之外,还要注意不要使用行话,就是计算机术语,这样便于与用户沟通,如果过多地使用行话,就会造成用户理解上的困难。

(2)结构完整。需求的完整性是非常重要的,如果有遗漏需求,则不得不返工。在软件开发过程中,最糟糕的事情莫过于在软件开发接近完成时发现遗漏了一项需求。但实际工作中,遗漏需求是经常发生的事情,这不仅是开发人员的问题,更多发生在用户那里。

(3)内容一致。用户需求必须和业务需求一致,功能需求必须和用户需求一致。在需求过程中,开发人员需要把一致性关系进行细化,例如,用户需求不能超出预期指定的范围。严格遵守不同层次间的内容一致,才能保证最后开发出来的软件不会偏离最初目标。

(4)可测试性。一个项目的测试从什么时候开始呢?实际上,测试是从需求分析过程就开始了,因为需求是测试计划的输入和参照。这就要求需求分析必须是可测试的,只有系统的所有需求都是可以被测试的,才能够保证软件始终围绕着用户的需要,才能确保最终开发出来的软件系统是成功的。

4.2 软件需求管理方法与内容

为了确保软件项目能够满足客户需要、符合合同规定,并在预定的日期和预算内完成,必须对软件需求进行有效管理。需求管理的目的就是要控制和维持需求的事先约定,保证项目开发过程的一致性,使客户得到他们最终想要的产品。本节介绍其方法与内容。

4.2.1　需求管理的含义

需求管理就是一种获取、组织并记录系统需求的系统化方案，以及一个使客户与项目团队对不断变更的系统需求达成并保持一致的过程。因此，所有与需求直接相关的活动通称为需求管理。它包括需求的组织、跟踪、审查、确认、变更和验证。

开发软件项目就像和用户一起从河的两边开始修建桥梁，如果没有很好地理解和管理用户的需求，开发出来的软件就不是用户希望的，那么这座桥就永远不可能对接成功。

没有一个合理的需求管理，将很难达到用户的真正要求。即使设计和实现得再正确可靠，也不是用户真正想要的东西。因此，必须采用有效的方法对项目需求的变化进行管理和控制，这包括对用户提出的初始需求的确认过程和对用户提出需求变更的控制过程。

4.2.2　需求管理的复杂性

软件需求是整个软件开发项目中最难把握的一个问题，与汽车、电视机、冰箱等有形产品相比，软件的需求具有模糊性、不确定性、变化性和主观性等特点。因此，软件的需求管理是非常复杂的。这种复杂性主要体现在以下几个方面：

(1)需求的描述问题。缺少正式的、完整的需求文档，浪费了大量的人力物力，但是有了需求文档又出现了新的问题。在用户方进行的需求评审会，有时候完全是走形式，因为用户根本不去听或读那上百页的需求文档。另外，不同层次的用户，所关心的问题也是不一样的，想要每个客户都成为需求专家是不现实的。

(2)需求的完备程度问题。需求如何做到没有遗漏？如何准确划定系统的范围？这确实是一个两难问题，复杂一点的系统要想穷举需求几乎是不可能的，每次召开需求评审会时，总会冒出新的需求，以至于系统没有一个准确的范围界定。即使是这样，系统还是要开发，而且要硬性地划定一个系统范围，从而建立一个基线。

(3)需求开发的工期问题。在需求上花费了大量的时间，客户、软件公司是否能够忍受？为了确保需求的正确性、完备性，项目经理往往坚持要在需求阶段花费大量的时间，但是客户与公司的高层领导却会为项目迟迟看不到实际可运行的软件担心不已！他们往往会逼迫项目组尽快往前推进，而项目组的成员往往也会为系统复杂的善变的需求折腾得筋疲力尽，他们也希望尽快结束此阶段。

(4)需求的细致程度问题。需求到底描述到多细，才算可以结束了？仁者见仁，智者见智，并没有定论，如果时间允许，要想细分总是可以细分下去的。但是，需求的周期越长，可能的变化越多，对设计的限制越严格，对需求的共性提取要求越高，所以只要大家(用户、需求分析人员、设计人员、测试人员)认为描述清楚了，就可以进入设计阶段了。

(5)需求的变化问题。在软件开发过程中有一条真理，那就是：需求的变化是永恒的，需求不可能是完备的。但是，也应该看到：在软件开发的过程中，需求变更不一定是坏事，也有可能是好事，是商业机会，对市场敏感的人可以从需求变化中发现市场机会。

4.2.3 需求管理的方法

在需求管理中，可以采用的方法主要包括以下一些方面：

(1)确定需求变更控制过程。制定一个选择、分析和决策需求变更的过程，所有的需求变更都需要遵循这个过程。

(2)进行需求变更影响分析。评估每项需求变更，以确定它对项目计划安排和其他需求的影响，明确与变更相关的任务并评估完成这些任务需要的工作量。通过这些分析将有助于需求变更控制部门做出更好的决策。

(3)建立需求基准版本和需求控制版本文档。确定需求基准，这是项目各方对需求达成一致认识时刻的一个快照，之后的需求变更遵循变更控制过程即可。每个版本的需求规格说明都必须是独立说明，以避免将底稿和基准或新旧版本相混淆。

(4)维护需求变更的历史记录。将需求变更情况写成文档，记录变更日期、原因、负责人、版本号等内容，及时通知到项目开发所涉及的人员。为了尽量减少困惑、冲突、误传，应指定专人来负责更新需求。

(5)跟踪需求的状态。可以把每一项需求的状态属性(如已推荐的、已通过的、已实施的或已验证的)保存在数据库中，这样可以在任何时候得到每个状态类的需求数量。

(6)衡量需求的稳定性。可以定期把需求数量和需求变更(添加、修改、删除)数量进行比较。过多的需求变更是一个报警信号，意味着问题并未真正弄清楚。

◎阅读材料

企业ERP项目中的六个需求管理技巧

在ERP项目管理中，需求贯穿了其整个生命周期。从ERP项目立项开始，需求就是所有项目经理的心头之痛。经验的增加、项目环境的变动，所有的因素都有可能使员工对ERP的要求不断改变。如果不能有效处理这些需求变更，项目计划必将一再调整，交付日期也会随之一再拖延，项目成员的士气也将越来越低落，这些都将直接导致ERP项目目标无法达到。为此，ERP的项目管理者必须拥有需求管理的技巧。

1. 不要一下子满足所有新需求

对于员工的基础需求，不要一下子就全部满足。有些人会想不通，认为马上全部满足，不是会更好吗，员工不是更满意吗？从短时间来说这没错，但是从长久来看，不见得非常准确。

其实，这里我们利用了人的满足心理。我们先来假设一下，假设ERP实施一共要一年的时间，员工提出了10个需求，如果其中8个需求在第一个月就全部实现了，而其他2个需求一拖再拖，到年底，你才把剩下的2个需求实现。那中间这10个月，项目经理的日子会很难过，员工的积极性会受到严重打击，甚至会对你失去信心。其实最好是平均一下，把这10个需求先按重要性排列，把重要的先实现。一般新需求，就算马上可以实现，也不要一起交付给员工。而应该平均一下，让员工每个月都感到有新的希望。

2. 新的需求不能变更系统主流程

员工提出的任何需求，都不能变更系统的主流程。系统主流程就像是树的树根，如果你想把树移动到另一个地方，很可能会导致树的死亡。笔者有同事给一家企业实施财物核算的时候，感觉企业财务核算简单，就把应付账款流程省略了，直接从收货单跳到总账。结果，造成付款日期的混乱。最后，在同事的建议下，企业还是上了应收应付模块，先走应付流程，再入总账。上ERP最重要的一个目的就是通过ERP系统的标准流程来进行业务流程重组，如果把主流程都改了，那就不如找个软件公司，来公司进行定制开发。

3. ERP实施顾问不能随便承诺

对员工提出的需求，实施顾问要仔细考虑，不能随口承诺，最后不能兑现时，会让员工失望。人的思想同计算机语言毕竟是有区别的，如办公用品的管制。每个公司都会有办公用品，这些物品价值不是很大，并且种类繁多，有些还没有固定的供应商，甚至价格都不能确定。管制这些东西比管制生产物料还困难。按照人的思维，好像办公用品也是“请购—采购—入库—付款”这么简单，其实没有人想得这么简单。所以，当员工提出这个需求时，顾问要调查企业办公用品的月采量有多少，流程是否规范。若采购量很少，或者平时就很少规范，那就考虑建议企业不要把这个流程放入 ERP，或者等到二期。

4. 需求要分轻重缓急

业务流程重组和需求调研之后，ERP 实施顾问手里就会有一大堆的新需求。这时，最忌讳的就是哪个最简单，就先实现哪一个。而应该是哪个最重要，最有影响力，就要先实现它，以达到很好的短期效果。

5. 需求要注意风险

为了降低 ERP 二次开发的风险，应仔细评估所有涉及的需求，确定开发风险，并对项目进行风险管理。有的项目人员仅仅重视自己感兴趣或觉得有挑战性的需求，而不是及早将精力投入降低项目风险或提高应用程序功能性方面。为确保尽早解决或降低项目中的风险，要慎重选择需求，以确保每次增加需求都不会加大项目中的已知风险。要达到目的，就需要评估项目风险，并在风险和重要性两个层面取得平衡。

6. 需求需要沟通

ERP 项目的用户需求更改难度比较大。所以，我们在确定一个需求前，要跟当事人充分沟通，最好能直接沟通，避免因传达失误所引起的重复工作。在沟通时，双方对需求的认识要一致，不能模棱两可。

4.2.4 需求管理的过程

需求管理的过程从需求获取开始，一直贯穿于整个项目生命周期，其目的是力图实现最终产品同用户需求的最佳结合。在整个需求管理过程中，主要包括了以下内容：

1. 需求获取

需求获取的主要任务是通过与用户方的领导层、业务层人员的访谈式沟通，对现有系统的观察，以及对开发任务进行分析，从而发现、捕获和修订用户需求，如图 4-2 所示。从图 4-2 可以看出，需求获取的过程就是将用户的要求变为项目的需求，包括必须完成的基线需求和扩展需求。所谓的基线需求，就是项目的原始需求，是经过批准的需求部分。

需求获取需要执行的活动如下：

(1)了解客户方的所有用户类型以及潜在的类型，然后根据他们的要求来确定系统的整体目标和系统的工作范围。

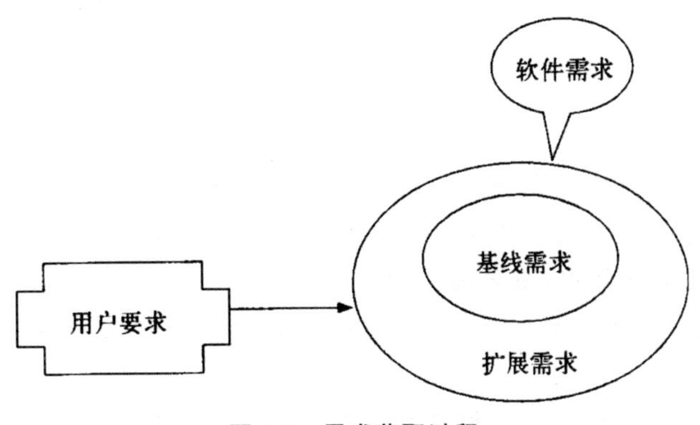

图4-2 需求获取过程

(2)对用户进行访谈和调研。交流的方式可以是会议、电话、电子邮件、小组讨论、模拟演示等。需要注意的是，每一次交流一定要有记录，对于交流的结果还可以进行分类，便于后续的分析活动。例如，可以将需求细分为功能需求、非功能需求(如响应时间、平均无故障工作时间、自动恢复时间等)、环境限制、设计约束等类型。

(3)需求分析人员对收集到的用户需求做进一步的分析和整理，包括：

· 对于用户提出的每个需求都要知道“为什么”，并判断它是否有充足的理由；

· 将那种以“如何实现”的表述方式转换为“实现什么”的方式，因为需求分析阶段关注的目标是“做什么”，而不是“怎么做”；

· 分析由用户需求衍生出的隐含需求，并识别用户没有明确提出来的隐含需求。这一点往往容易忽略掉。有时经常会因为对隐含需求考虑不够充分，而引起需求变更。例如，用户只说需要有查询功能，但是此时开发方就应该考虑各种查询请求。

(4)需求分析人员将调研的用户需求，以适当的方式呈交给用户方和开发方的相关人员。大家共同确认需求分析人员所提交的结果是否真实地反映了用户的意图。

◎阅读材料

进行需求获取时需要注意的几个问题

(1)识别真正的客户。这不是一件容易的事情，项目总是要面对多方的客户,不同类型客户的素质和背景都不一样,有时没有共同的利益,例如,销售人员希望使用方便,会计人员关心的是销售数据如何统计,人力资源人员关心的是如何管理和培训员工等。有时,他们的利益甚至有冲突,所以必须认识到——对于各个方面的客户,并不需要“一视同仁”。有些人比其他人对项目的成功更为重要,清楚地认识影响项目的那些人,对多方客户的需求进行排序,如果只是局外人来参与项目,可以暂缓考虑其需求。

(2)正确理解客户的需求。客户有时并不十分明白自己的需要,可能提供一些混乱的信息,而且有时会夸大或者弱化真正的需求,所以需要我们既要懂一些心理知识,也要懂一些社会其他行业的知识,了解客户的业务和社会背景,有选择地过滤需求,理解和完善需求,确认客户真正需要的东西。

(3)具备较强的忍耐力和清晰的思维。应该能够从客户凌乱的建议和观点整理出真正的需求,不能对客户需求的不确定性和过分要求失去耐心,甚至造成不愉快,要具备良好的协调能力。

(4)学会说服和教育客户。需求分析人员可以同客户密切合作,帮助他们找出真正的需求,可以通过说服引导等手段,也可以通过培训来实现;同时要告诉客户需求可能会不可避免地发生变更,这些变更会给持续项目的正常化增加很大的负担,使客户能够认真对待。

(5)要建立需求分析小组,进行充分交流,互相学习,同时要实地考察访谈,收集相关资料,进行语言交流,必要时可以采用图形表格等工具(如描述输出成果可以使用调查表、业务流程图等)。

2.需求确认

需求确认是需求管理中的一种常用手段。确认有两个层面的意思:一个层面是进行系统需求调查与分析的人员与客户间的一种沟通,通过沟通来对不一致的需求进行剔除;另外一个层面的意思是指,对于双方达成共同理解或获得用户认可的部分,双方需要进行承诺。

3.建立需求状态

需求状态是指用户需求的一种状态变换过程。为什么要建立需求状态?在整个生命周期中,存在着几种不同的情况,在需求调查人员或系统分析人员进行需求调查时,客户存在的需求可能有多种:有的是客户可以明确,并且已经清楚提出的需求;有的是客户知道需要做些什么,但又不能确定的需求;有的是客户本身可以得出这类需求,但需求的业务不明确,还需要等待外部信息;还有的是客户本身也说不清楚的需求。

对于以上这些不同需求，在开发的过程中，有必要建立如表 4-4 所示的需求状态表。

表 4-4　需求状态表

状态值	定义
已建议	该需求已被有权提出需求的人建议
已批准	该需求已被分析，估计了其对项目余下部分的影响，已用一个确定的产品版本号或创建编号分配到相关基线中，软件开发团队已同意实现该需求
已实现	已实现需求代码的设计、编写和单元测试
已验证	使用所选择的方法已验证了实现的需求，用例测试和检测，审查该需求跟踪与测试用例相符
已删除	计划的需求已从基线中删除，但包括一个原因说明和做出决定的人员

4. 需求验证

需求规格说明书提交之后，开发人员需要与客户一起，就需求规格说明书的内容，通过审查、模拟或快速原型等途径，去验证用户需求的正确性和可行性。验证的内容包括：

(1)需求的正确性。开发人员和用户都进行复查，以确保将用户的需求充分、正确地表达出来。只有用户代表才能确定用户需求的正确性，这就是一定要有用户积极参与的原因。没有用户参与的需求评审，将导致此类说法：“那些毫无意义，这些才很可能是他们所要想的。”其实这完全是软件需求分析人员或者评审者的凭空猜测。

(2)需求的一致性。是指与其他软件需求或高层(系统，业务)需求不相矛盾。在开发前必须解决所有需求间的不一致部分。验证没有任何冲突和含糊的需求，不存在二义性。

(3)需求的完整性。验证是否所有可能的状态、状态变化、转入、产品和约束都在需求中描述；不能遗漏任何必要的需求信息。如果知道缺少某项信息，可以用“待确定”作为标识来标明这项缺漏。当然软件正式开发之前，必须解决需求中所有的“待确定”项。

(4)需求的可行性。验证需求是否实际可行。例如，如果用户提出一个“远程存取速度必须是与本地一样 ”的要求，那是不可行的。每一项需求都必须是在已知系统和环境的权能和限制范围内可以实施的。为避免不可行的需求，最好在获取需求过程中，始终有一位软件工程小组的组员与需求分析人员在一起工作，由他来负责检查技术可行性。

(5)需求的必要性。“必要性”也可以理解为每项需求都是用来授权你编写文档的“根源”。要使每项需求都能回溯至某项客户的输入。每一条需求描述都是用户需要的，每一项需求都应把客户真正所需要的内容和最终系统所需遵从的标准记录下来。

(6)需求的可检验性。验证是否能写出测试用例来满足需求；检查一下每项需求是否能通过设计测试用例或其他的验证方法(如演示、检测等)来确定产品是否确实按需求实现了。如果需求不可验证，则确定其实施是否正确就成为主观臆断，而非客观分析了。一份前后矛盾、不可行或有二义性的需求也是不可验证的。

(7)需求的可跟踪性。验证需求是否是可跟踪的；应能在每项软件需求与它的根源和设计元素、源代码、测试用例之间建立起链接，这种可跟踪性要求每项需求以一种结构化的、细粒度的方式编写并单独标明，而不是大段大段地叙述。

对于一些大型的内容比较复杂的软件系统，还可以邀请独立的第三方进行同行评审。

5. 需求承诺

需求承诺是指开发方和客户方的责任人，对通过了双方验证和同行评审的系统需求，进行签字并做出承诺。该承诺具有商业合同的同等效果。如图 4-3 所示，就是需求承诺的示例。

需求承诺

×××软件项目需求文档——《×××需求规格说明书》，版本号：×.×.×，是建立在×××与×××双方共同对需求理解的基础之上，同意后续的开发工作根据该工作产品开展。

如果需求发生变化，双方将共同遵循项目定义的“变更控制规程”执行。需求的变更将导致双方重新协商成本、资源和进度等。

甲方签字：　　　　　　　　　　乙方签字：

签字日期：　　　　　　　　　　签字日期：

图 4-3　需求承诺示例

6. 需求跟踪

在整个软件开发过程中，都需要进行需求跟踪，其目的是建立和维护从用户需求开始到测试之间的一致性与完整性，确保所有的实现都是以用户需求为基础的，确保对于需求实现是否全部覆盖，同时确保所有的输出与用户需求的符合性。

常见的需求跟踪有三种方式：正向跟踪、逆向跟踪与双向跟踪。

（1）正向跟踪：以用户需求为切入点，检查《需求规格说明书》中的每个需求是否都能在后继工作产品中找到对应点。

（2）逆向跟踪：检查设计文档、代码、测试用例等工作产品是否都能在《需求规格说明书》中找到出处。

（3）双向跟踪：正向跟踪和逆向跟踪包含到一起，就构成了双向跟踪。

不论采用何种跟踪方式，都要建立与维护需求跟踪矩阵。需求跟踪矩阵保存了需求与后续开发过程输出的对应关系。矩阵单元间可能存在“一对一”“一对多”或“多对多”的关系。表4-5是简单的需求跟踪矩阵示例。使用需求跟踪矩阵的优点是很容易发现需求与后续工作产品之间的不一致，有助于开发人员及时纠正偏差，避免干冤枉活。

表4-5 需求跟踪矩阵

需求代号	需求规格说明书V1.0	设计文档V1.2	代码1.0	测试用例	测试记录
R001 R002 …	标题或标识符 ……	标题或标识符 ……	代码文件名称 ……	测试用例标识 ……	测试记录标识 ……

7.需求变更控制

事先预言所有的相关需求是不可能的。系统原计划的操作环境会改变，用户的需求会改变，甚至系统的角色也有可能改变。实现和测试系统的行为可能导致对正解决的问题产生新的理解和洞察，这种新的认识就有可能导致需求变更。需求变更通常会对项目的进度、人力资源产生很大的影响，这是软件开发企业非常畏惧的问题，也是必须面临与需要处理的问题。为此，需求变更控制的详细内容我们将在4.4节中进行介绍。

4.3 软件项目的任务分解

在明确了项目需求之后，就需要把工作分解，编制工作分解结构图，以便明确应完成的任务或活动。在此基础之上再进行资源的分配与进度计划，并估计项目的成本。

4.3.1 工作分解结构

在进行需求分析时，当要解决的问题过于复杂时，可以将问题进行分解，直到分解后的子问题容易解决，然后分别解决这些子问题。定义任务或活动的方法可以通过建立工作分解结构（Work Breakdown Structure，简称WBS）的技术来实现。

这里的 WBS 有两种含义：一是指分解方法；二是指分解后的结果。

首先，WBS 是项目管理的基本方法之一。这种方法的目的是方便管理和控制项目，而将其按等级分解成易于识别和管理的子项目，再将子项目分解成更小的工作包，直至最后分解成具体的工作单元。对工作的分解可以有多种方法，例如，可以按照专业划分，按照子系统、子工程划分，按照项目不同的阶段划分等。最常见的分解方法有两种：第一种是基于成果或功能的分解方法，以完成该项目应该交付的成果为导向，确定相关的任务、工作、活动和要素；第二种是基于流程的分解方法，以完成该项目所应经历的流程为导向，确定相关的任务、工作、活动和要素。

WBS 的建立对项目来说意义重大，它使得原来看起来非常笼统、模糊的项目目标一下子清晰起来，使得项目管理有了依据，项目的目标清楚明了。如果没有一个完善的 WBS 时，变更就不可避免地出现，很可能造成返工、延长工期、降低团队士气等一系列不利的后果。由此可以看出，工作分解合理与否，关系到项目管理工作的有效性。

其次，作为一种结果的 WBS 有着不同的表示方式，例如树型结构图、分层结构清单等。它们是对项目从粗到细分解后的成果，每细分一个层次就表示对项目更细致的描述。

最后，项目的工作分解应以项目的规格说明书为依据，在明确的项目范围基础上对项目进行分解，确定实现项目目标必须完成的各项工作及其内在结构或实施过程的顺序，并以一定的形式表达出来。如图 4-4 所示的工作分解结构图，是一种典型的 WBS 表示形式。

WBS 将项目分解到相对独立、内容单一、易于成本核算与检查的工作单元，并能把各工作单元在项目中的地位与构成直观地表示出来。工作分解结构图是实施项目、创造项目最终产品所必须进行的全部活动的一张清单，也是进度计划、人员分配、成本计划的基础。

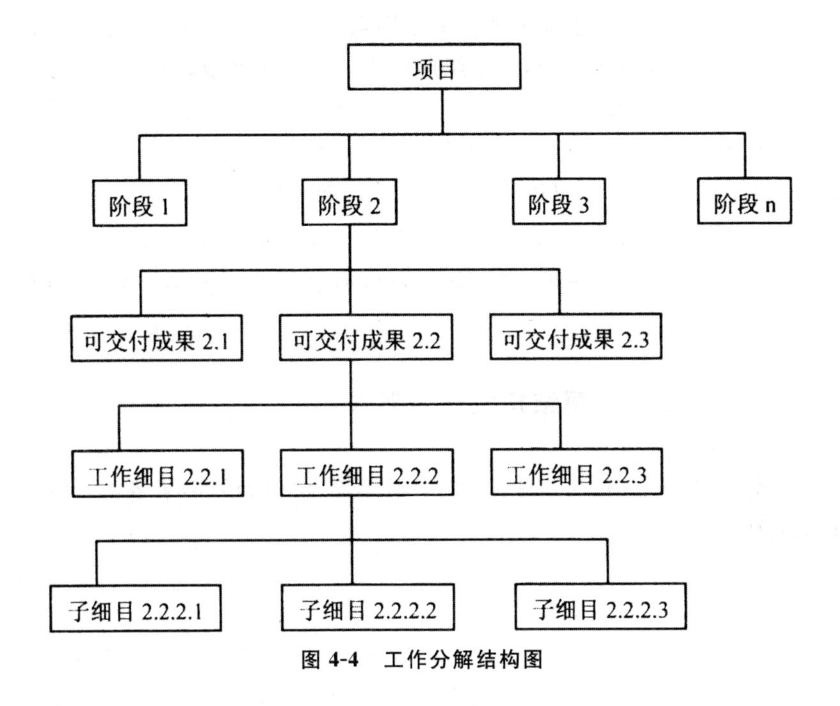

图 4-4　工作分解结构图

4.3.2　工作分解的操作步骤

任务分解应遵循一定的步骤。一般来讲，任务分解的主要步骤如下：

(1)确认并分解项目的主要组成要素。通常，项目主要要素是这个项目的工作细目。项目的组成要素应该用有形的、可证实的结果来描述，目的是为了便于检测。当明确了主要构成要素后，这些要素就应该用项目工作怎样开展、在实际中怎样完成的形式来定义。

(2)确定分解标准，按照项目实施管理的方法分解，可以参照 WBS 模板进行任务分解。分解要素是根据项目的实际管理而定义的，不同的要素有不同的分解层次。分解采用多种标准，通常会导致结构混乱和任务重叠，所以必须采用统一的标准进行分解。

(3)确认分解是否详细，分解结果是否可以作为费用和时间估计的标准，明确责任。工作细目的分解如果在很久的将来才能完成的话，那么这种分解也就没有了确定性。

(4)确定项目交付成果。交付成果是有衡量标准的，以此检查交付结果。

(5)验证分解的正确性。在分解工作结束之后，需要验证分解结果的正确性。验证的时候，一般需要考虑如下因素：更低层次的细目是否必要和充分（如果不必要或者不充分，这个组成要素就必须重新修改，包括增加、减少或修改细目）；最底层要素是否有重复（如果存在重复现象就应该重新分解）；每个细目都有明确的、完整的定义吗（如果没有，这种描述需要修改或补充）；是否每个细目可以进行适当的估算；谁能担负起完成这个任务。如果没有，修正是必要的，目的是提供一个充分的管理控制。

(6)工作分解结果验证正确无误后，还需要建立一套编号系统，以便区别各个工作。

4.3.3 工作分解结构的表示形式

进行任务分解时，可以采用图表、清单等不同的形式，来表示任务分解的最后结果。

1. 图表形式

采用图表形式的工作分解过程就是进行任务分解时利用图表表达分解层次和结果的方式。图 4-5 就是 WBS 的图形表示。图 4-5 是一个软件需求分析的工作分解结构图，它是基于流程进行分解的。从图中可以看出，在 WBS 中反映了项目工作的层次结构、对各个工作包（工作单元）的编码和关于工作任务的概括描述。

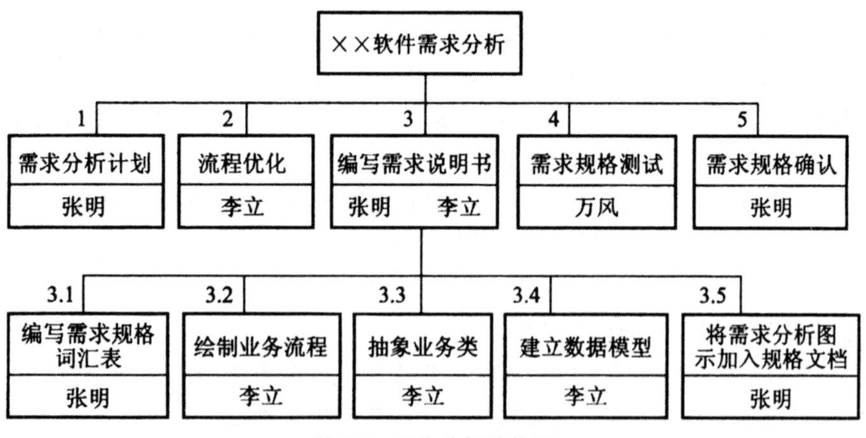

图 4-5 工作分解结构图

上面的工作分解结构图是按照自上而下法进行编制的，这种方法从项目最大的单位开始，逐步将它们分解成下一级的多个子项。这个过程就是要不断增加级数，细化工作任务。这种方法对项目经理来说，可以说是最佳方法，因为他们具备广泛的技术知识和对项目的整体视角。如图 4-6 所示，为某市电力局信息化系统建设项目的工作分解结构图。

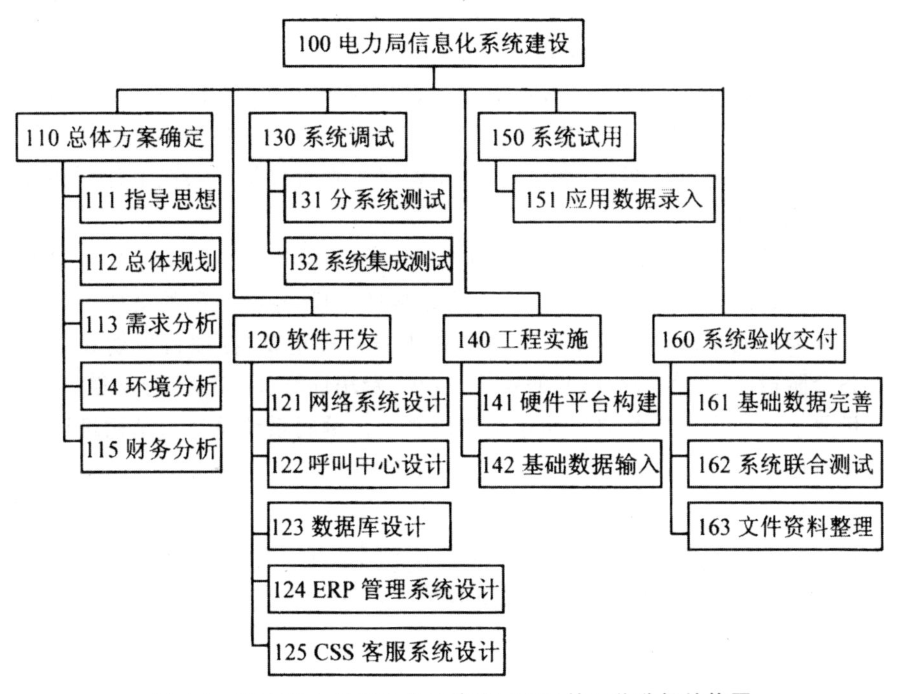

图 4-6　某市电力局信息化系统建设项目的工作分解结构图

上面的自上而下法常常被视为构建 WBS 的常规图解方法。另外，与之相对应，还有一种自下而上法，这种方法让项目团队成员尽可能详细地列出他们认为完成项目必须要做的工作，然后项目经理对其进行分类、整合，并汇总到一个整体活动或 WBS 的上一级内容当中去的方法。以开发某一杀毒软件为例，自下而上法由项目团队中的市场分析人员确定该杀毒软件的市场定位；由工程师们确定该软件的功能需求；由项目管理部确定该项目的人力资源分配；由财务部给出该项目的预算资金分配；最后由项目经理将这四项任务都归入到该杀毒软件项目的总体设计中去。可以看出，自下而上法一般都很费时，但这种方法对于 WBS 的创建来说，效果却特别好。项目经理经常对那些全新的系统，或采用一些新的技术方法的项目采用这种方法，或者通过采用这种方法，促进全员参与或项目团队的协作。

在应用图表形式来表示工作分解结构的时候，需要注意以下两点内容：

(1)分解层次与结构。由于项目本身的复杂程度、规模大小各不相同，因此项目可分成很多级别，从而形成了工作分解结构的不同层次。工作分解结构每细分一个层次表示对项目元素更细致的描述。任何分支最底层的细目称为工作包，它是完成一项具体工作所要求的一个特定的、可确定的、可交付及独立的工作单元。WBS 结构应以等级状或树状结构来表示，其底层范围应该很大，代表详细的信息，能够满足项目执行组织管理项目对信息的需要，结构上的上一个层次应比下一层要窄，而且该层次的用户所需的信息由本层提供，以后依此类推，逐层向上。如果项目经理将某个工作任务外包或者分包给另一个组织，那么，这个组织必须在更详细的层次上计划和管理这个工作任务。

(2)WBS 中编码系统的设计。工作分解结构中的每一项工作都要编上号码，用来唯一确定其在项目工作分解结构的身份，这些号码的全体称为编码系统。编码系统同项目工作分解结构本身一样重要，在项目规划和以后的各个阶段，项目各基本单元的查找、变更、费用计算、时间安排、资源安排、质量要求等各个方面都要参照这个编码系统。编码系统设计与结构设计是相互对应的：结构的每一层次代表编码的某一位数，有一个分配给它的特定的代码数字。在最高层次，项目不需要代码；在第二层次，要管理的活动用代码的第一位数来编制；下一层次代表上一层次每一个活动所包含的主要任务，这个层次将是一个典型的两位数编码；以下依此类推。

2. 清单形式

采用清单形式的工作分解，就是将分解结果以等级清单的表述形式，进行工作任务层层分解的一种表示方式。例如，图 4-5 所示的项目，用清单形式可以表示如下：

1. 需求分析计划。
2. 流程优化。
3. 编写需求说明书。
    3.1　编写需求规格词汇表。
    3.2　绘制业务流程。
    3.3　抽象业务类。
    3.4　建立数据模型。
    3.5　将需求分析图示加入规格文档。
4. 需求规格测试。
5. 需求规格确认。

3. 类比方法

类比法就是以一个类似项目的 WBS 为基础，制定本项目的工作分解结构。虽然每个项目都是唯一的，但是 WBS 经常能被“重复使用”，有些项目在某种程度上是具有相似性的。例如，从每个阶段看，许多项目有相同或相似的周期，以及因此而形成的相同或相似的工作细目要求。因此，有时候可以根据需求分析的结果和项目的相关要求，参照以往的项目分解结果进行。事实上，许多应用领域都有标准或可以当作样板用的 WBS。例如，某网络游戏软件公司准备研制开发某种新型的网络游戏时，就可以根据以往的某个网络游戏的 WBS 为基础，开始新项目的 WBS 的编制(尽管两个游戏的内容相差很多)。

4.3.4　任务分解的注意事项

对于规模较大的软件项目而言，在进行工作分解的时候，要注意以下几点内容：

(1)要清楚地认识到，确定项目的分解结构就是将项目的产品或服务、组织、过程这三种不同的结构综合为项目分解结构的过程，也就是给项目的组织人员分派各自角色和任务的过程。应注意收集与项目相关的所有信息。

(2)对于项目最底层的工作要非常具体，而且要完整无缺地分配给项目内外的不同个人或组织，以便于明确各个工作的具体任务、项目目标和所承担的责任，也便于项目的管理人员对项目的执行情况进行监督和业绩考核。

(3)对于最底层的工作包，一般要有全面、详细和明确的文字说明，并汇集编制成项目工作分解结构词典，用以描述工作包、提供计划编制信息(如进度计划、成本预算和人员安排)，以便于在需要时随时查阅。任务分解结果必须有利于责任分配。

(4)任务分解的规模和数量因项目而异，先分解大块的任务，然后再细分小的任务，最底层是可控和可管理的，避免不必要的过细，最好不要超过 7 层。

(5)WBS 中所有的分支并非都必须分解到同一水平，各分支的组织原则可能会不同。

(6)在 WBS 完成之后，在其基础上就可以对每个工作包所投入的资源、人力进行分解和估算，并得到如表 4-6 所示的责任分配与成本估算表。

表 4-6　项目责任分配与成本估算表

WBS 编号	预算(元)	责任者
1	3000	刘小明
2	5600	李中立
3	3000	刘小明
3.1	1000	刘小明
3.2	1500	李中立
3.3	3000	李中立
3.4	2000	李中立
3.5	2000	刘小明
4	8000	周海风
5	2000	刘小明

另外,需要注意的是,任何项目不是只有唯一正确的工作分解结构。例如,两个不同的项目团队可能对同一项目做出两种不同的工作分解结构。决定一个项目的工作分解详细程度和层次多少的因素包括:为完成项目工作任务而分配给每个小组或个人的责任和这些责任者的能力;在项目实施期间管理和控制项目预算、监控和收集成本数据的要求水平。通常,项目责任者的能力越强,项目的工作结构分解就可以粗略一些,层次少一些;反之就需要详细一些,层次多一些。而项目成本和预算的管理控制要求水平越高,项目的工作结构分解就可以粗略一些,层次少一些;反之就需要详细一些,层次多一些。因为项目工作分解结构越详细,项目就越容易管理,要求的项目工作管理能力就会相对低一些。

4.4　软件需求的变更控制

需求的变化在软件项目开发中是不可避免的,它会给项目的正常进展带来各种麻烦。为此,必须采取一定的方法,使需求在受控的状态下,按照标准的流程来发生变化,而不是随意地变化。本节介绍软件需求变更的主要原因,以及需求变更的控制流程。

4.4.1 不可避免的需求变更

软件需求经常变化的问题是每个开发人员、每个项目经理都会遇到的问题，也是最头痛的问题。一旦发生了需求变化，就不得不修改软件设计、重写程序代码、修改测试用例、调整项目计划等。做过项目的人都会有这样的经历：一个项目做了很久，感觉总是做不完，就像一个“无底洞”。用户总是有新的需求要项目开发方来做，就像用户在“漫天要价”，而开发方在“就地还钱”。系统开发出以后，用户不断提出新需求，每天追着开发人员解决问题，没完没了地往下做。这个现象的本质问题就是需求变更所引发的。

在软件项目的开发过程中，需求变更贯穿了软件项目的整个生命周期，从软件的项目立项到研发和维护。需求的变更可以发生在任何的阶段，即使到项目后期，例如测试阶段，用户也会根据测试的实际效果，再提出一些变更要求，其实这种后期的变更会对项目产生很严重的负面影响。需求变更可能来自开发方、客户或产品供应商等，也可能来源于项目组内部。例如，用户经验的增加，对使用软件的感受有变化，以及整个行业的新动态，都为软件带来不断完善功能、优化性能、提高用户友好性的要求。

根据以上的分析，软件开发人员必须接受“需求会变动”这个事实。在进行需求分析时要懂得防患于未然，尽可能地分析清楚哪些是稳定的需求，哪些是易变的需求，以便在进行系统设计时，将软件的核心建筑在稳定的需求上，同时要留出变更空间。

在软件项目管理过程中，项目经理经常面对用户的需求变更。如果不能有效处理这些需求变更，项目计划会一再调整，软件交付日期一再拖延，项目研发人员的士气会越来越低落，将直接导致项目成本增加、质量下降及项目交付日期推后。

4.4.2 需求变更的原因分析

虽然需求变更的表现形式千差万别，但究其根本主要有以下几种原因：

1. 范围没有圈定就开始细化

细化工作是由需求分析人员完成的，一般是根据用户提出的描述性的、总结性的短短几句话去细化的，提取其中的一个个功能，并给出描述（正常执行时的描述和意外发生时的描述）。当细化到一定程度后并开始系统设计时，系统范围往往会发生变化。例如，原来是手工添加的数据，要改成由软件系统计算出来；而原来的一个属性的描述要变成描述一个实体等。是否容许变更的依据是合同及对成本的影响，应控制在成本影响的容许范围内。

2. 没有良好的软件结构适应变化

一般来说，如果软件的整体结构已经设计出来了，就不能轻易改变。因为整体结构会对整个项目的进度和成本预算有很大影响。随着项目的进展，容许的变更将越来越少。组件式的软件结构提供了快速适应需求变化的体系结构，数据层封装了数据访问逻辑，业务层封装了业务逻辑，表示层展现用户表示逻辑。要使软件系统适应变化，必须遵循“松耦合”的原则，但各层之间还是存在一些联系的，设计要力求减少会对接口入口参数产生变化。如果业务逻辑封装好了，则表示层界面上的一些排列或减少信息的要求是很容易适应的。如果接口定义得合理，那么即使业务流程有变化，也能够快速适应变化。因此设计良好的软件结构，可提高软件的适应性，提高客户的满意度。

3. 用户改变需求

随着项目生命周期的不断往前推进，人们（包括开发方和客户方）对需求的了解越来越深入。原先提出的需求可能存在着一定的缺陷，因此需要变更需求。如果在项目开发的初始阶段，开发人员和用户没有搞清楚需求或者搞错了需求，到了项目开发后期才发现错误，要将需求纠正过来，就必然要导致产品的部分内容的重新开发。毫无疑问，这种需求变更将使项目付出额外的代价。另外，以下总结了可能会导致需求变更的其他因素：

- 开发人员对待需求开发的态度不认真；
- 用户参与不够；
- 用户需求的不断增加；
- 模棱两可的需求；
- 用户和需求开发人员在理解上的差异；
- 开发人员的画蛇添足；
- 过于简单的规格说明；
- 忽略了用户分类；
- 不准确的计划等。

总之，人们提出需求变更，是出于能够使软件产品更加符合市场或客户需求，出发点本身是好的。但对于开发小组而言，需求的变更则意味着需要重新设计、调整资源、重新分配任务、修改前期工作产品等，要为此付出较重的代价，还可能需要增加预算与投资。

4.4.3　管理需求变更的请求

开发小组如果对每次需求变更请求都接受的话，那么这个项目将会成为一个连环式的工程。为此，必须首先做好需求变更的请求管理，使需求的请求在受控的状态下发生变化。其中，特别需要注意以下几点内容：应仔细评估已建议的变更；挑选合适的人选对变更做出决定；变更应及时通知所有涉及的人员；要按一定的程序来采纳需求变更等。

1.控制需求渐变的策略

需求中的变化一般不是突发的、革命性的变化，最常见的是项目需求的渐变问题。这种渐变很可能是客户与开发方都没有意识到的，当达到一定程度时，双方才蓦然回首，发现已经物是人非，换了一番天地。在控制需求渐变时，需要注意以下几点：

(1)需求一定要与投入有显然的联系，否则如果需求变更的成本由开发方来承担，则项目需求的变更就成为必然了。所以，在项目的开始，无论是软件开发方还是出资方都要明确这一条：需求变化，软件开发的投入也要同步发生一定的变化。

(2)需求的变更要经过出资者的认可。需求的变更会引起投入的变化，所以要通过出资者的认同，或客户方真正有决策权的人员的认可，这样才会对需求的变更有成本的概念，才能够慎重地对待需求的变更。

(3)小的需求变更也要经过正规的需求管理流程，否则会积少成多。在实践中，人们往往不愿意为小的需求变更去执行正规的需求管理过程，认为那样做会降低开发效率，浪费开发的时间。正是由于这种错误观念，才使需求的渐变不可控，最终导致项目的失败。

(4)精确的需求与范围定义，并不会阻止需求的变更。并非对需求定义得越细，越能避免需求的渐变，精确与变更是两个层面的问题。太细的需求定义对需求渐变没有任何效果。因为需求的变化是永恒的，并非由于需求细化了，它就不会变化了。

2.项目周期内的变更控制

需求变更的控制不应该只是项目实施过程中才考虑的事情，而是要分布在整个软件项目生命周期的全过程。变更控制的参考标准是：如果需求变更带来的好处大于坏处，那么允许变更，但必须按照已定义的变更规程执行;如果需求变更带来的坏处大于好处,那么拒绝变更。当然,好处与坏处并不是主观的,而是通过客观的分析与评价得出的。

(1)项目启动阶段的变更预防。需求变更无可避免,也无从逃避,只能积极应对,这个应对应该是从项目启动的需求分析阶段就开始了。对一个需求分析做得很好的项目来说,《需求规格说明书》中定义的范围越清晰,用户跟项目经理“扯皮”的情况就越少。如果需求没做好,系统的范围含糊不清,漏洞百出,往往要付出许多无谓的牺牲。如果需求做得好,文档清晰且又有客户签字,那么后期客户提出的变更就超出了合同范围,需要另外收费。这样做的目的是使双方都严格遵循合同的约束,有利于保证项目目标的实现。

(2)项目实施阶段的变更控制。成功项目和失败项目的区别往往在于项目的整个过程是否是可控的。项目经理应该树立一个理念——“需求变更是必然的、可控的、有益的”。项目实施阶段的变更控制需要做的是分析变更请求,评估变更可能带来的风险和修改基准文件。为了将项目变更的影响降到最小,需要采用综合变更控制方法。综合变更控制主要包括找出影响项目变更的因素、判断项目变更范围是否已经发生等。进行综合变更控制的主要依据是项目计划、变更请求和提供了项目执行状况的绩效报告。

(3)项目收尾阶段的总结控制。能力的提高往往不是从成功的经验中来,而是从失败的教训中来。许多项目经理不注重经验教训的总结和积累,即使在项目运作过程中碰得头破血流,也只是抱怨运气、环境和团队配合不好,很少系统地分析总结,或者不知道如何分析总结,以至于同样的问题反复出现。事实上,项目总结工作应作为现有项目或将来项目持续改进工作的一项重要内容,同时也可以作为对项目合同、设计方案内容与目标的确认和验证。项目总结工作包括项目中事先识别的风险,以及没有预料到而发生的变更等风险的应对措施的分析和总结,也包括项目中发生的变更和项目中发生问题的分析统计的总结。

4.4.4 需求变更的控制流程

需求变更既然是不可避免的,那么就必须有一套规范的处理流程。这里将需求变更的处理流程分为以下步骤:提出变更、变更评估、实施变更。

图 4-7 就是一个需求变更控制流程的示例,它能够应用于需求变更的处理过程中。

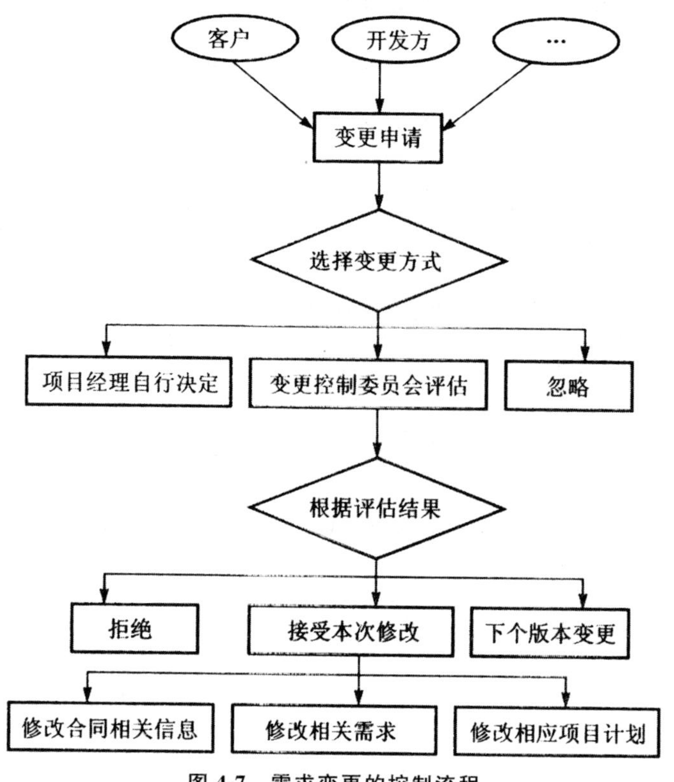

图 4-7　需求变更的控制流程

从图 4-7 的流程可以看出:变更控制的开始条件,是通过合适的渠道接受一个合法的变更请求,这里的变更请求必须通过需求变更提交单进行书面提交,参见表 4-7 所示。

当需求变更提交单收到之后,需求变更控制人员要将所有变更申请汇集到一个联系点,而且为每一个变更请求赋予统一的标识标签。接到变更申请后先确定其性质,如果变更是在项目经理的权限内,则变更由项目经理决定如何变更。对于重大变更则要经过变更控制委员会的审查、评估,来确定如何处理。变更控制委员会要从影响分析、风险分析、危害分析及其他方面进行评估,然后做出决策。一旦批准变更申请,就需要对合同、计划、需求等相关文档进行修改和补充,并安排实施相应的计划与资源。

如表 4-7 所示,就是需求变更控制中的一个需求变更申请表示例,它是一个软件项目实施过程中对需求提出的一个变更,这个变更发生在设计阶段,还没有进行具体的编程工作,按照变更控制系统的程序,首先提出需求变更请求,然后评估变更的影响,最后通过 SCCB 的表决:决定可以接受其中的一部分变更，另外一部分变更推到下一版本实现。

表 4-7 需求变更申请表示例

<table>
<tr><td>文档名称</td><td colspan="3">软件基线产品需求更改申请表</td><td>文档编号</td><td>RCR-HRM-001</td></tr>
<tr><td>申请人</td><td colspan="3">张海洋</td><td>申请日期</td><td>2008.12.11</td></tr>
<tr><td>项目名称</td><td colspan="5">人力资源信息管理系统</td></tr>
<tr><td>阶段名称</td><td colspan="5">总体设计阶段</td></tr>
<tr><td>相关文件</td><td colspan="5">RCR-HRM-01.DOC，RCR-HRM-02.DOC</td></tr>
<tr><td>修改内容</td><td colspan="5">变更简述如下：
1)要求在招聘管理子系统中，增加网上招聘与简历接收功能，详见 RCR-HRM-01.DOC
2)增加网上简历自动筛选功能，详见 RCR-HRM-02.DOC</td></tr>
<tr><td rowspan="2">验证意见</td><td colspan="5">同意 RCR-HRM-01.DOC 变更。RCR-HRM-02.DOC 的变更可以推迟到下一个版本再实施</td></tr>
<tr><td>验证人</td><td>张利昆</td><td>验证日期</td><td colspan="2">2008.12.13</td></tr>
<tr><td>变更控制委员会</td><td colspan="3">周海辉　王步辰　丁玉山</td><td colspan="2">填表人：刘大阳</td></tr>
</table>

另外，在控制需求变更的时候，应该采取一定的策略。例如，对照合同规定，发现有些变化是合同规定范围内的，在需求分析和设计阶段因疏忽造成的遗漏或者错误；有些变化是合同之外的，而这些变化又可以分成两种，一种会影响系统开发，另一种可以在系统开发之后再开发。针对这些分析，采用的策略是：对合同范围之内的变化，要求坚决修改；对合同范围之外的、但影响系统开发的变化，也进行修改，但要通知客户；合同范围之外的可延后开发的变化，要和客户商量并达成一致，在系统开发之后再进行开发。

4.5 本章小结

好的需求管理是软件项目成功的关键因素。为此必须做好软件项目的需求管理工作。

本章首先介绍了软件需求及其管理的基本知识，包括软件需求的含义、类型与层次划分，用户需求的含义与特点、系统需求的类型（功能需求与非功能需求），用户需求规格说明书的内容框架，软件需求管理的内容、复杂性、方法及其具体过程；然后介绍了软件项目任务分解的基本知识，包括软件项目任务分解的操作步骤、注意事项以及任务分解结构的表示形式；最后，对软件需求变更控制的内容进行了详细介绍，包括需求变更的不可避免性及其主要原因，管理用户变更请求的方法与策略，以及软件需求变更的控制流程。

通过本章学习，读者应充分理解需求管理工作的重要性；并熟练掌握各类不同需求的表示方法、WBS的图表表示方式以及软件需求变更控制的工作流程等具体的知识。

第 5 章 软件项目进度管理

5.1 软件项目进度管理概述

进度管理是软件项目管理中最重要的内容之一，其目标就是用最短的时间、最低的成本、最小的风险，在给定的约束条件下，圆满完成项目的工作内容。本节介绍其基本知识。

5.1.1 加强项目进度管理的重要性

项目进度管理是指为保证项目各项工作及项目总任务按时完成所需要的一系列的工作与过程，具体包括项目进度计划编制及实施进度控制。一个项目能否在预定时间内完成，是项目管理追求的目标。如果项目不能按合同工期完成，必然会对项目的范围、成本、质量等产生负面的影响。项目进度管理就是采用科学的方法确定项目进度，编制进度计划和资源计划，进行进度控制，在与质量、费用目标协调的基础上，实现进度目标。

1994 年，美国 Standish Group 对于 IT 行业 8400 个项目（投资 250 亿美元）的研究结果表明：所有项目的平均进度超出量为 120%，其中只有 9% 的项目是按照计划进度完成。由此可见，必须加强软件项目的进度管理。下面从几个方面描述项目进度管理的重要性：

（1）从项目管理的三大约束条件（时间、费用、质量）来看，时间是项目最重要的三个目标之一。很多企业往往在费用上非常关注，从而忽略了时间。事实上，因为时间管理造成的问题，让企业的损失可能更大。例如，进度的延迟，往往带来成本的超支；进度的拖延，还会造成客户的索赔等。特别是近年来，随着我国一些大型软件企业进入国际市场，以及许多软件公司外包业务的不断增加，他们越来越感受到进度管理对于软件项目管理的重要性，并且已经认识到，进度管理已经超越了成本管理及其他项目管理要素。

（2）进度管理是软件项目管理的基础。项目管理的初衷，也正是从进度管理开始的。进度管理是软件项目人力资源管理、软件项目成本管理以及其他管理活动的前提。在今天一再强调人力资源管理是项目管理的核心时,人们应该知道:如果没有做好进度管理,人力资源管理根本无从谈起。成本管理更是如此,没有进度的数据,成本无从核算和监控。

(3)进度管理的重要性,还是由时间这种资源的特殊性(单向性、不可重复性、不可替代性)而决定的。相对来讲,项目的资金不够,还可以贷款、可以集资,即借用别人的资金;但如果项目的时间不够,就无处可借,而且时间也不像其他资源那样有可加合性。

总之,时间、费用、质量构成了项目管理的三大目标。其中,费用发生在项目的各项作业中,质量取决于每个作业过程,工期则依赖于进度系列上的时间保证,这些目标均能通过进度控制加以掌握,所以进度控制是项目控制工作的首要内容,是项目的灵魂。

5.1.2 项目进度管理中的相关术语

为保证项目能按时完成,要根据 WBS 对项目活动进行分解,列出活动清单。工作分解是着眼于工作成果,而活动分解是对完成工作所必须进行的活动进行分解,使之变成易于执行、易于检查的活动,有具体期限和明确的资源需求。在时间管理中另一个重要的内容是确定活动的顺序关系,只有明确了活动之间的关系,才能更好地对项目进行时间安排。

根据以上过程的描述,在进行项目进度管理时,必须先要熟悉以下一些基本术语:

1. 项目活动

项目活动是指为完成工程项目而必须进行的具体的工作。

在项目管理中,活动的范围可大可小,一般应根据项目具体情况和管理的需要来确定。项目活动是编制进度计划、分析进度状况和控制进度的基本工作包。

2. 工程进度

进度是指活动或工作进行的速度,工程进度即为工程进行的速度。确定工程进度则是指根据已批准的建设文件或签订的承包合同,将项目的建设进度做进一步的具体安排。

工程进度计划可分为:需求分析进度计划、系统设计进度计划、设备供应进度计划等。而实施进度计划,可按实施阶段或者 WBS 分解为不同阶段的进度计划。进度是对执行的活动和里程碑制定的工作计划日期表,同时它也是跟踪项目进展状态的依据。

3. 工期

工期又可细分开发工期与合同工期。开发工期是具体安排建设计划的依据。开发工期是指工程项目从正式开工开始，到全部建成投产或交付使用所经历的时间。开发工期一般按日历月计算，有明确的起止年月，并在建设项目的可行性研究报告中有具体规定。

合同工期是指完成合同范围的工程项目所经历的时间，它从接到开工通知的日期算起，直到完成合同规定的工程项目的时间。

确定工期有两个前提：一是确定交付日期；二是确定使用资源。然后才能安排计划。

4. 活动之间的顺序关系

为了进一步制定切实可行的进度计划，必须对活动（任务）进行适当的顺序安排。项目各项活动之间存在相互联系与相互依赖的关系，根据这些关系安排各项活动的先后顺序。

活动之间的关系主要有如图 5-1 所示的 4 种情况，其中：

- 结束→开始，表示 A 活动结束的时候，B 活动才能够开始；
- 结束→结束，表示 A 活动结束的时候，B 活动也同时结束；
- 开始→开始，表示 A 活动开始的时候，B 活动也同时开始；
- 开始→结束，表示 A 活动开始的时候，B 活动需要已经结束。

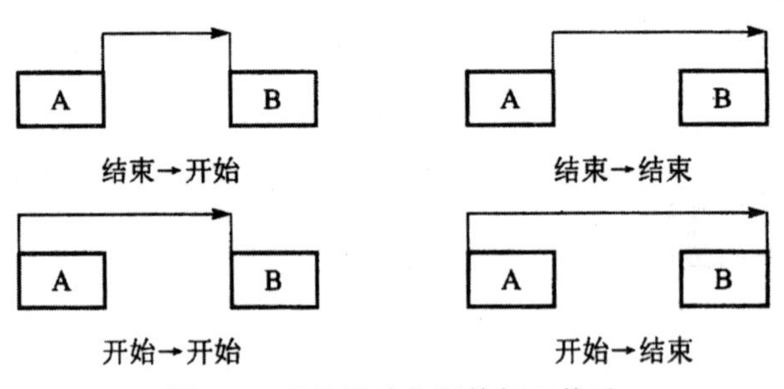

图 5-1　项目活动之间的相互关系

可以看出，有些活动会有前置活动或者后置活动。所谓前置活动就是在后置活动之前进行的活动（如上面的“结束→开始”中的活动 A 就是活动 B 的前置活动），而后置活动是在前置任务之后进行的活动（如上面的“开始→结束”中的活动 A 就是活动 B 的后置活动），前置活动和后置活动表明了项目中的活动将如何和以什么顺序进行。

5. 活动之间的依赖关系

在确定活动之间的依赖关系时需要必要的业务知识，因为有些强制性的依赖关系（或称硬逻辑关系），是来源于业务知识领域的基本规律（例如在企业业务管理中，必须先领取工商执照，才能进行税务登记）。一般来说，决定活动之间关系的依据有以下几种：

（1）强制性依赖关系。强制性依赖关系是工作任务中固有的依赖关系，是一种不可违背的逻辑关系。它是因为客观规律和物质条件的限制造成的，有时也称为内在的相关性。例如，需求分析要在系统设计之前完成，单元测试活动是在编码完成之后执行。

（2）软逻辑关系。软逻辑关系是由项目管理人员确定的项目活动之间的关系，是人为的、主观的，是一种根据主观意志去调整和确定的项目活动的关系。例如，安排计划时，哪个模块先开发，哪些任务同时做好一些，都可以由项目管理者根据资源、进度来确定。

（3）外部依赖关系。外部依赖关系是项目活动与非项目活动之间的依赖关系。例如，环境测试依赖于外部提供的环境设备；设备安装要依赖于外部设备供应商的及时供货等。

5.1.3　软件项目进度管理的特点

软件项目具有规模大、建设的一次性和结构与技术复杂等特点，无论是进度编制，还是进度控制，均有它的特殊性，主要表现在以下几方面：

（1）软件项目进度管理是一个动态过程。一个大的软件项目需要一年，甚至需要几年的时间。一方面，在这样长的时间里，工程建设环境在不断变化；另一方面，实施进度和计划进度会发生偏差。因此在进度控制中要根据进度目标和实际进度，不断调整进度计划，并采取一些必要的控制措施，排除影响进度的障碍，确保进度目标的实现。

（2）项目进度计划和控制是复杂的系统工程。进度计划按工程单位可分为整个项目总进度计划、单位工程进度计划、分部分项工程进度计划等；按生产要素可分为投资计划、设备供应计划等。因此进度计划十分复杂。而进度控制更加复杂，它要管理整个计划系统，而绝不仅限于控制项目实施过程中的实施计划。

（3）软件项目进度管理有明显的阶段性。由于各阶段工作内容不一，因而相应有不同的控制标准和协调内容。每一阶段进度完成后都要对照计划做出一定的评价，并根据评价的结果做出下一阶段的工作进度安排。

(4)软件项目进度管理的风险性大。由于软件项目进度管理是一个不可逆转的工作,因而风险较大。在管理中既要沿用前人的项目管理理论知识,又要借鉴同类软件工程进度管理的经验和成果,还要根据本软件项目的特点对进度进行创造性的科学管理。

5.1.4 软件项目进度管理的内容

软件项目进度管理的内容很多,主要包括:定义为达到项目目标所需要的各种活动;项目活动内容的安排;估算工期,对工作顺序、活动工期和所需资源进行分析并制定项目进度计划;对项目进度的管理与控制等。这些相关过程与活动既相互影响,又相互关联。

1.项目活动的定义

项目活动的定义,就是将项目工作分解为更小、更易管理的工作包,也叫活动或任务,这些小的活动应该是能够保障完成交付产品的可实施的详细任务。项目活动定义是一个过程,它涉及确认和描述一些特定的活动。完成这些活动就意味着完成了 WBS 结构中的项目细目,通过活动定义这一过程可使项目目标体现出来。活动清单应该包括对相应工作的工作定义和一些细节说明,以便于项目其他过程的使用和管理。

在项目实施中,要将所有活动列成一个明确的活动清单,并且让项目团队的每一个成员能够清楚有多少工作需要处理。当然,随着项目活动分解的深入和细化,工作分解结构可能会需要修改,这也会影响项目的其他部分。例如,成本估算,在更详尽地考虑了活动后,成本可能会有所增加,因此完成活动定义后,要更新项目工作分解结构上的内容。

2.项目活动的排序

项目活动排序,就是通过识别项目活动清单中各项活动的相互关联与依赖关系,并据此对项目各项活动的先后顺序进行合理安排与确定的项目时间管理工作。在产品描述、活动清单的基础上,要找出项目活动之间的依赖关系和特殊领域的依赖关系、工作顺序。

在这里,既要考虑团队内部希望的特殊顺序和优先逻辑关系,也要考虑内部与外部、外部与外部的各种依赖关系及为完成项目所要做的一些相关工作,例如,在最终的硬件环境中进行软件测试等工作。一般较小的项目或一个项目阶段的活动排序可以通过人工排序的方法完成,但是复杂项目的活动排序多数要借助计算机软件来完成。

为了制定项目进度计划，必须准确和合理地安排项目各项活动的顺序，并依据这些活动顺序确定项目的各种活动路径，以及由这些项目活动路径构成的项目活动网络。这一工作需要用到下一节将要讲到的甘特图、网络图等图形描述工具。

设立项目里程碑是排序工作中很重要的一部分。里程碑是项目中关键的事件及关键的目标时间，是项目成功的重要因素，其样式与作用也将在下一节进行介绍。

3.活动工期的估算

活动工期估算，就是根据项目范围、资源状况计划列出项目活动所需要的工期。

估算的工期应该现实、有效并能保证质量。所以在估算工期时要充分考虑活动清单、合理的资源需求、人员的能力因素，以及环境因素对项目工期的影响。

在对每项活动的工期估算中应充分考虑风险因素对工期的影响。项目工期估算完成后，可以得到量化的工期估算数据，将其文档化，同时完善并更新活动清单。

4.安排项目进度表

项目的进度计划意味着明确定义项目活动的开始和结束日期，这是一个反复确认的过程。进度表的确定应根据项目网络图、估算的活动工期、资源需求、资源共享情况、项目执行的工作日历、进度限制、最早和最晚时间、风险管理计划、活动特征等统一考虑。

进度限制即根据活动排序考虑如何定义活动之间的进度关系。一般有两种形式：一种是加强日期形式，以活动之间的前后关系限制活动的进度，例如，一项活动不早于某项活动的开始或不晚于某项活动的结束；另一种是关键事件或主要里程碑形式，以定义为里程碑的事件作为要求的时间进度的决定性因素，制定相应的时间计划。

5.项目进度的控制

项目进度控制主要是监督项目计划进度的执行状况，及时发现和纠正偏差、错误。

在项目进度控制中，必须要考虑影响项目进度变化的因素、项目进度变更对其他部分的影响因素、进度表变更时应采取的实际措施以及如何防止项目进度的随意变动等。

5.2 项目进度的描述工具

在软件项目进度管理中，经常使用一些图形化的描述工具来表示软件项目的进度，如甘特图、网络图、里程碑图、资源图等。下面分别介绍以上几种图示工具的相关知识。

5.2.1 甘特图

1. 甘特图的基本思想

甘特图，叫作线条图、横道图，是用来展示项目进度或者定义完成目标所需要具体工作的一种最常用工具，由亨利·甘特先生于 1900 年发明，其示例效果如图 5-2 所示。

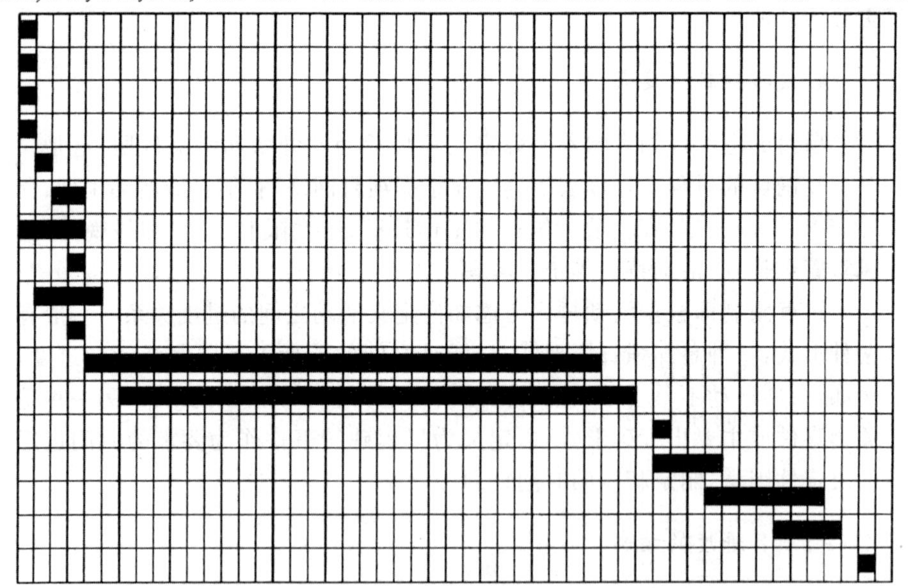

图 5-2 甘特图示例

从图 5-2 可以看出，甘特图在形状上是一个二维平面图，其中的横轴表示活动时间，纵轴表示活动内容。甘特图很好地显示了每项工作的开始时间和结束时间，水平线条的长度表示了该项工作的持续时间。甘特图时间维的刻度大小决定着项目计划粗略的程度，根据项目计划的需要，可以以小时、天、周、月、年等作为度量项目进度的时间单位。

2. 甘特图的表示方法

在实际项目管理中，甘特图的绘制有两种表示方法。但是不管是哪种方法，它们的基本思想是一致的——都是将工作分解结构中的任务排列在垂直轴，而水平轴表示时间。

（1）表示方法一（称为“棒状甘特图”）：用棒状图来表示任务的起止时间，如图 5-3 所示。其中，用空心的棒状图来表示计划的起止时间，用实心的棒状图来表示实际的起止时间。可以看出，用棒状图来表示任务进度时，一个任务需要占用两行的空间位置。

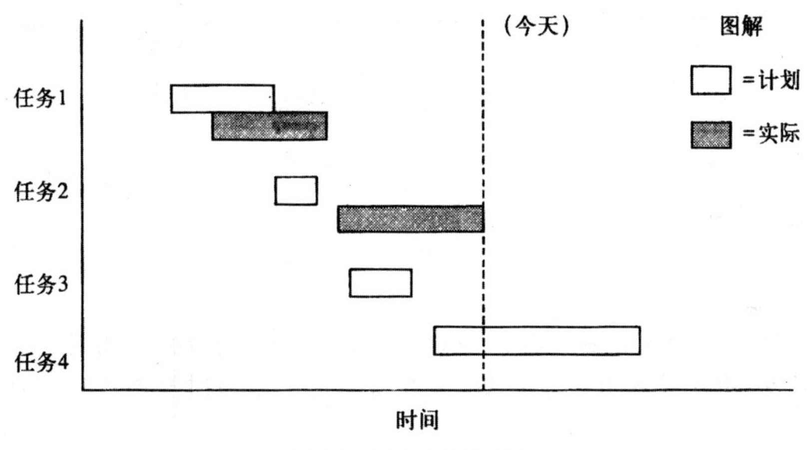

图 5-3 棒状甘特图示例

（2）表示方法二（称为“三角形甘特图”）：如图 5-4 所示，它是用三角形来表示特定日期，方向向上的三角形表示开始时间，向下的三角形表示结束时间，计划时间和实际时间分别用空心三角形和实心三角形来表示。这样，一个任务只需要占用一行的空间。

图 5-3 和图 5-4 其实说明了同样的问题，从图中可以看出：任务 1 和任务 2 的起止时间都比计划时间推迟了，而且任务 2 的历时长度也比计划的历时长度长很多。

3. 甘特图的优缺点分析

甘特图可以很方便地用于项目进度管理，主要是它具有以下几个优势：

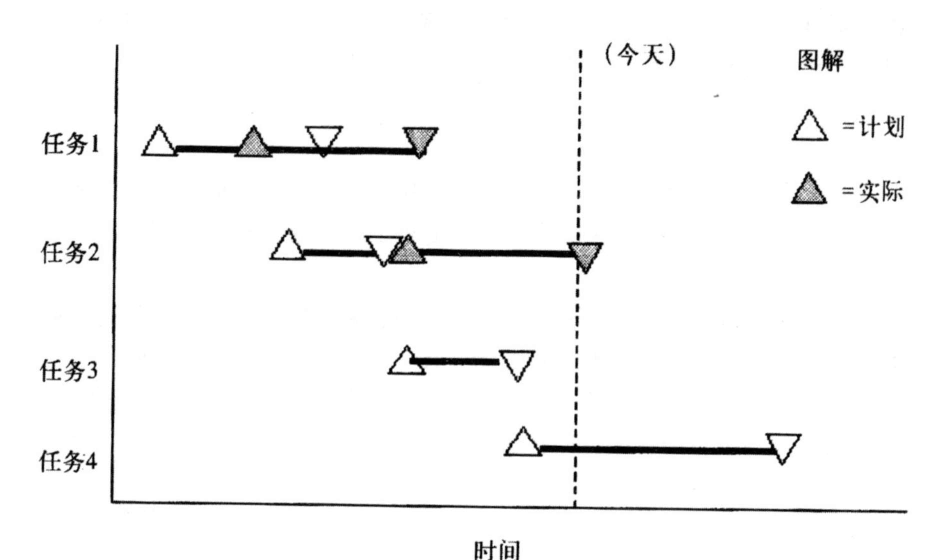

图 5-4　三角形甘特图示例

第一,结构简单,容易理解。一眼就能看出活动应该什么时间开始,什么时间结束。

第二,是表述项目进展的最简便方式,而且容易扩展来确定其提前或者滞后的原因。

第三,在项目控制过程中,它也可以清楚地显示活动的进度是否落后于计划,如果已经落后于计划,还可以确定出是何时开始落后于计划的等。

但是,甘特图只是对整个项目的一个粗略描述。它也存在着以下几个缺陷:

第一,虽然它可以被用来方便地表述项目活动的进度,但是却不能表示出这些活动之间的相互关系,因此也不能表示活动的网络关系。

第二,它不能表示活动如果较早开始或者较晚开始而带来的结果。

第三,它没有表明项目活动执行过程中的不确定性,因此没有敏感性分析。

4. 甘特图的两种变化形式

除了传统样式的甘特图以外,还有带有时差的甘特图和具有逻辑关系的甘特图:

(1)带有时差的甘特图。网络计划中,在不影响工期的前提下,某些工作的开始和完成时间并不是唯一的,往往有一定的机动时间,这就是所谓的时差。这种时差在传统的甘特图中并没有表达，而在改进后的甘特图中可以表达出来，图 5-5 所示就是一个示例。

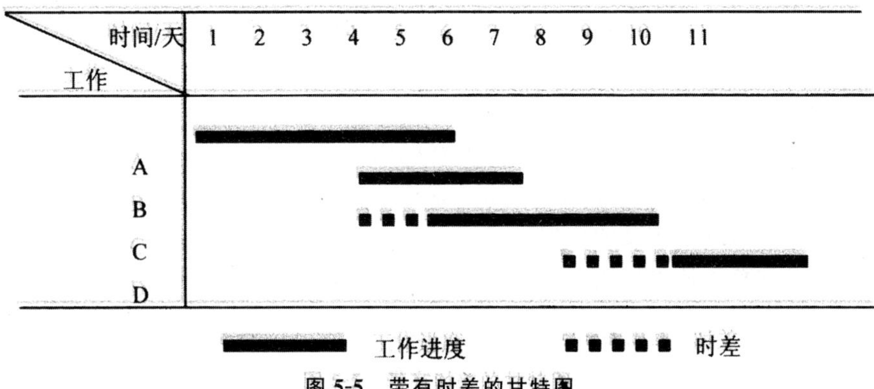

图 5-5　带有时差的甘特图

(2)具有逻辑关系的甘特图。将项目计划和项目进度安排两种职能组合在一起，也可以在传统的甘特图中表达出来，从而形成具有逻辑关系的甘特图，如图 5-6 所示。

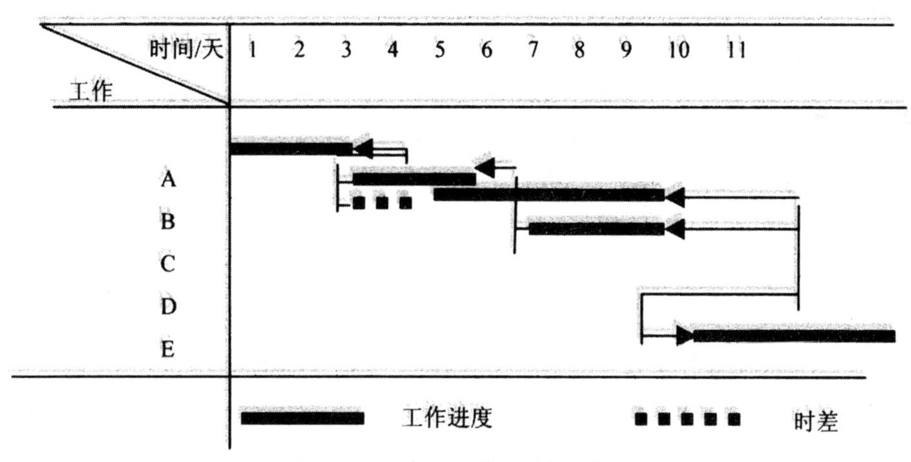

图 5-6　具有逻辑关系的甘特图

上述两种进行样式变化的甘特图，实际上是将网络计划原理与甘特图两种表达形式进行有机结合的产物，其同时具备了甘特图的直观性，又兼备了网络图各工作的关联性。

5. 甘特图的主要应用

甘特图可以很方便地进行项目计划和项目计划控制，由于其简单易用而且容易理解，因此被广泛地应用到软件项目管理中。具体来讲，它主要有以下三个具体作用：

(1)表示进度计划。通过条形图在时间坐标轴上的点位和跨度，来直观地反映工作包各有关的时间参数；通过条形图的不同图形特征(如实线、虚线等)来反映工作包的不同状态(如反映时差、计划或实施中的进度)；通过使用箭头线来反映工作之间的逻辑关系。

(2)进行进度控制。将实际进度状况以条形图的形式在同一个项目的进度计划甘特图中表示出来，以此来直观地对比实际进度与计划进度之间的偏差，作为调整进度的依据。

(3)甘特图还可以用于资源优化、编制资源及费用计划等。

6. 甘特图的绘制技术

在项目管理实践中，很多项目管理工具软件都具有根据 WBS 来制作对应甘特图的相关功能。如图 5-7 所示，就是利用项目管理软件 Project 2007 制作的某软件项目甘特图。

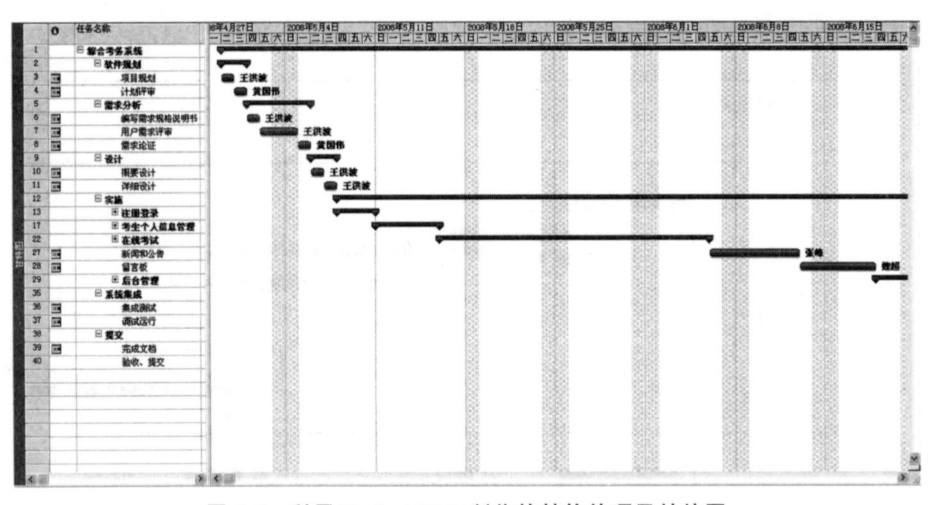

图 5-7 利用 Project 2007 制作的某软件项目甘特图

5.2.2 网络图

在甘特图中，虽然可以很容易看出一个任务的开始时间和结束时间，但是它不能反映某一项任务的进度变化对整个项目的影响，它把各项任务看成独立的工作，没有考虑相互之间的关系。而下面介绍的网络图可以反映任务的起止日期变化对整个项目的影响。

1. 网络图的含义

网络图是非常有用的一种进度表达方式，在网络图中可以将项目中的各个活动以及各个活动之间的逻辑关系表示出来，从左到右画出各个任务的时间关系图，表明项目任务将如何和以什么顺序进行。网络图开始于一个任务、工作、活动、里程碑，结束于另一个任务、工作、活动、里程碑。在进行项目的进度估算时，网络图可以表明项目将需要多长时间完成；当改变某项活动计划进度的时候，网络图可以表明项目的进度将如何变化。

2. 网络图的形式

常用的网络图有前导图法（Precedence Diagramming Method，简称PDM）、箭线图法（Arrow Diagramming Method，简称ADM）、条件箭线图法（Condition-arrow Diagramming Method，简称CDM）网络图等几种，下面进行逐一的简单介绍。

（1）PDM网络图，也称为节点图、单代号网络图。构成单代号网络图的基本特点是节点，节点表示活动（任务），箭头线表示各活动（任务）之间的逻辑关系，其示例效果如图5-8所示。在图5-8中，活动1是活动3的前置任务，活动3是活动1的后置任务。

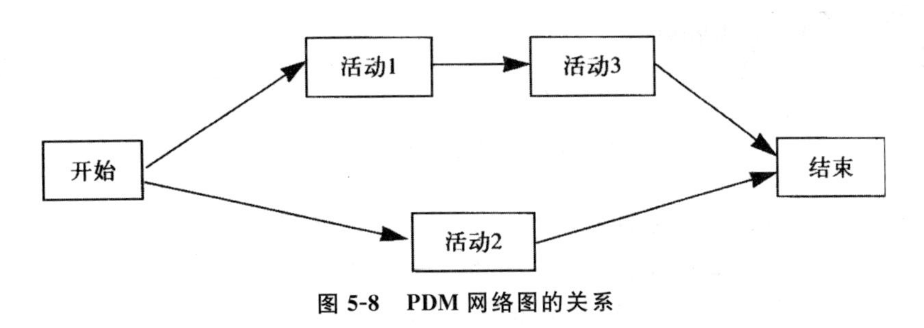

图5-8　PDM网络图的关系

PDM网络图是目前比较流行的网络图，在绘制的时候因为都是按照由左到右的顺序展开，所以有时候也可以将其中的箭头线去掉，而这并不影响对其相关活动之间顺序关系的理解。如图5-9所示，就是软件项目的PDM网络图，其中粗线表示其中的关键路径。

（2）ADM网络图，也称为箭线图、双代号网络图。在其中用箭头线表示活动（任务），节点表示前一道工序的结束，同时也表示后一道工序的开始，为了区别起见，各个节点都进行了编号。如果将图5-9的软件项目改用ADM网络图表示，其效果如图5-10所示。

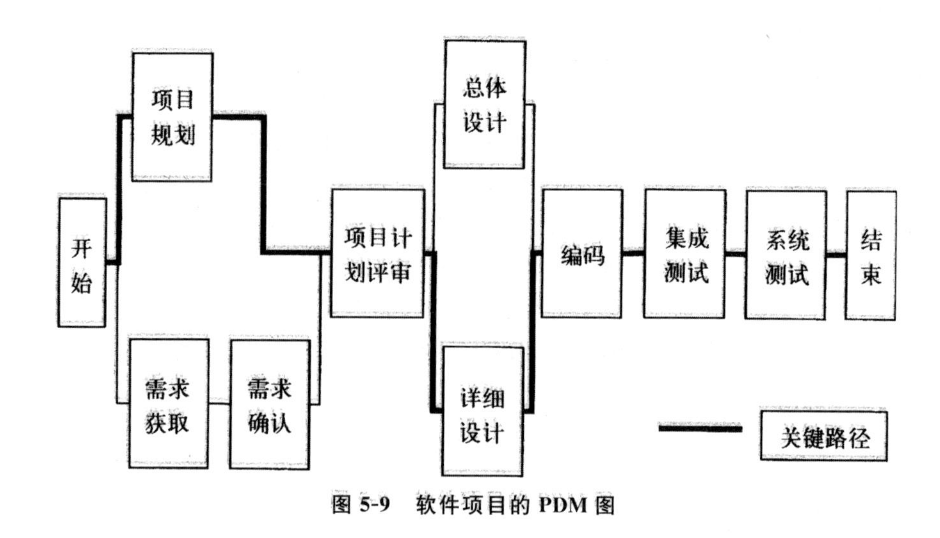

图 5-9　软件项目的 PDM 图

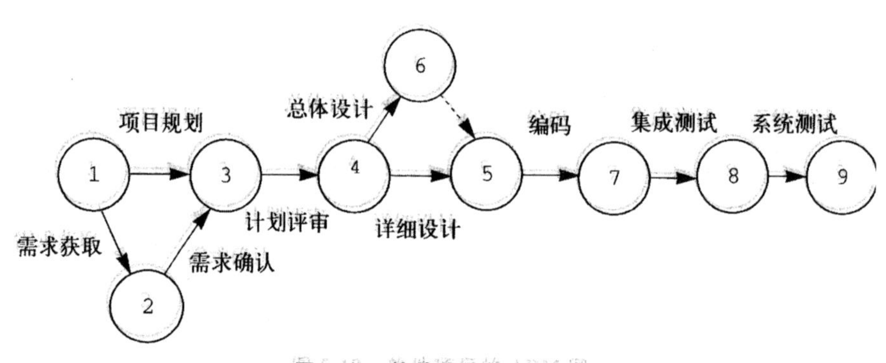

图 5-10　软件项目的 ADM 图

在绘制用箭头表示活动的 ADM 网络图中，有两个基本规则可以用来识别活动：第一，每个节点有唯一的编号，即图中不会有相同的节点号；第二，每个活动必须由唯一的紧前事件号组成。图 5-11(a)中的活动 A、活动 B 由相同的紧前事件号 1 和紧随事件号 2 组成，这是不允许的。为了表达这种情况，需要引入虚活动的概念。活动不消耗时间，在网络图中用一个虚箭头表示。引入虚活动之后，图 5-11 中的子图(a)就可以改写为子图(b)或子图(c)的样式，逻辑上它们都是正确的。而用 PDM 网络图时其逻辑性不用虚活动就能表达清楚。

上面的 PDM 和 ADM 两种网络图的表示方法，都可以用于商业性的计算机软件包中。一般来说，ADM 网络图与 PDM 网络图比较，相对难以绘制，但可以清楚地识别各项活动。

(3)CDM 网络图，也称为条件箭线图。它允许活动序列相互循环与反馈，形成诸如反馈环或条件分支等形式。因此，CDM网络图会在原来的基础上，增加一些条件分支关系，用以描述条件关系。而这在PDM、ADM中是不允许的。这种网络图在实际项目中使用较少。

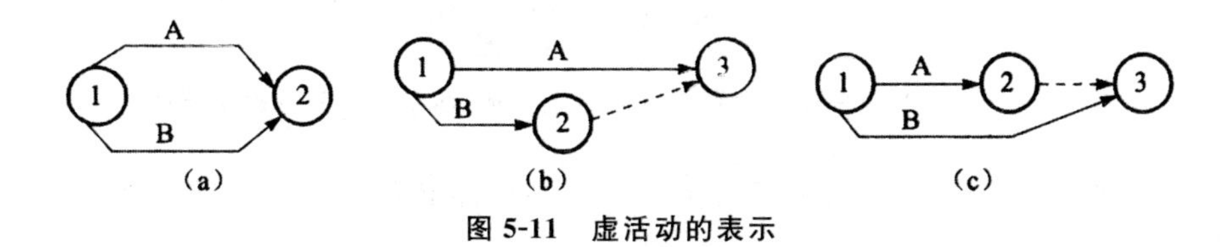

图5-11 虚活动的表示

3. 网络图的绘制

网络图的绘制主要是依据项目中各个活动之间的工作关系表，通过网络图的形式将项目工作关系表达出来。网络图的绘制可以分为以下3个步骤：

(1)项目分解。先要进行项目分解，明确项目工作的名称、范围和内容等。

(2)工作关系分析。在深入了解项目、对项目资源充分考虑的基础上，通过比较、优化等方法进行工作关系分析，以确定工作之间合理、科学的逻辑关系，明确工作的紧前和紧后的关系，并最终形成项目工作列表。

(3)编制网络图。根据活动一览表和网络原理可以绘制网络图。

下面重点介绍以下网络图中用来表示活动之间逻辑关系的一般规定和绘制方法。

在网络计划图中，常用如图5-12所示的图形符号表示事件间的先后关系和对应的活动。

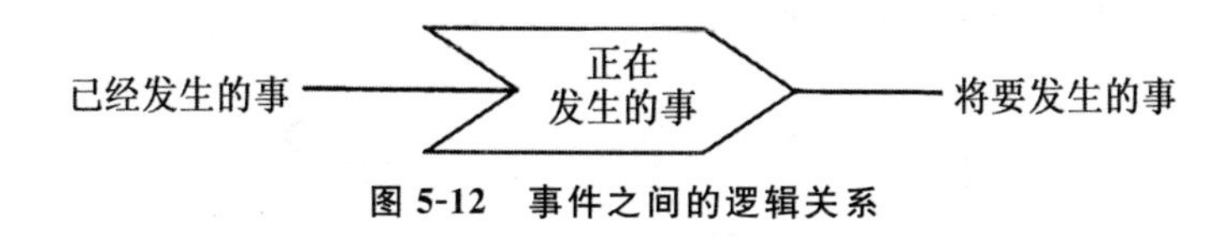

图5-12 事件之间的逻辑关系

图5-13表示的是事件A必须在事件B发生之前完成，即事件A是事件B发生的前提。

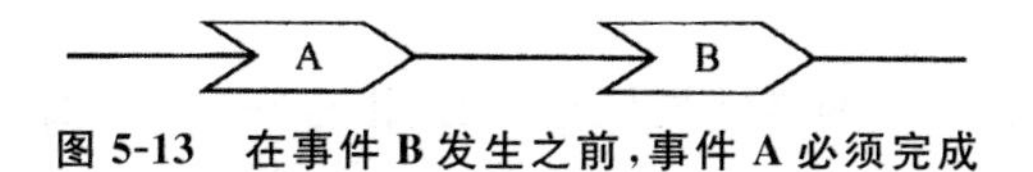

图5-13 在事件B发生之前，事件A必须完成

图5-14表示事件D必须在事件A和事件C都完成的情况下才能发

生，而事件 B 只受制于事件 A。

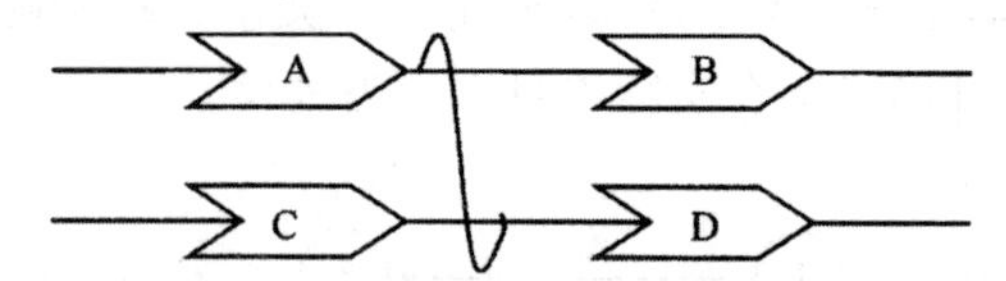

图 5-14　事件 A 和事件 C 必须在事件 D 前完成，而事件 B 只依赖于事件 A

图 5-15 表示事件 E 和事件 F 都必须在事件 B 和事件 D 完成的前提条件下才能发生。

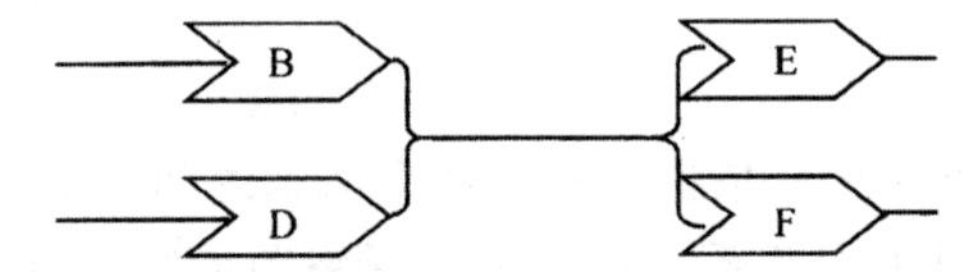

图 5-15　事件 E 和事件 F 都依赖于事件 B 和事件 D

图 5-16 就是将多个事件联合在一起表示的一个网络图。

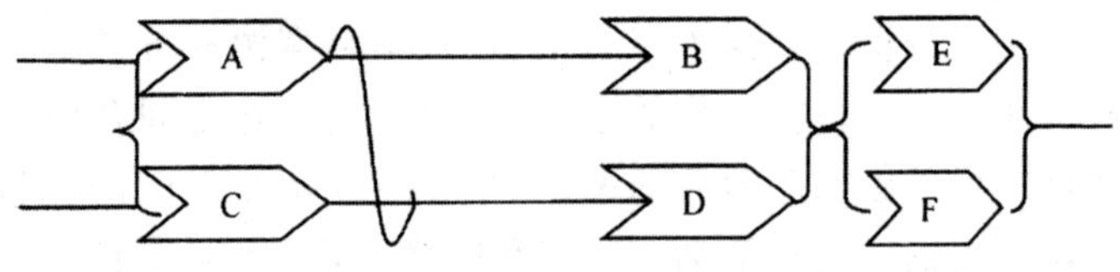

图 5-16　多个事件联合共同构成一个网络

在实际项目的应用中，上面图形中的 A、B、C、D 等都应该是实际活动的描述。但是如果把活动的描述都标注在网络图上，有时是不现实的，而且也是比较混乱的，一种简单的解决办法是对相关的活动进行编号，如图 5-17 所示，用一个唯一的数字来标识一个活动。

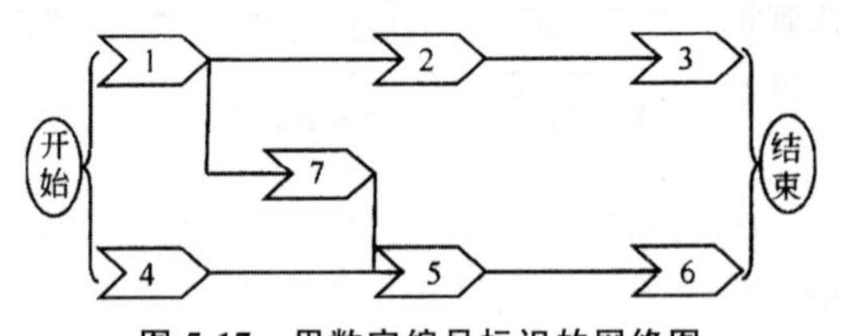

图 5-17　用数字编号标识的网络图

通过对活动编号，网络计划图也可以用表 5-1 所示的活动描述表的表格方式进行描述。

表 5-1　活动描述表

活动描述	活动编号	前导活动的编号	后继活动的编号
A	1	开始	2 和 7
B	2	1	3
C	3	2	结束
D	7	1	5
E	4	开始	5
F	5	7 和 4	6
G	6	5	结束

5.2.3　里程碑图

里程碑图用来显示项目进展中重大工作的完成。里程碑不同于活动，活动是需要消耗资源的，并且是需要时间来完成，里程碑仅仅表示事件的标记，不消耗资源和时间。

例如，图 5-18 所示就是一个项目的里程碑图，从图中可以知道设计必须在 2003 年 4 月 10 日完成，测试必须在 2003 年 5 月 30 日完成。里程碑图表示了项目管理的环境，对项目干系人是非常重要的，它表示了项目进展过程中的几个重要的点。

对项目的里程碑阶段点的设置必须符合实际，它必须有明确的内容，并且通过努力能达到，要具有挑战性和可达性，也就是要使员工“跳一跳，能摸着”，只有这样才能在到达里程碑时，使开发人员产生喜悦感和成就感，激发大家向下一个里程碑前进。

实践表明：未达到项目里程碑的挫败感，将严重地影响开发的效率，不能达到里程碑通常是里程碑的设置不切实际造成的。进度管理与控制其实就是确保项目里程碑的达到。

因此，里程碑的设置要尽量符合实际，并且不轻易改变里程碑的时间。

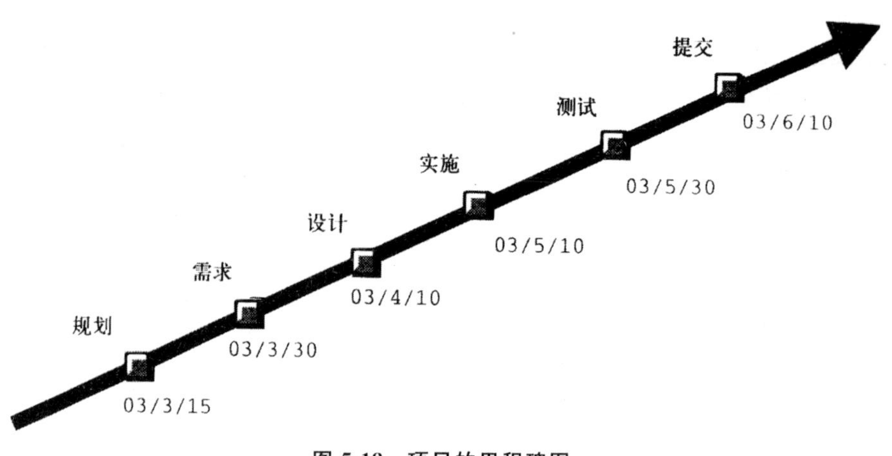

图 5-18 项目的里程碑图

5.2.4 资源图

资源图可以用来显示项目进展过程中资源的分配情况，这个资源包括人力资源、设备资源等。图 5-19 所示就是一个人力资源随时间分布情况的资源图。

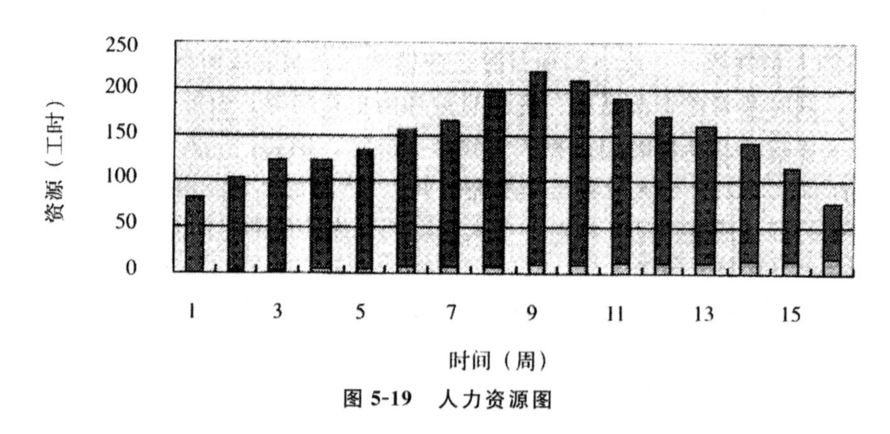

图 5-19 人力资源图

在安排人力资源的时候一定要合理，不能少也不可以过多，否则就会出现反作用，也就是要控制项目组的规模。人数多了，进行沟通的渠道就多了，管理的复杂度就高了，对项目经理的要求也就高了。在微软的 MSF（Microsoft Solution Framework）中，有一个很明确的原则，就是要控制项目组的人数不要超过 10 人，当然这不是绝对的，也和项目经理的水平有很大关系。但是，软件项目组的人员"贵精而不贵多"，这是一个基本的原则。

5.3　编制项目进度计划

进行软件项目进度管理的一项主要任务，就是要编制项目进度计划。这是软件项目管理中最困难、也是最为关键的一项任务。本节介绍编制项目进度计划的相关知识。

5.3.1　软件项目进度计划概述

1. 软件项目进度计划的含义

进度计划是说明项目中各项工作的开展顺序、开始时间、完成时间及相互依赖衔接关系的计划。制定软件项目进度计划的目的是控制和节约项目时间，它是根据项目的工作分解结构、活动定义、活动排序和活动持续时间的估算值，结合所需要的资源情况进行项目的进度计划安排。项目进度计划是在工作分解结构的基础上对项目及其每个活动做出一系列的时间规划。不仅规定整个项目以及各阶段工作的起止日期，还具体规定了所有活动的开始日期和结束日期。项目进度计划可以采用网络计划书形式进行描述。

根据进度计划所包含内容的不同，它可以分为项目总体进度计划、分项进度计划和年度进度计划等，它们一起构成项目的进度计划系统。当然，不同的项目，其进度计划的划分方法有所不同。软件项目进度计划需要安排所有与该项目有关的活动，但在软件项目开发中，所有活动都不完全是独立的、顺序进行的，有些活动是可以并行的，如图 5-20 所示。制定项目进度计划时，必须协调这些平行的任务并且组织这些工作，以使资源的利用率达到最优化。同时，还必须避免由于关键路径上的任务没有完成而导致整个项目的推迟。

在评价一个项目进度计划时，项目经理不应该把项目中的所有活动都认为是没有问题而能够按计划完成的。实际上，项目开发者可能会因病而暂时离职，硬件和软件环境可能会崩溃而导致重新配置，并且项目需要的关键资源（人力、软件、硬件）不能如期获得。

作为多数计划编制的一个原则是，需求分析和设计所花费的时间是编码时间的两倍。

评估完成一个项目所花时间的总和时，应该考虑系统的规模，并且分为由不同效率的程序员来完成不同模块时所要花费的时间(人天、人月、人年等)。

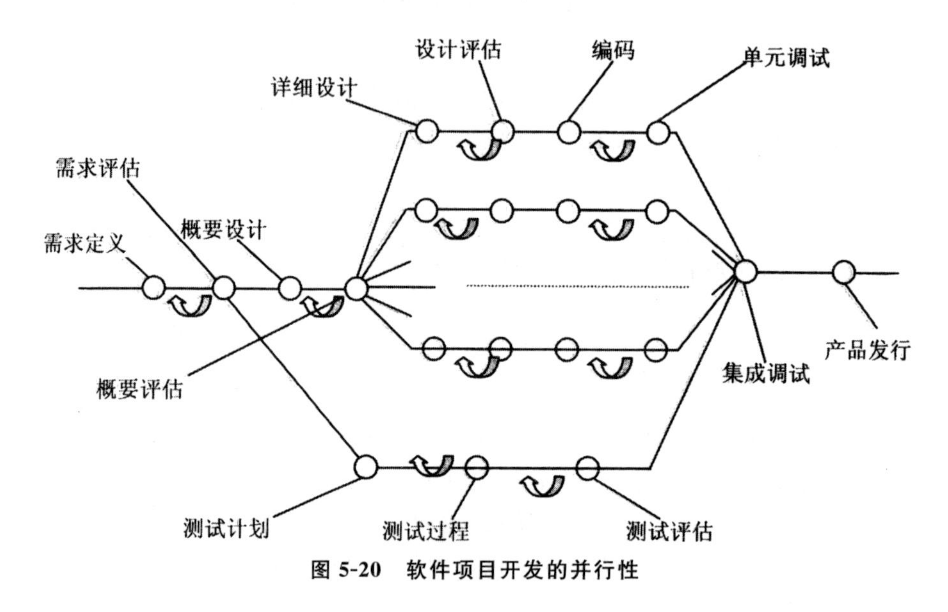

图 5-20　软件项目开发的并行性

2. 编制软件项目进度计划的要求

项目进度计划的编制通常是在项目经理的主持下,由各职能部门、技术人员、项目管理专家及参与项目工作的其他相关人员等共同参与完成,并遵循以下的基本要求:

(1)运用现代科学管理方法编制进度计划,以提高计划的科学性和质量。

(2)充分落实编制进度计划的条件,避免过多的假定而使计划失去指导作用。

(3)大型、复杂、工期长的项目要实行分期、分段编制进度计划的方法,对不同阶段、不同时期,提出相应的进度计划,以保持指导项目实施的前锋作用。

(4)进度计划应保证项目实现工期目标。

(5)保证项目进展的均衡性和连续性。

(6)进度计划应与费用、质量等目标相协调,这样既有利于工期目标的实现,又有利于费用、质量、安全等目标的实现。

3. 编制项目进度计划的阶段成果

在完成项目进度计划编制工作后,一般可以得到如下的一些阶段成果:

(1)项目进度计划。这是最重要的阶段成果,包括了每项活动的计划开始时间和预期结束时间。这里的进度计划还是初步的,只有在资源分配得到确认后才能成为正式的项目进度计划。项目进度计划的主要表达形式有带有日历的项目网络图、甘特图、里程碑图、时间坐标网络图等。

(2)详细依据说明。包括制定进度计划中的所有约束条件和假设条件的详细说明,以及应用方面的详细说明等。

(3)进度管理计划。作为整体项目计划的一个附属部分,进度管理计划说明何种进度变化应当做成处理,它可以是正式的或者非正式的,可以是详细的或者简单的框架。

(4)更新的项目资源需求。在制定项目进度计划时,可能更改了活动对资源需求的原先估计,因此,需要重新编制项目资源需求文件。

5.3.2　制定软件项目进度计划的依据

项目进度计划是在完成工作分解、活动定义、活动排序之后进行的,这项工作的内容主要是根据项目的工作分解结构、活动定义、活动排序、活动持续时间估计的结果和所需要的资源情况,来具体安排项目进度计划的过程,确定项目中各个活动的起始时间、终止时间、具体的实施方案和技术措施。进行这项工作的主要依据是:

- 项目网络图。这是项目活动排序过程中产生的活动之间的关系描述示意图。
- 活动持续时间估计。预计每个活动的可能的持续时间。
- 资源需求。完成工作分解结构中各组成部分所需要的资源种类及数量清单。
- 资源安排描述。在制定进度计划时,所需要资源种类和数量的按时就位是十分重要的,资源计划的合理安排是必须的。
- 日历。明确项目及资源的日历是十分重要的,日历标明了项目进展中可以利用各种资源的时间,因此,对进度计划的安排影响很大。
- 约束条件。对一些可能制约项目组的方案选择、人员组成、时间限制等因素,在编制项目进度计划时必须考虑。这里包含了一些必须接受的强制项目日期、关键事件和主里程碑。
- 假设条件。在制定进度计划时,也必须假设一些前提条件能够按时发生,这也往往是一种风险所在。
- 提前或滞后要求。项目中活动允许提前或者延迟的程度,对一些非关键活动的计划安排是有益的,可以根据资源情况适当向前或者向后调整。

·风险管理计划。项目期间用于管理风险的各种措施，也是进度计划制定的依据。

5.3.3 进度计划的编制过程

不同类型的进度计划编制方法，在具体步骤上会有所不同，但无论采用哪种方法，以下几项工作都是必不可少的：项目活动定义、项目活动排序、项目活动历时估算、进度计划编制。

1.项目活动定义

项目活动定义就是对项目团队成员和项目干系人为实现项目目标、完成项目可交付成果必须开展的具体活动的确定。项目的每一项活动就是一个工作单元，它们有预期的历时、成本和资源要求。

成功的项目活动定义最终必须要能够保证项目目标的实现，所以项目活动定义要从项目目标出发，通过项目专家、项目问题领域的专业人士共同详细调查、系统分析，并参照类似项目的历史资料才能顺利实现。

定义活动可以得到以下资源内容：

(1)活动目录。活动目录必须包括项目中所要执行的所有活动，不能有一处遗漏。活动目录可视为 WBS 的细化。该活动目录应是完备的，它不包含任何不在项目范围内的活动。活动目录应包括活动的具体描述，以确保项目团队成员能理解工作应如何做。

(2)细节说明。包括对所有假设和限制条件的说明。有关活动目录的细节说明应该表达清楚，以方便今后其他项目管理过程利用。细节说明的内容由应用领域来决定。

(3)WBS 结构的修改。在利用 WBS 去确定哪些活动是必需的过程中，项目团队也必然能确认哪些项目细目被遗漏了，或者意识到项目细目的描述需要修改或应该描述得更细。

2.项目活动排序

项目活动定义确定了项目必须完成的活动后，项目进度管理的下一步骤是活动排序。

项目活动排序是指识别项目活动清单中各项目活动的相互关联与依赖关系。

依赖关系和相互关联显示了项目活动或任务的顺序。例如，几项活动是否可以并行进行；一项任务是否必须在另一项任务结束后才能进行；项目活动之间的信赖关系是强制依赖关系、自由依赖关系，还是外部信赖关系等。

3.项目活动历时估算

项目活动历时估算是指对已确定的项目活动可能完成时间进行估算的工作。它是项目计划的基础工作，直接关系到整个项目所需的总时间。完成一项活动所需的时间，除了取决于活动本身所包含的任务难度和数量外，还受到其他许多外部因素的影响，如项目的假设前提和约束条件、项目资源供给等。进度估计太长或太短对整个项目都是不利的。

在进行项目活动历时估算的时候，还需要考虑如下信息：

· 历史项目：与这个项目有关的先前项目结果的记录，可帮助项目进行时间估计。

· 实际工作时间：例如，一周工作几天、每天工作几个小时，要充分考虑正常工作时间，去掉节假日等。在正常工作时间内，还要去掉打电话、抽烟、休息等时间后的有效工作时间。绝大多数的计算机项目管理软件都会自动处理这类问题。

· 工作效率：在进行项目估算时，还要根据人员的技能和忙碌程度考虑完成任务的工作效率。例如，每天只能用半天进行工作的人，则通常至少需要两倍的时间完成某活动；另外有些人的工作时间，可能还有其他任务穿插其中，其工作效率也会大打折扣(特别是那些时间管理意识不强的人员)。大多数活动所需时间与人和资源的能力有关。不同的人，级别不同，生产率不同，成本也不同。对同一工作，有经验的人员需要时间和资源都更少。这些都是在进行活动估算时需要考虑的因素。

在实践中，软件项目进度估算常用的方法有基于规模的进度估算、工程评价技术、关键路径法、类推估算法、基于承诺的进度估算法等。下面仅介绍一下其中的基于规模进度进行估算的方法，对于其他相关方法，有兴趣的读者可以参阅相关的专门图书，此处不再展开。

基于规模的进度估算，就是根据项目规模的结果来估算进度，它包括如下两种方法：

(1)定额估算法。定额估算法是比较基本的估算项目历时的方法，其公式为：

$$T=Q/(R\times S)$$

其中：T——活动的持续时间，可以用小时、日、周等表示；

Q——活动的工作量，可以用人月、人天等表示；

R——人力或设备的数量，可以用人或设备数等表示；

S——开发(生产)效率,以单位时间完成的工作量表示。

例如:某软件规模估算 $Q=12$ 人月,如果有 5 个开发人员,即 $R=5$ 人,而每个开发人员的开发效率是 $S=1.2$,则时间进度估算结果为 $T=12/(5\times 1.2)=2$ 月,即这个项目估计需要 2 个月才能完成。此方法适合规模较小的项目(如小于 10000 代码行或者小于 6 个人月)。

(2)经验导出模型。经验导出模型是指根据大量的软件项目的实际数据统计而得出的模型。经验导出模型有几种具体公式,根据项目的规模和特点参数略有差别。例如,Walston-Felix 模型为 $D=2.4\times E^{0.35}$,基本 COCOMO 模型为 $D=a\times E^{b}$,其中 a 是根据项目需要设定的适当参数,b 是 0.32~0.38 之间的参数,E 表示人月工作量。

例如,一个项目的规模估计是 $E=65$ 人月,如果模型中的参数 $a=3$、$b=0.33$,则根据基本 COCOMO 模型,$D=3\times 65^{0.33}=12$ 月,即 65 人月的软件规模,估计需要 12 个月来完成。

4.进度计划编制

项目进度计划制定,就是根据项目活动定义、项目活动排序、项目活动工期和所需资源配置,平衡编制项目进度计划的工作。项目进度计划涉及众多的因素,编制时往往需要反复测算和平衡。通常可以使用如下一些方法进行:

(1)数学分析法:这是在不考虑资源的情况下,通过计算所有项目的最早开始时间和最晚开始时间、最早结束时间和最晚结束时间的方法,求得项目的关键活动,并以此来安排各活动的进度计划。这种方法的问题是没有考虑资源的供应情况和其他约束条件,制定出的进度计划不一定是可行的,还需要进行一定的调整。其具体方法包括关键路径法 CPM、图形评审技术 GERT 和计划评审技术 PERT 等。

(2)持续时间压缩法:活动持续时间压缩是数据分析法中为了缩短项目工期而采取的一种特殊手段,通常是由于遇到一些特别的限制与其他进度目标的要求冲突而采取的技术手段。持续时间压缩方法主要有:费用交换和并行处理。所谓的费用交换是指对成本和进度进行权衡后,确定如何以最小的成本代价最大限度地压缩活动的持续时间,这主要是因为费用与进度之间存在一定的转换关系,即在一些情况下,增加费用可以换取工期的缩短。而并行处理是将一般情况下需要串行顺序实施的多项活动改为并行,这种方式尽管可以缩短工期,但也面临返工的风险,反而可能会延长工期。

(3)模拟法:根据一些约束条件和假设前提,运用蒙特卡罗模拟、三点估计等方法确定出每项活动持续时间的统计分布和整个项目工期的统计分布，然后制定项目进度计划。

(4)资源分配的启发式方法：使用系统分析法制定项目工期计划的前提是项目的资源充足，但是在实际中多数项目都存在资源限制，项目过程中需要安排和利用各种各样的资源，通过数学方法建立模型来解决往往很困难，因而产生了大量的启发式规则。目前常用的方法包括两类：一种是在资源限定的情况下，如何寻求工期最短的实施方案，称为“资源有限的合理分配法”；另一种是在工期限定的情况下，如何合理地利用资源，以保证资源需求的均衡，这称为“资源的均衡利用法”。

(5)项目管理软件：是广泛应用于项目工期计划编制的一种辅助方法。目前各种项目管理软件已开始大量应用在项目进度计划制定过程中，它们都具有根据项目的资源和工期来自动计算和分析最佳工期，以及计划安排的功能；它们能快速地编制出多个可供选择的项目工期计划方案，最终决策和选定一个满意的方案，同时还能以多种图表的方式输出。当然，尽管使用项目管理软件可以辅助进行进度计划编制，最终决策还是需要由人来做。

5.3.4　网络计划技术在项目进度计划中的应用

条形图和活动网络是在软件进度计划中最常用的网络计划技术。条形图描述了由谁具体负责某个模块及该模块的开始时间和结束时间；活动网络则表示了组成该软件项目的不同活动及它们的持续期和它们之间的相互依赖关系。

下面就一个例子来说明网络计划技术的具体应用。该项目的建设共分为12个任务，分别以T1，T2……T12来表示，各个任务的持续时间及彼此之间的关系如表5-2所示。

从表5-2中可以看出任务T3依赖于任务T1，这说明任务T1必须要在任务T3开始前完成。在实际工作中，表5-2中所列的所有任务的持续时间都考虑了一些约束条件以便应付一些不可预测因素造成的时间延迟。根据表中所列的数据，可以以活动网络的形式来表示各任务的开展情况。如图5-21所示。图中表示了哪些任务可以同时实施，哪些任务必须按顺序进行，其中矩形表示任务，该任务的持续时间标在矩形上面；圆形表示阶段里程碑，标出了该里程碑期望完成的日期。从一个里程碑进入到下一个里程碑时，后一个里程碑前边的活动必须要完成，例如任务T9要直到任务T3和任务T6完成后到达里程碑M4时才能开始。

表 5-2 任务的持续时间及相互关系

任务	持续时间(天)	依赖关系
T1	10	
T2	21	
T3	21	T1
T4	14	
T5	14	T2,T4
T6	7	T1,T2
T7	28	T1
T8	35	T4
T9	21	T3,T6
T10	21	T5,T7
T11	11	T9
T12	14	T11

整个项目的持续时间,可以以活动网络图中最长的路径即关键路径来度量,在本项目中关键路径如图 5-21 中阴影所示,即任务(活动)T1、T3、T9、T11、T12 构成的部分。

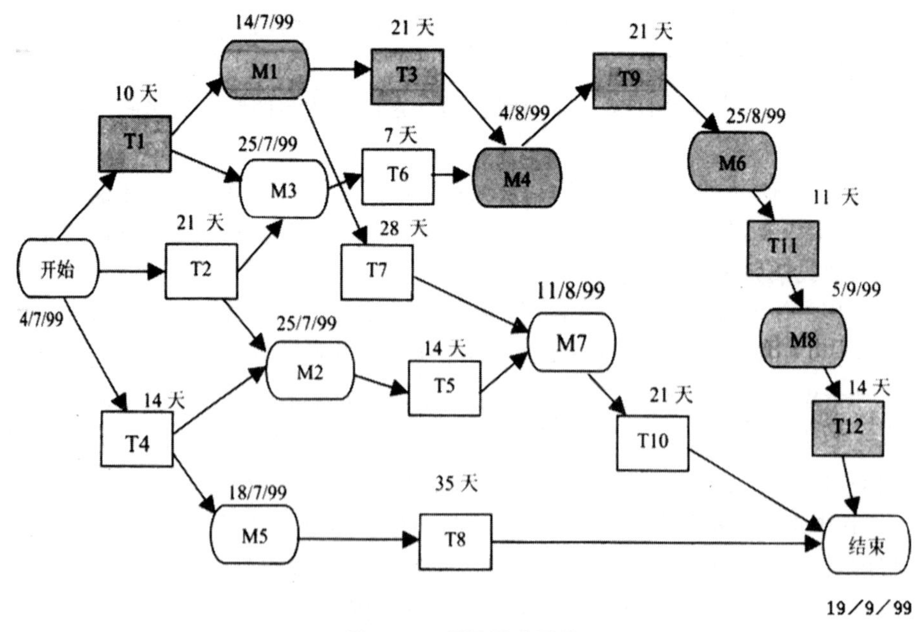

图 5-21 项目活动网络

关键路径是整个项目进度安排所依赖的一系列任务(活动),关键路径上的每个任务出现延迟都会导致整个项目的延迟,而不在关键路径上的活动,则存在一定的延迟时间,但超出许可范围后,也会导致项目的延迟。该项目的甘特图如图 5-22 所示。从图上可知活动 T8 可以拖延 4 周,而不影响整个项目的发布。

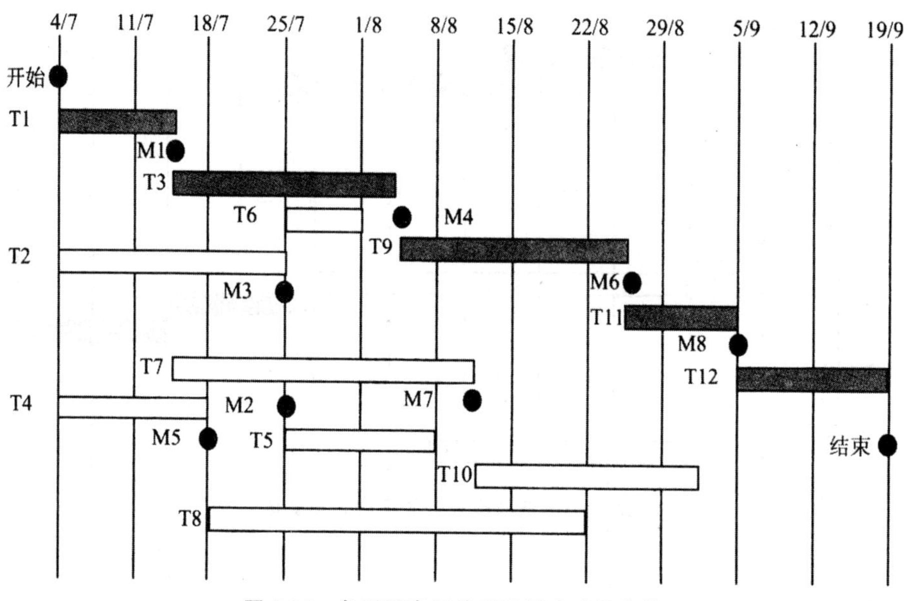

图 5-22　条形图表示的项目活动时间安排

在实际工作中,条形图和活动网络常常被结合使用,以求得时间和费用的最佳控制。

同样,软件项目经理也可以用网络计划技术来进行系统资源的配置,特别是对人员的配置。在本项目中,各个任务分配的承担人如表 5-3 所示。

表 5-3　任务分配表

任务	程序员	任务	程序员
T1	程序员 1	T7	程序员 5
T2	程序员 2	T8	程序员 3
T3	程序员 1	T9	程序员 1
T4	程序员 3	T10	程序员 2
T5	程序员 4	T11	程序员 3
T6	程序员 2	T12	程序员 3

但由于任务的并行性及相互关系，在同一时期没有必要雇佣所有的人员。用条形图就可以合理地进行人员的配备。本项目的人员配置，可由图5-23来表示。

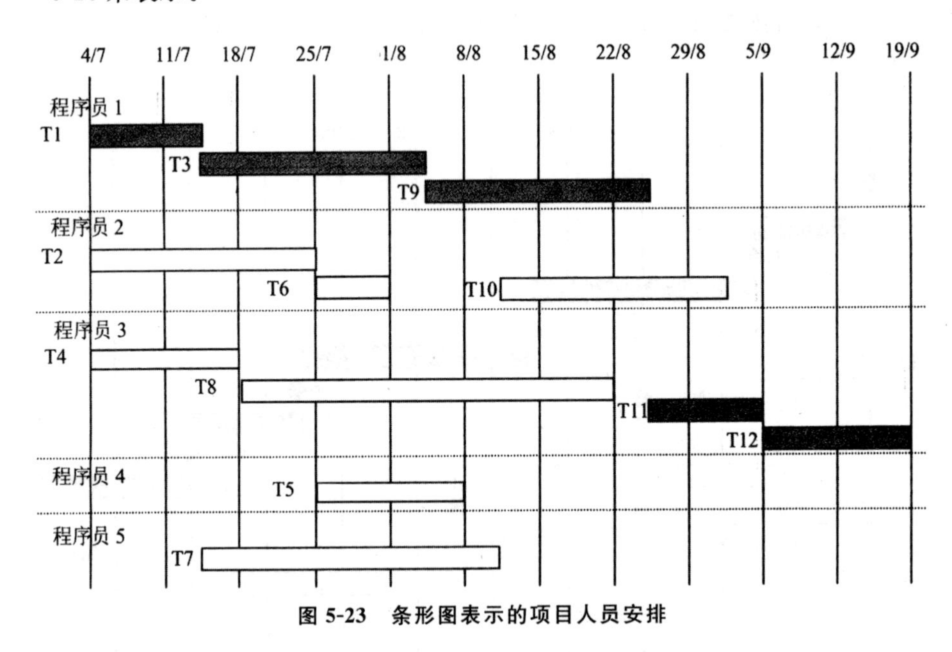

图 5-23　条形图表示的项目人员安排

5.4　软件项目的进度控制

在软件项目计划执行中，需要不断地进行进度监控，以便掌握进度计划的实施状况，并将其与计划进度进行对比分析。在必要时还必须采取一定的纠正措施，这就是进度控制的主要工作内容。本节介绍软件项目进度控制的概念、进度变更的原因及其变化的主要内容。

5.4.1　项目进度控制的概念

在软件项目进度计划的执行过程中，经常需要检查项目的实际进度情况，并将其与进度计划进行对比分析。若出现实际进度向不理想方向偏离时，便需要分析产生的原因以及对工期的影响程度，然后确定必要的调整措施，或者更新原计划，使项目按预定的进度目标进行，以避免工期拖延进而给项目造成一定损失。以上的整个过程就是项目进度控制。

可以看出，项目实际进度控制的目标就是确保项目按既定工期目标实现，或者说就是在保证项目质量，并不因此增加项目实际成本的条件下，适当缩短项目工期。

项目进度控制这一过程将在项目运行过程中不断地循环，直至项目最终完成。

5.4.2　项目进度变更的原因

对软件项目进度进行控制，首先需要分析并控制软件项目进度变更的主要原因。

引起软件项目进度变更的原因有很多，其中可能性最大的有以下几种情况：

(1)编制的项目进度计划不切实际。

(2)人为因素的不利影响。

(3)设计变更因素的影响。

(4)资金、材料、设备等原因的影响。

(5)不可预见的政治、经济、气候等项目外部环境等因素的影响。

以上引起项目进度变更的影响因素中，部分是项目管理者可以实施控制的(如进度计划的制定，人为因素的影响，资金、材料、设备的准备等)，部分是项目管理者不能实施控制的(如项目外部环境的变化)。因此，在对引起项目进度变更影响因素的控制方面，要把重点放在可控因素上，力争有效控制这些可控因素，为项目进度计划的实施创造良好的内部环境。对不可控影响因素，要及时掌握变更信息并迅速加工利用，对项目进度进行适时、适度的调整，最大限度地为项目进度营造一个适宜的外部环境。

5.4.3　分析进度偏差的影响

根据实际进度与计划进度比较分析结果，以保持项目工期不变、项目质量和所耗费用最少为目标，做出有效对策，进行项目进度更新，这是项目进度控制的目的所在。

在进度更新之前，先要分析进度偏差对后续工作及总工期的影响，包括以下几方面：

(1)分析产生进度偏差的工作是否为关键工作，若出现偏差的工作是关键工作，则无论其偏差大小，对后续工作及总工期都会产生影响，必须进行进度计划更新；若出现偏差的工作为非关键工作，则需根据偏差值与总时差和自由时差的大小关系，确定其对后续工作和总工期的影响程度。

(2)分析进度偏差是否大于总时差。如果工作的进度偏差大于总时差，则必将影响后续工作和总工期，应采取相应的调整措施；如果工作的进度偏差小于或等于该工作的总时差，表明对总工期无影响，但其对后续工作的影响，需要将其偏差与其自由时差相比较才能做出判断。

(3)分析进度偏差是否大于自由时差。如果工作的进度偏差大于该工作的自由时差，则会对后续工作产生影响，如何调整，应根据后续工作允许影响的程度而定；如果工作的进度偏差小于或等于该工作的自由时差，则对后续工作无影响，进度计划可不作调整更新。

经过上述分析，项目管理人员可以确认应该调整产生进度偏差的工作和调整偏差值的大小，以便确定应采取的更新措施，形成新的符合实际进度情况和计划目标的进度计划。

5.4.4 项目进度计划的调整

在分析了项目进度偏差的影响之后，就需要根据实际情况，进行项目进度计划的调整。这主要包括以下几个方面的相关内容：

1. 关键工作的调整

关键工作没有机动时间，其中任意一个工作持续时间的缩短或延长都会对整个项目工期产生影响。因此，关键工作的调整是项目进度更新的重点。有以下两种情况：

(1)关键工作的实际进度较计划进度提前时：若仅要求按计划工期执行，则可利用该机会降低资源强度及费用，即选择后续关键工作中资源消耗量大或直接费用高的子项目在已完成关键工作的提前量范围内予以适当延长；若要求缩短工期，则应重新计算与调整未完成工作，并编制、执行新的计划，以保证未完成的关键工作按新计算的时间完成。

(2)关键工作的实际进度较计划进度落后时：调整的方法主要是缩短后续关键工作的持续时间，将耽误的时间补回来，保证项目按期完成。

2. 改变某些工作的逻辑关系

在工作之间的逻辑关系允许改变的条件下，改变关键线路和超过计划工期的非关键线路上有关工作之间的逻辑关系，如将依次进行的工作变为平行或互相搭接的关系，以达到缩短工期的目的。需要注意的是，这种调整应以不影响原定计划工期和其他工作之间的顺序为前提，调整的结果不能形成对原计划的否定。

3. 重新编制计划

当采用其他方法仍不能奏效时，则应根据工期要求，将剩余工作重新编制网络计划，使其满足工期要求。

4. 非关键工作的调整

当非关键线路工作时间延长，但未超过其时差范围时，因其不会影响项目工期，一般不必调整，但有时，为更充分地利用资源，也可对其进行调整；当非关键线路上某些工作的持续时间延长而超出总时差范围时，则必然影响整个项目工期，关键线路就会转移。这时，其调整方法与关键线路的调整方法相同。

非关键工作的调整不得超出总时差，且每次调整均需进行时间参数计算，以观察每次调整对计划的影响，其调整方法有三种：一是在总时差范围内延长其持续时间；二是缩短其持续时间，三是调整工作的开始时间或完成时间。

5. 增减工作项目

由于编制计划时考虑不周，或因某些原因需要增加或取消某些工作，则需重新调整网络计划，计算网络参数。增加工作项目，只是对有遗漏或不具体的逻辑关系进行补充；减少工作项目，只是对提前完成的工作项目或原不应设置的工作项目予以删除。

增减工作项目不应影响原计划总的逻辑关系和原计划工期，若有影响，应采取措施使之保持不变，以便使原计划得以实施。

6. 进行资源的调整

当资源供应发生异常时，需要进行资源调整：资源供应发生异常是指因供应满足不了需要，如资源强度降低或中断，影响到计划工期的实现。资源调整的前提是保证工期不变或使工期更加合理。资源调整的方法是进行一定的资源优化。

5.5　编制进度计划的创新方法

由于软件项目是智力密集型项目，因此在编制计划时需要考虑人的因素、工作习惯和心理特点，同时采用一些创新的思维方法来制定项目计划，以便保证项目的顺利实施。

5.5.1 帕肯森定律与“学生综合征”

帕肯森定律指出：“工作总是拖延到它所能够允许最迟完成的那一天”，也就是说如果工作允许它拖延、推迟完成的话，往往这个工作总是推迟到它能够最迟完成的那一刻，很少有提前完成的。例如，我们经常会碰到这样一种现象，老师在课堂上布置一个作业，比如交一份学习报告，通常一周时间可以完成，但学生要求两周再交作业，也就是说在时间估算的时候，通常会增加一个隐藏的富裕量。如果老师同意学生的要求，答应学生在两周之后再交报告，结果会怎样呢？在多数情况下，学生可能会在第二周的时候才会写这份报告。假设这个报告需要 5 天的时间才能完成，如果学生在第二周的星期三才开始的话，那么整个工作就要往后拖延。我们把这种情况称之为“学生综合征”。有些人又把这种习惯带到工作中去，因此，在大多数情况下，人们都会造成项目的延期。

5.5.2 项目延期的心理因素

除了“学生综合征”所起的作用外，还因为在通常的工作中，提前完成工作的人并不是总能受到奖励，反而会受到处罚，“能者多劳”在一定程度上有时说的就是这个道理。

例如，如果你用一周的时间完成了领导计划 10 天完成的任务，领导会认为可能这个工作本来就不需要 10 天的时间；如果第二次安排同样一个任务，项目计划就会从原来的 10 天缩短为一周。也就是说，提前完成任务，带来的结果是为下一个任务增加了难度。

正是由于这种担心，每个项目组成员都会有一定保留，存在一定的安全富裕量。

5.5.3 关键链法的创新应用

为了根据人的特点改进项目管理，根据帕肯森定律和“学生综合征”的工作习惯和特点，以及上述项目延期的其他原因分析，可以采用关键链法来制定项目进度计划。

1.关键链法的含义

关键链法的目的是怎样把人们的工作习惯考虑到管理工作中去，在项目估算和项目管理中因地制宜地来提高项目的绩效。关键链法和项目计划编制中常用的关键路径法具有一个明显的区别，那就是：关键路径法是工作安排尽早开始；而关键链法是尽可能推迟。

2.关键链法的思想

关键链法的提出，主要是基于两个方面的管理思想：第一，如果一项工作尽早开始，往往存在着一定的浮动时间和安全富裕量，那么这个工作往往推迟到它最后所允许的那一天为止。这一期间整个工作就没有充分发挥它的效率，造成了人力、物力的浪费。如果按最迟的时间开始作安排，不设置浮动时间和安全富裕量，无形当中对从事这个项目的人员施加了压力，他没有任何选择余地，只有尽可能努力地按时完成既定任务。第二，在进行项目估算时，需要设法把个人估算中的一些隐藏富裕量剔除。经验表明，人们在进行估算时，往往是按照100％需要的时间来进行时间估算。在这种情况下，如果按照50％的可能性，只有一半的可能性能够完成任务，有50％的可能性又要延期，这样就大大缩短原来对工作的时间估算。按照平均规律，把项目中所有的任务都按照50％的规律进行项目的时间估算，结果使项目的整个估算时间总体压缩了50％，如果将其富余的时间压缩出来，作为一个统一的安全备用资源，作为项目管理的一个公共资源统一调度、统一使用，使备用的资源有效运用到真正需要的地方，这样就可以大大缩短原来的项目工期。

3.关键链法的优点分析

(1)可以提高项目的绩效。为了保证完成项目，还需要在计划时安排一个富裕量，也就是说在估算中挖掘出潜力。如每一项工作都压缩50％，把富余出来的时间，按照项目工期的50％来安排工作富裕量。仍然按照项目的最晚开始时间，根据项目完工所需要的时间，首先安排项目的最后一个工作，然后再确定其次工作、长期工作，最后安排项目的起始工作，整个工作安排采用逆推法，由项目的结束向前进行安排，把安全富裕量安排在项目工期的最后阶段。如果前面工作发生了资源的延期、时间的拖延，就反映到最终的时间富裕量上，而这正好是备用所允许的时间。

(2)便于抓住项目重点。利用关键链法，只需要关注那些已经延期的工作，如果项目是在正常范围内进行的，就可以在管理工作中摆在稍微次要的位置上。同时对项目的备用管理,根据项目总体进展情况,做一个总体的管理和控制,有利于对项目重点管理。

(3)提前完成项目。关键链法管理思想所取得的另一个好处是能够提前完成项目。根据经验数据,它通常能比关键路径法至少提前 1/3 的时间。

5.6 本章小结

按时、保质地完成项目是对项目的基本要求,合理地安排项目进度是项目管理中一项关键内容,其目的是保证按时完成项目、合理分配项目资源、充分发挥最佳工作效率。

本章首先介绍了软件项目进度管理的基本知识,包括软件项目进度管理的重要性、相关术语、特点、内容以及项目进度的几种常用描述工具(特别是甘特图和网络图的应用);然后重点介绍了软件项目进度计划的编制和软件项目进度的控制;最后,对软件项目中的一些创新方法进行了介绍,包括帕肯森定律、“学生综合征”以及关键链法应用。

第6章　软件项目成本管理

6.1　软件项目成本管理概述

在学习软件项目成本管理之前，本节先对软件项目成本的相关知识进行介绍，包括相关概念与术语，软件项目成本的构成与影响因素，软件项目成本管理的内容及其重要性。

6.1.1　项目成本相关术语

1. 项目成本的含义

所谓成本，就是为了获取商品或服务而支付的所有费用。根据这一定义，软件项目的成本就是为了使软件项目如期完成而支付的所有费用，对其要从以下两个方面来看：

(1)必须在预算框架内控制成本。软件项目成本并不是越低越好，项目经理要做的是在预算中控制成本，最终总成本只要不超过项目预算，就是合理的。

(2)要正确处理成本与质量、时间之间的关系。不管在什么情况下，控制项目成本，都不能以牺牲软件质量或延长项目时间为代价。

2. 项目成本的类型

在进行成本管理中，会遇到各种不同的成本类型，下面进行简单总结。罗列如下：

(1)可变成本(Variable Cost)：随着规模的变化而变化的成本，如人员的工资。

(2)固定成本(Fixed Cost)：不随规模变化的非重复成本，如办公室租赁费用。

(3)直接成本(Direct Cost)：能够直接归属于项目的成本，如项目组旅行费用、项目组人员工资和奖金等。

(4)间接成本(Indirect Cost):需要几个项目共同分担的成本,如员工福利、保安费用、行政部门和财务部门费用等。

(5)沉没成本(Sunk Cost):是指那些在过去发生的费用,它们就像沉船一样不能回收。当决定继续投资项目时,不应该考虑这部分费用。当决定项目是否该继续时,许多人像赌徒一样的心理指望能够收回沉没成本,这是不可取的。

(6)机会成本(Opportunity Cost):选择另一个项目而放弃本项目收益所引发的成本。如因为开发 A 系统而放弃 B 系统时,B 系统所能带来的效益为 A 系统的机会成本。

3. 学习曲线理论

学习曲线理论认为,当做某事的次数翻倍时,所花费的时间也会以一种有规律的方式递减,这可以使用回归模拟的方式确定下降的速度。将学习曲线理论应用到软件项目开发中,则有如下结论:当重复做某种类似的项目时,每次项目的成本会逐步下降。

4. 收益递减规律

收益递减规律是指投入的资源越多,单位投入的回报率就越低,有时甚至会呈现负增长。例如,在软件项目中,将编程人员增加一倍,项目总共的编程时间并不会减少一半。

6.1.2 软件项目成本的构成

1. 一般项目的成本构成

项目成本包括项目生命周期每一阶段的资源耗费,主要由项目直接成本、管理费用和期间费用等构成。其中:

· 项目直接成本主要是指与项目有直接关系的成本费用,是与项目直接对应的,包括直接人工费用、直接材料费用、其他直接费用等。

· 项目管理费用是指为了组织、管理和控制项目所发生的费用。项目管理费用一般是项目的间接费用,主要包括管理人员费用支出、差旅费用、固定资产和设备使用费用、办公费用、医疗保险费用,以及其他一些费用等。

· 期间费用是指与项目的完成没有直接关系,费用的发生基本上不受项目业务量增减所影响的费用,具体包括公司的日常行政管理费用、销售费用、财务费用等,这些费用已经不再是项目费用的一部分,而是作为期间费用直接计入公司当期损益。

2. 软件项目的成本构成

软件项目由于项目本身的特点，对整个项目的预算和成本控制尤为困难。项目经理需要负责控制整个项目的预算支出，要做到这一点，必须能够正确估算软件开发的成本费用。为了方便对其费用的管理，可以从不同角度对软件项目的成本构成进行不同的分类。

(1)根据软件生命周期的构成划分

从软件生命周期构成的两阶段划分(开发阶段和维护阶段)来看，软件的成本由开发成本和维护成本构成。其中：

· 开发成本由软件开发成本、硬件成本和其他成本组成，包括了软件系统的分析/设计费用(包含系统调研、需求分析、系统设计)、实施费用(包含编程/测试、硬件购买与安装、系统软件购置、数据收集、人员培训)及系统切换等方面的费用。

· 维护成本由运行费用(包含人工费、材料费、固定资产折旧费、专有技术及技术资料购置费)、管理费(包含审计费、系统服务费、行政管理费)，以及维护费(包含纠错性维护费用、扩展性维护费用、适应性维护费用以及预防性维护费用等)。

(2)根据各种不同成本的性质划分

根据各种不同成本的性质划分，软件项目的成本主要由以下 4 个部分构成：

· 硬件成本：主要包括实施软件项目所需要的所有计算机硬件设备、网络设备以及其他设备的购置、运输、仓储、安装、测试等费用。对于进口设备，还包括国外运费、保险费、进口关税、增值税等费用。

· 软件开发成本：对于软件开发项目，软件开发成本是最主要的人工成本，付给软件工程师的人工费用占了软件开发成本的大部分。

· 差旅及培训费用：培训费用包括了软件开发人员和用户的培训费用。

· 项目管理费用：是指用于项目组织、管理和控制的费用支出。

(3)从财务角度对各种不同成本进行划分

从财务角度来看，列入软件项目成本的主要项目包括如下内容：

· 硬件购置费。例如，计算机及相关设备的购置，不间断电源、空调等的购置费。

· 软件购置费。例如，操作系统软件、数据库系统软件和其他应用软件的购置费。

· 人工费。主要是开发人员、操作人员、管理人员的工资福利费等。

·通信费。例如,购置网络设备、通信线路器材、租用公用通信线路等的费用。

·基本建设费。例如,新建、扩建机房,购置计算机机台、机柜等的费用。

·管理费用。例如,办公费、差旅费、会议费、交通费。

·材料费。例如,打印纸、色带、磁盘等的购置费。

·其他费用。例如,财务费用、培训费、咨询费、资料费、固定资产折旧费等。

6.1.3 软件项目成本的影响因素

项目成本的影响因素很多。对于软件项目来说,影响因素主要包括如下几个方面:

1. 项目质量对成本的影响

质量对成本的影响,可以通过质量成本构成示意图来表示,如图 6-1 所示。

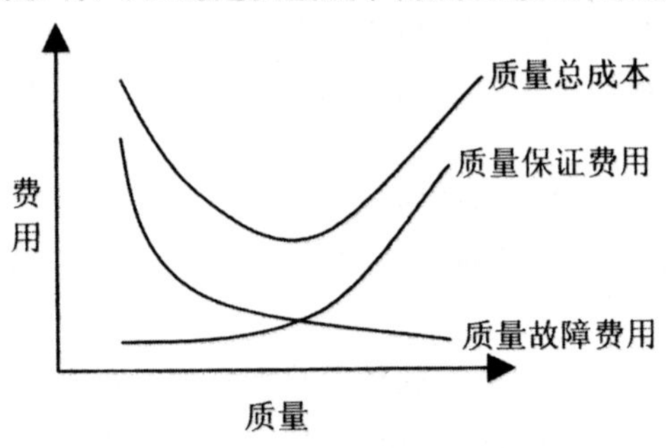

图 6-1 项目质量与费用之间的关系

可以看出,质量总成本由质量故障费用和质量保证费用组成。其中,质量故障费用是指为了排除产品质量原因所产生故障,保证产品重新恢复功能的费用;质量保证费用是指为了保证和提高产品质量而采取的技术措施而消耗的费用。二者之间的关系是相互矛盾的。项目质量越低,由于质量不合格引起的损失就越大,则故障费用增加;项目质量越高,相应的质量保证费用也越高,故障就越少,由故障引起的损失也相应减少。

2. 项目工期对成本的影响

项目成本由直接成本和间接成本组成,一般工期越长,项目的直接成本越低,间接成本越高;工期越短,直接成本越高,间接成本越低;相互之间的关系如图 6-2 所示。对于软件项目,工期的长短对项目成本的影响很大,当缩短工期时，需要更多的、技术水平更高的团队成员，也需要投入更密集的硬件成本，从而会造成直接成本费用的增加。

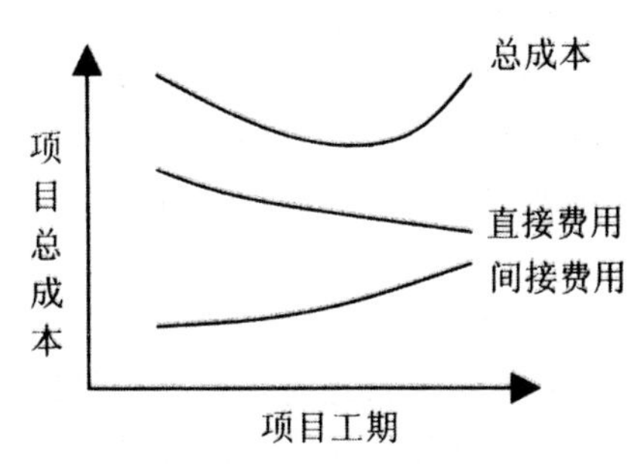

图 6-2　项目总成本与工期之间的关系

另外，软件项目存在一个可能的最短进度，这个最短进度是不能突破的，如图 6-3 所示。在某些时候，增加更多的软件开发人员，不仅不能加快进度，可能还会减慢速度。例如，一个人 5 天能写 1000 行程序，5 个人 1 天内不一定能写 1000 行程序，40 个人 1 小时更不一定能写 1000 行程序。因为增加人员的同时，会存在更多的交流和管理时间。

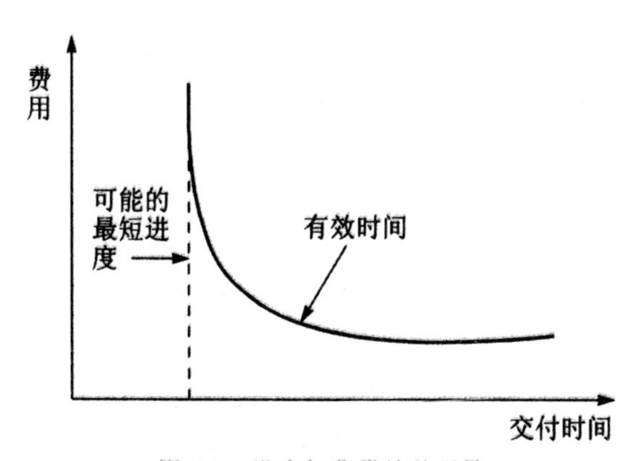

图 6-3　进度与费用的关系图

3. 管理水平对成本的影响

项目管理水平对项目成本的影响也是巨大的，有时还是根本性的。高效的管理可以提高预算的准确度，加强对项目预算的执行和监管，把工期严格控制在计划允许的范围内，对设计方案和项目计划更改造成的成本增加、减少和工期的变更也可以较为有效的控制，而对风险的识别、采取的措施，高水平的项目管理也会达到减少风险损失的效果。

软件开发成本管理的过程是非常困难的，其中存在的问题主要包括以下几方面：

(1)项目成本预算和估算的准确度差。由于客户的需求不断变化，使得工作内容和工作量不断变化。一旦发生变化，项目经理就追加项目预算，预算频频变更，等到项目结束时，实际成本和初始计划偏离很大。此外，项目预算往往会走两个极端：过粗和过细。预算过粗会使项目费用的随意性较大，准确度降低；预算过细会使项目控制的内容过多，弹性差，变化不灵活，管理成本加大。

(2)缺乏对软件成本事先估计的有效控制。在开发初期，对成本不够关心，忽略对成本的控制，只有在项目进行到后期，当实际远离计划出现偏差的时候，才进行成本控制，这样往往导致项目超出预算。

(3)缺乏成本绩效的分析和跟踪。传统的项目成本管理中，将预算和实际进行数值对比，但很少有将预算、实际成本和工作量进度联系起来，考虑实际成本和工作量是否匹配的问题。

4. 人力资源对成本的影响

人力资源的素质也是影响成本的重要因素。对高技能、高素质的项目团队成员，其本身的人力资源成本是较高的，但相对应的工作效率、产品质量、工期的长短等指标上的优势是显而易见的，而且从总体上能降低成本；而对于一般人员，还需要技术培训，相对而言工期就会延长，工作效率会变得低下，甚至要雇用更多人员参与，造成成本的增加。

5. 价格对成本的影响

中间产品和服务、市场人力资源、硬件、软件的价格也对成本产生直接的影响。价格对项目预算的估计影响很大。特别是由于软件项目具有一次性的特点，多数项目经理遇到的成本预算都是零基预算，这意味着预算总是从零开始，而不是在其他类似项目的基础上把支出一项项加入。也就是说不能在去年的服务器升级费用上加上 20%，就是今年的升级预算。一旦要使用零基预算，就要对完成项目所需要的产品和服务的价格进行详细的调查并提供准确的报告，以避免由于市场变动引起的成本剧增浪费。

6.1.4 软件项目成本管理的复杂性

1. 成本管理的含义

所谓成本管理，就是为保障项目实际发生的成本不超过项目预算，使项目在批准的预算内按时、按质、经济高效地完成既定目标而开展的项目管理活动。

项目的成本管理分为4个过程：

(1)资源计划：确定为完成项目诸工序，需用何种资源以及每种资源的需要量。

(2)成本估算：编制为完成项目各工序所需的资源的近似估算总成本。

(3)成本预算：精确估算总成本，并分配到各项具体工作中的过程。

(4)成本控制：指控制项目预算变更的过程。

2. 软件项目成本管理的复杂性

在软件项目中，成本管理是一个薄弱环节。成本管理的内容很广泛，贯穿于软件项目的全过程，从项目启动直至项目竣工验收，每个环节都离不开成本管理工作。成本管理的复杂性还在于它必须和进度、质量管理综合起来考虑，要在保证项目质量并能够按时完工的基础上进行成本管理。软件项目很难按预算完成，主要原因有：

(1)需求不确定。软件项目不同于建筑等其他项目，软件项目实施过程中，往往存在大量需求变更的情况，这势必影响项目进程和项目成本。

(2)技术风险大。软件项目往往采用先进的技术，有些技术甚至是第一次采用，这样在技术上就存在较大风险，使得项目成本难以控制。

(3)人力成本难以估计。软件项目中，人力成本比重很大，而且很难量化。在建筑等其他行业，估计成本时可以考虑人数和工作天数，而在软件行业则不能这样考虑。因为软件系统本身非常复杂，且各部分联系紧密，增加人力可能使得项目更难完成。

6.1.5 软件项目成本管理的内容

软件项目成本管理包括6项主要内容，分别是资源计划编制、费用估算、费用预算、不可预见费用估计、费用控制和费用预测。下面对各项内容的具体作用和做法进行介绍。

1. 资源计划编制

资源计划编制主要是确定完成项目活动所需要的各种资源的种类、数量和时间，包括人力、财力和物力资源，完成资源的配置。任何项目的资源都是在一定的预算约束条件下被限制的，项目费用、技术水平、时间进度等方面都受到项目中可支配资源的限制。

资源计划的编制是进行后续费用估算和预算的基础。其主要的工作依据是工作分解结构、项目的范围定义、项目的工作包定义、历史资料、进度计划等。团队内部负责策划评估的专业技术人员进行编制活动，从而制定出项目的资源使用计划。

2. 费用估算

费用估算是对完成项目工作所需要的费用进行估计和计划，实际上是确定完成项目全部工作活动所需要的资源的一个费用估计值。既可以以货币为单位进行测算，也可以以工时、人月、人日等其他单位表示。在进行费用估算时，包括了各种备选方案的费用估算。

费用估算的工作依据有 WBS、资源要求、资源价格、活动持续时间估计、历史信息、财务规范等。采用的方法主要由经验估算法、因素估算法、WBS 全面详细估算法、数学模型法、计算机辅助工具等。经过费用估算，最终产生费用估算表、费用管理和控制计划等。

需要说明的是，费用估算不同于商业报价，它是对一个可能费用支出量的合理推算；而商业定价则包含了预期的利润和成本费用。但是，费用估算可以作为商业定价的参考。

3. 费用预算

费用预算的目的是形成项目的基准费用计划。费用预算不同于费用估算，尽管工作的依据都是基于工作分解结构和项目进度计划，也采用相似的技术方法，但费用估算是对项目各项工作所需要的费用的一个近似估计，而费用预算则将整个项目估算的费用分配到各项活动和各部分工作中，进而确定项目实际执行情况的费用基准，产生费用基准计划。

制定费用预算时需要控制费用预算的层次，层次太少影响预算的控制，层次太多则需要更多的计划准备时间和费用，甚至可能带来难以控制的局面。

费用分解结构是费用预算中的一个有效工具，它将估算的费用按照 WBS 和工作任务进行分配，得到一个如图 6-4 所示的费用分配树，根据它最终能形成项目的费用预算表。

项目基线（成本基线）是费用预算的成果之一，是给项目中每项工作任务分配的费用，并以此作为费用基线来控制项目执行和费用支出，如图 6-5 所示。

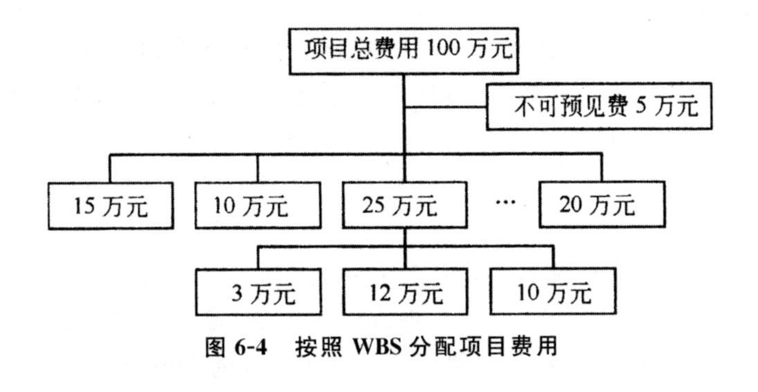

图 6-4　按照 WBS 分配项目费用

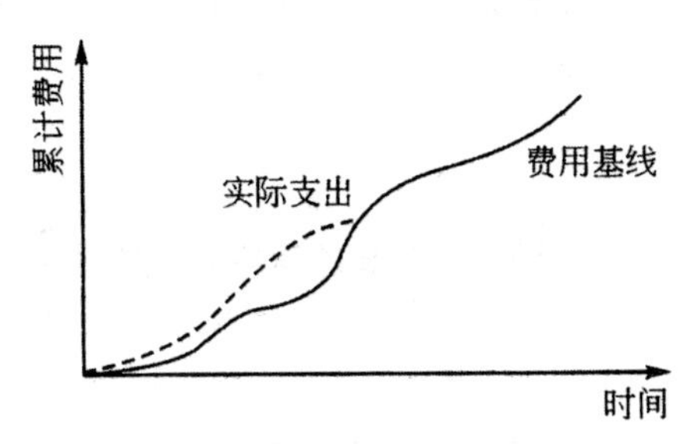

图 6-5　利用费用基线控制实际支出

4. 不可预见费用估计

不可预见费用，是为了防范因为工作失误、疏漏，应付突发事件或者未能预料到的变化而准备的资金。在所有的费用估算和预算中，都应该将不可预见费用单独列出。

不可预见费用的数额是根据项目工作范围、风险分析、类似项目的经验以及项目团队的评估来确定的。它在项目费用中所占的比例一般为 10%，当然这个比例是与项目的不确定性有关的。当缺乏项目经验、不确定因素较多、风险较大时，不可预见费用就可以取 20%；如果经验丰富、各方面的信息齐备、风险较小，不可预见费用就可以取 5%。

不可预见费用主要用于应付在项目管理中做估算或者预算时没有能够预见到的一切可能的变动，这些变动没有超出项目的工作范围；如果是项目计划和设计方案发生重大变更，或者进度大幅度变动时，所导致的可能的费用增加，则需要重新估算，并追加投资，而不是简单归结为用不可预见费用支付。也就是说，列入费用预算的不可预见费用，不包括那些处于人们无法预料和控制的风险（如不可抗拒外力、自然灾害、社会经济环境发生重大变化等）所引起的异常风险费用。这种异常风险费用应当在签订项目承包协议时通过合同形式严格规范和说明。

不可预见费用在项目实施过程中需要不断地分析和调整,即随着项目的进展,不确定因素逐渐减少,不确定问题逐渐明朗。因此,需要及时对剩余时间内的不可预见性进行正式的评估,调整不可预见费用的数额。

5. 成本控制

成本控制,就是在项目的实施过程中,定期收集项目的实际成本数据,与成本的计划值进行对比分析,并进行成本预测,及时发现并纠正偏差,使项目的成本目标尽可能好地实现。项目成本管理的主要目的就是项目的成本控制,将项目的运作成本控制在预算的范围内,或者控制在可以接受的范围内,以便在项目失控之前就及时采取措施予以纠正。

6. 成本预测

项目成本预测是指在项目的实施过程中,依据项目成本的实施发生情况和各种影响因素的发展与变化,不断地预测项目成本的发展和变化趋势与最终可能出现的结果,从而为项目的成本控制提供决策依据的工作。

事实上,上述这些项目成本管理工作相互之间并没有严格独立而清晰的界线,在实际工作中,它们常常相互重叠和相互影响。同时在每个项目阶段,上述项目成本管理的工作都需要积极地开展,只有这样项目团队才能够做好项目成本的管理工作。

6.2 软件项目资源计划

资源计划是成本估计的基础,对成本管理有着直接的作用。本节介绍其相关知识。

6.2.1 项目资源计划的概念

在软件项目管理中,资源泛指一切具有现实和潜在价值的东西,它不仅包括劳动力(人力资源)、材料、设备、资金等有形资源,同时还可能需要消耗其他一些无形资源。

在任何项目中,资源并不是无限制的,也并不是可以随时随地获取的,项目的费用、技术水平、时间进度等都会受到可支配资源的限制。项目耗用资源的质量、数量、均衡状况对项目的工期、成本有着不可估量的影响:如果一个项目在资源保障充分的条件下，可以按照最短工期、最佳质量完成项目任务；而如果项目的资源保障不充分或不合理，就会造成项目延期、成本超支等问题。所以在项目管理活动中，项目资源能够满足需求的程度，以及它们与项目实施进度的匹配情况，都是项目成本管理必须计划和安排的。

项目资源计划是在分析、识别项目的资源需求，确定项目所需投入的资源种类、数量和资源使用时间的基础上，制定科学、合理、可行的项目资源供应计划的项目管理活动。资源计划是成本估计的基础，对成本管理有着直接的作用。项目资源计划涉及决定什么样的资源（人力、设备、材料），以及多少资源将用于项目的每一项工作执行过程中，因此它必然是与费用估计相对应起来的，是项目费用估计的基础，对成本管理有着直接的作用。

6.2.2 资源计划的主要依据

项目资源计划编制的依据涉及项目的范围、时间、质量等各个方面的计划和要求的文件，以及相关各种支持细节与信息资料。总体来看，这主要包括以下几方面：

1. 工作分解结构 WBS

在 WBS 中确定了项目可交付成果，明确了哪些工作是属于项目该做的，而哪些工作不应包括在项目之内，对它的分析可进一步明确资源的需求范围及其数量，因此在编制项目资源计划中应该特别加以考虑。利用 WBS 进行项目资源计划时，工作划分得越细、越具体，所需资源种类和数量越容易估计。WBS 划分是从上到下逐级展开的，各类资源的需求量则是从下到上逐级累加的，最终累加的结果就是项目各类资源的总需求量。

2. 项目进度计划

项目进度计划是其他各项计划（如质量保障计划、资金使用计划、资源供应计划）的基础。资源计划必须服务于项目进度计划，什么时候需要何种资源，是必须要围绕项目进度计划的需要确定的。

3. 历史项目资料

历史项目资料中会记录有以前类似项目使用资源的需求情况，例如，已完成同类项目在项目所需资源、项目资源计划和项目实际实施消耗资源等方面的历史信息。此类信息可以作为新项目资源计划的参考资料。这种信息既可以使人们在建立新项目的工作分解结构和资源计划时，借鉴同类项目中的经验和教训更加科学、合理和更具操作性，而且还可以使人们建立的项目资源需求、项目资源计划和项目成本估算更加科学和符合实际。

4. 资源库描述

资源库描述是对项目已经拥有资源存量的说明，对它的分析可确定资源的供给方式及其获得的可能性，这是项目资源计划所必须掌握的。例如，在项目的早期设计阶段需要哪些种类的设计工程师和专家顾问，他们的专业技术水平有什么要求；在项目的实施阶段需要哪些专业技术人员和项目管理人员，需要哪些设备等。资源库详细的数量描述和资源水平说明对于资源安排有特别重要的意义。

5. 项目组织策略

项目实施组织的企业文化、项目组织的组织结构、项目组织获得资源的方式和手段方面的方针体现了项目高层在资源使用方面的策略，这可以影响到物资和设备的租赁或采购，以及人力资源的筹集和使用。例如，项目组织在物资储备方面是采用零库存的资源管理政策，还是采用经济批量订货的资源管理政策等；在人力资源的筹集方面，是愿意采用内部选拔的政策，还是愿意采用外部招聘的政策；在决定外部招聘时，是喜欢直接高薪招聘技术高手，还是愿意进行校园招聘然后再培训等。因此，在资源计划的过程中，还必须考虑项目的组织方针，在保证资源计划科学合理的基础上，尽量满足项目组织方针的要求。由此可见，项目组织的管理策略也会影响项目资源计划的编制。

6.2.3 资源计划的编制步骤

资源计划的编制步骤包括资源需求分析、资源供给分析、资源成本比较与资源组合、资源分配与计划编制。

1. 资源需求分析

通过分析，确定 WBS 中每一项任务所需的资源数量、质量及其种类，然后根据有关项目领域中的消耗定额或经验数据，确定资源需求量。

一般可按照以下步骤确定资源数量：首先进行工作量计算，并确定项目实施方案；然后分别估计各类人员、设备、材料的需求量；最后确定各类资源的使用时间。

2.资源供给分析

资源供给的方式多种多样,可以从项目组织内部解决也可以从项目组织外部获得。资源供给分析要分析资源的可获得性、获得的难易程度及获得的渠道和方式。

另外,在进行资源供给分析时,要考虑是从外部获取资源,还是从内部获取。

3.资源成本比较与资源组合

确定需要哪些资源和如何可以得到这些资源后,就要比较这些资源的使用成本,从而确定资源的组合模式(即各种资源所占比例与组合方式)。

完成同样的工作,不同的资源组合模式,其成本有时会有较大的差异。要根据实际情况,考虑成本、进度等目标要求,具体确定合适的资源组合方式。

4.资源分配与计划编制

资源分配是一个系统工程,既要保证各个任务得到合适的资源,又要努力实现资源总量最少、使用平衡。在合理分配资源使所有项目任务都分配到所需资源,而所有资源也得到充分利用的基础上,编制项目资源计划。

6.2.4 编制资源计划的方法

项目资源计划的编制有许多种方法,下面介绍目前应用最多的以下几种方法:

1.专家评估法

专家评估法是指由项目成本管理专家根据经验和判断,去确定和编制项目资源计划的方法。这种方法通常又有两种具体的形式:专家小组法与德尔菲法。

专家小组法是指组织一组有关专家在调查研究的基础上,通过召开专家小组座谈会的方式,共同探讨,提出项目资源计划方案,然后制定出项目资源计划的方法。

德尔菲法是采用函询调查的办法,将讨论的问题和必要的背景材料编制成调查表,采用通信的方式寄给各位专家,利用专家的智慧和经验进行信息交流,而后将他们的意见进行归纳、整理,匿名反馈给大家,再次征求意见,然后再进行归纳、反馈。这样经过多次循环以后,就可以得到意见比较一致且可靠性较大的意见。该方法可以应用在成本估算、进度安排、风险评估等多个方面。下面详细介绍一下德尔菲法的基本步骤以及优缺点。

(1)德尔菲法的步骤。在具体应用时,德尔菲法包括如下三个步骤:

步骤 1:设计调查表。调查表是德尔菲法中信息集中与反馈的工具,它的设计直接影响到调查的质量,因此,需要根据调查的内容进行认真设计。其中需要注意以下几点:

· 对德尔菲法做出一个简要说明,以便使专家有数;

· 提出的调研问题必须十分明确,内容的含义不能有二义性,不能有组合事件;

· 措辞要确切,要避免含糊不清的和缺乏定量标准的用语;

· 相关调查问题目的数量要适中,过多了专家们不耐烦,过少了反映不了调查目的;

· 在调查表中要留下足够的地方让专家们填写自己的意见。

步骤 2:选择应答的专家。选择专家是德尔菲法中另一项重要的工作。一般来讲,应选择在所调查的领域中具有丰富的理论知识与实践经验的人。同时还要考虑他们是否愿意承担任务,是否有足够的时间和精力完成任务。在寄发调查表之前,最好先征求专家们的意见。另外,专家的人数应根据调查的问题来确定,一般以 10～15 人为宜。人数太少了,会缺乏全面性,影响调查精度;人数太多了,则难于组织,并且结果处理也比较繁杂。

步骤 3:征询专家的意见。该步骤通常分几轮进行,各轮需要做的内容依次如下;

第一轮,客观地提出问题,让专家们在"背靠背"、互不通气的情况下,各自独立地做出自己的回答;然后将自己的预测意见以无记名的方式反馈给调查机构。调查机构的调查者收回调查表后,应将其进行归纳、整理、分析,剔除次要问题,再做一个调查表。

第二轮,调查机构的调查者将重新设计的调查表同第一轮中专家们对各个问题回答的综合材料一起,再次寄给他们,并要求专家们结合这些材料,重新考虑并修正自己的意见。如果某位专家的意见大大偏离了中心值,需要求他说明理由。

第三轮,调查机构的调查者将第二轮反馈回来的信息综合后,再次寄给应答专家,并要求他们再次修改自己的意见,并充分阐述理由。

第四轮,在第三轮反馈材料的基础上要求应答专家提出最后的意见及依据。

调查者要根据问题的复杂程度,决定调查工作需要几轮才能得到比较满意的答案。有时，两轮或三轮就可以得到比较满意的答案，一般的四轮也基本上可以得到结果。

(2)德尔菲法的特点。

• 经济性。德尔菲法中的调查采用通信的方式，这样可在使用较少经费的情况下聘请较多的专家，因此从某种意见上讲，德尔菲法是一种比较经济的方法。

• 匿名性。在以德尔菲法进行的调查中，专家组成员发表意见时均采用匿名的形式，且彼此互不告知。因此，专家们无论发表怎样的意见，均无损于自己的权威，且可以清除专家之间的心理影响。参加应答的专家们，从反馈回来的问题调查表中得到了集体的意见和目前的状况，以及同意或反对各个观点的理由，并依据这些做出各自的新判断，从而构成了专家之间的匿名相互影响，排除和减少了面对面的会议所带来的缺点。专家不会受到没有根据的判断的影响，反对的意见也不会受到压制。

• 客观性。在由于采用一套较为客观的调查表格，并且寄信、资料、整理、归纳等都是按照一套科学的程序进行的，因而可以排除组织者与主持人的主观干扰与影响。

(3)对德尔菲法的评价。

德尔菲法的核心内容之一是问卷调查的循环和反馈，通过循环和反馈，调查者可以得到比较完整的判断和结论。应用这种方法的周期较短，费用较低。但是，德尔菲法也有一定的不足。例如，它受人的主观因素影响较大，对各种意见的可靠程度和科学依据缺乏统一的标准，理论上缺乏深刻的逻辑论证等，这些都需要在使用此方法时加以注意。

2. 头脑风暴法

头脑风暴法是由奥斯本于1939年首次提出，该方法采用会议的形式，召集项目所有相关人员开座谈会，让与会者充分表达自己的想法，最后由决策者综合所有意见，制定相应的资源计划。该方法的优点在于可以进行广泛的交流、互相启发、集思广益，制定优秀的资源计划。但是采用这种方法需要创造一个自由的思想表达空间，要避免参加会议的某些专家的权威效应(这种权威效应往往会影响另一部分专家的创造性思维)。

3. 资料统计法

资料统计法是指使用历史项目的统计数据资料，计算和确定项目资源计划的方法。这种方法中使用的历史统计资料必须有足够的样本量，而且有具体的数量指标以反映项目资源的规模、质量、消耗速度等。通常这些指标又可以分为实物量指标、劳动量指标和价值量指标。实物量指标多数用来表明物质资源的需求数量，这类指标一般表现为绝对数指标。劳动量指标主要用于表明人力的使用，这类指标可以是绝对量指标也可以是相对量指标。价值量指标主要用于表示资源的货币价值，一般使用本国货币币值表示活劳动或物化劳动的价值。利用资料统计法计算和确定项目资源计划能够得出比较准确合理和切实可行的项目资源计划。但是这种方法要求有详细的历史数据，并且要求这些历史数据要具有可比性，所以这种方法的推广和使用有一定难度。

4. 数学模型法

采用这种方法时，要仔细分析资源计划，抽象出相应的数学模型，给定模型假设及参数条件；然后求解数学模型，得到资源计划的结果。这种方法得到的结果比较客观，受个体影响较小，但是由于软件问题的复杂性，很多时候难以建立有效的数学模型。

6.3 项目成本估算

项目成本估算是项目成本管理的一项核心工作，本节介绍项目成本估算的相关知识。

6.3.1 项目成本估算的概念

1. 项目成本估算的定义

项目成本估算是根据项目资源计划及各种资源的价格信息，粗略地估算和确定项目各项活动的成本及其项目总成本。其实质是通过分析去估计和确定项目成本的工作。这项工作是确定项目成本预算和开展项目成本控制的基础和依据。

软件项目的规模估算历来是一项比较复杂的工作。因为软件本身的复杂性、历史经验的缺乏、估算工具缺乏及一些人为错误，导致软件项目的规模估算往往和实际情况相差甚远。因此，估算错误已被列入软件项目失败的四大原因之一。

软件项目成本估算，既包括识别各种项目成本的构成科目，也包括估计和确定各种成本的数额大小；既可以用货币单位表示，也可以用工时、人月、人天、人年等单位表示。

2.项目成本估算的层次

软件项目管理过程中，需要进行多次费用估算，每次估算的时期不同，详细程度和精确程度的要求也不尽相同。一般根据费用估算的不同时期，可以将其分为三种：初步估算、控制估算和最终估算。三种类型各自的主要特征如表6-1所示。

表6-1 初步估算、控制估算和最终估算的特征对比

	初步估算	控制估算	最终估算
进行时期	可行性研究后期	项目计划阶段，伴随项目内容的确定而进行	项目实施阶段
主要依据	可行性报告中所做的估算	最新的市场报价	项目进程中一些重大工作的详细估算，及最新的估算和预测
主要特点	较为粗略。用流程示意图而非结构图等详细资料来表示项目的组成。当主要资源规格确定时，也可进行一些较为详细的估算	比较精确。由项目团队全面负责制定，但其中的部分可以由财务或专业咨询部门来制定	主要资源按照实际价格详细估算，投资较少又不易确定的部分采用类比或预测
精确程度	−25%～75%	−8%～25%	−5%～8%
主要用途	为管理部门提供初步的经济情况，并为筹措资金提供依据，是肯定项目经济价值，继而转向计划阶段的必要条件	能够为筹措资金提供依据，也可用来明确责任和实施费用控制，与正式的风险分析同步进行	依据不同时期的项目情况为项目管理提供精确信息，是控制项目费用的工具

3.项目成本估算的内容

软件项目管理过程中，项目成本的估算主要包括如下内容：

(1)根据待开发软件的特征、所选用硬件的特征、用户环境特征及以往同类或相近项目的基础数据，进行软件规模估算。

(2)由软件的成本构成，结合成本影响因素、环境因素以及以往同类或相近项目数据分析，进行软件成本估算，包括安装、调试的人力和时间表、培训阶段的人力和时间表。

(3)软件成本估算的风险分析。这是基于软件成本估算的不确定性、成本估算的理论和估算技术的不成熟性提出的工作程序。系统软件成本估算的风险因素应包括:

· 对目标系统的功能需要、开发队伍、开发环境等情况的了解的正确性;

· 所运用历史数据及模型参数的可靠性;

· 系统分析中逻辑模型的抽象程度、业务处理流程的复杂程度及软件的可度量程度;

· 软件新技术、替代技术的出现和应用对成本估算方法的冲击的影响;

· 用户在软件开发中的参与程度,开发队伍的素质及所采用的开发模式对成本的影响;

· 对系统软件开发队伍复杂因素的认识程度;

· 系统软件开发人员及其组成比例的稳定性;

· 软件开发和维护经费,时间要求等方面的变更等非技术性因素所带来的风险等。

6.3.2 项目成本估算的流程

软件项目开发成本估算过程如图 6-6 所示。从图 6-6 中可以看出,过去的项目数据分析对成本估算的各个阶段都有参考价值,因此,对历史项目的成本数据分析十分重要。

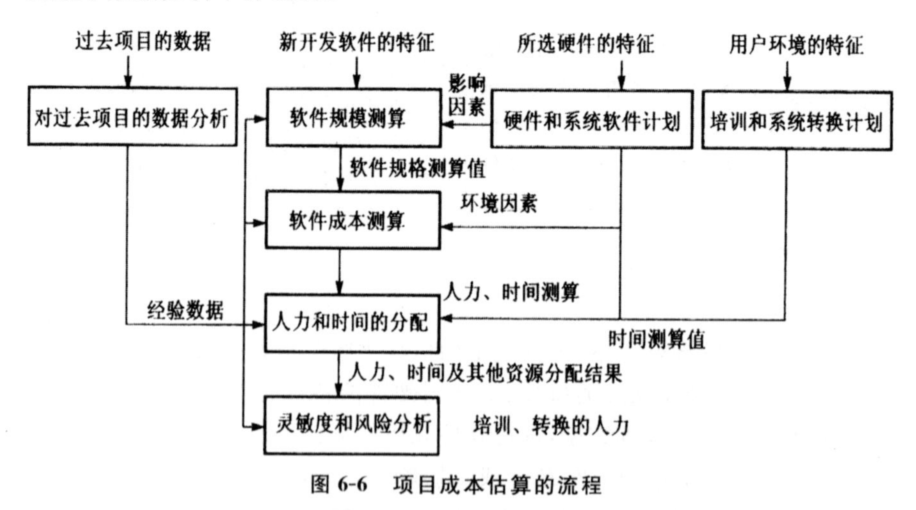

图 6-6 项目成本估算的流程

6.3.3　项目成本估算的依据

成本估算的依据主要包括：

(1)软件项目规格说明书；(2)工作分解结构 WBS；(3)资源计划：运行项目所需要的资源种类、数量和起止日期等；(4)资源费率：人月成本、每单位原材料成本等；(5)历史信息：根据历史项目的成本情况来估计项目成本，使用行业数据来估计成本；(6)会计报表：各种成本信息的代码结构，有利于项目成本估算与正确会计科目对应；(7)除此之外，与软件项目有关的部门、行业或国家颁布的一些定额(如基建概算、预算定额)和收费标准也可作为成本估算的参考依据。

6.3.4　软件项目成本估算方法

在项目进展的不同阶段，项目 WBS 的层次可以不同，根据项目成本估算单元在 WBS 中的层次关系，可将成本估算分为 3 种，分别是自上而下的估算、自下而上的估算、自上而下和自下而上相结合的估算。

1. 自上而下的估算

自上而下的估算，又称类比估算，通常在项目的初期或信息不足时进行，此时只确定了初步的工作分解结构，分解层次少，很难将项目的基本单元详细列出来。因此，成本估算的基本对象可能就是整个项目或其中的子项目，估算精度较差。自上而下的成本估算实际上是以项目总成本为估算对象，在收集上层和中层管理人员的经验判断，参考类似项目历史数据的基础上，将成本从工作分解结构的上部向下部依次分配，直至 WBS 的最底层。

2. 自下而上的估算

自下而上的成本估算，是先估算各个工作单元的费用，然后自下而上将各个估算结果汇总，得到项目费用总和。采用这种技术路线的前提是确定详细的工作分解结构(WBS)，且对每个单元能做出较准确的估算。当然，这种估算本身要花费较多的费用。

3. 自上而下和自下而上相结合的估算

采用自上而下的估算路线虽然简便，但估算精度较差；采用自下而上的估算路线，所得结果较为精确，项目所涉及活动资源的数量也更清楚，但估算工作量大。因此，可将两者有效结合，取长补短。

6.3.5 项目成本估算的结果

项目成本估算是项目各活动所需资源消耗的定量估算，这些估算可以用简略或详细的形式表示。项目估算的结果主要包括如下几个方面：

1. 项目成本估算文件

项目成本估算文件是项目成本估算的最终结果文件，是对完成项目所需费用的估计和计划安排，是项目管理文件中的一个重要组成部分。项目成本估算文件要对完成项目活动所需资源、资源成本和数量进行概略或详细的说明。这包括对于项目所需人员、设备和其他科目成本估算的全面描述和说明。另外，这一文件还要全面说明和描述项目的不可预见费等内容。

项目成本估算文件中的主要指标是价值量指标，为了便于在项目实施期间或项目实施后进行对照，项目成本估算文件也需要使用其他的一些数量指标对项目成本进行描述。例如，使用劳动量指标（人天、人月或人年）。在某些情况下，项目成本估算文件将必须以多种度量指标描述，以便于开展项目成本管理与控制。

2. 细节说明文件

细节说明文件是对于项目成本估算文件的依据和考虑了细节的说明文件，内容包括以下几个方面：

（1）项目范围的描述。因为项目范围是直接影响项目成本的关键因素，所以这一文件通常与项目工作分解结构和项目成本估算文件一起提供。

（2）项目成本估算的基础和依据文件。包括制定项目成本估算的各种依据性文件，各种成本计算或估算的方法说明，以及各种参照的国家规定等。

（3）项目成本估算的各种假定条件的说明。包括在项目成本估算中所假定的各种项目实施的效率、项目所需资源的价格水平、项目资源消耗的定额估计等假设条件的说明。

（4）项目成本估算可能出现的变动范围的说明。是关于在各种项目成本估算假设条件和成本估算基础与依据发生变化后，项目成本可能会发生的变化和变化范围的说明。

3. 项目成本管理计划

这是关于如何管理和控制项目成本变动的说明文件，是项目管理文件的一个重要组成部分。项目成本管理计划文件可繁可简，具体取决于项目规模和项目管理主体的需要。一个项目开始实施后有可能会发生各种无法预见的情况，从而危及项目成本目标的实现。为了防止、预测或克服各种意外情况，就需要对项目实施过程中可能出现的成本变动，以及需要采取相应的措施进行详细的计划和安排。项目成本管理计划的核心内容就是这种计划和安排，以及有关项目不可预见费的使用管理规定等。

6.4　项目成本预算

项目成本估算之后，还要进行项目成本预算。本节介绍成本预算的含义、原则与编制。

6.4.1　项目成本预算的含义

成本预算，也叫制定成本计划，是在成本估算的基础上，更精确地估算项目总成本，并将其分摊到项目的各项具体活动和各个具体项目阶段中，为项目成本控制制定基准。

成本预算和成本估算既有区别，又有联系。成本估算的目的是估计项目的总成本和误差范围，而成本预算是将项目的总成本分配到各工作项和各阶段上。成本估算的输出结果是成本预算的基础与依据，成本预算则是将已批准的估算进行分摊。

6.4.2　项目成本预算的原则

在进行软件项目成本预算时，应该遵循如下几条基本原则：

(1)成本预算以项目需求为基础。项目需求是成本预算的基础，如果项目需求非常模糊，则成本预算就不具有现实性。只有需求定义清晰完整，成本预算才可能准确可靠。要做好成本预算，首先要做好项目需求分析。

(2)成本预算要考虑项目目标。项目目标包括质量目标和进度目标。

成本与质量、进度关系密切，三者是对立统一的关系。项目质量要求越高，成本预算也会相应提高；项目进度要求越快，项目成本也会越高。要在成本、质量、进度间进行综合平衡。

(3)成本预算要切合实际。项目成本预算的目的是进行成本控制，但不是项目预算越低越好。如果预算过低，无论怎样努力都达不到，就会挫伤项目成员的积极性。当然，成本预算也不能过高，否则就失去其作为成本控制基准的意义。

(4)成本预算要有弹性。项目不同于日常工作，项目中总会有一些意料之外的事情发生，这些变化都会对项目成本预算产生一定的影响。因此在作项目成本预算时，要留有充分的余地，使预算具有一定的环境变化适应能力，即具有一定的弹性。

6.4.3 项目成本预算的编制

项目成本预算的编制步骤如下：首先需要对成本估算进一步精确、细化，并按项目的 WBS 分配到各组成部分直至各工作包，以最终确定项目成本预算；其次，将预算成本按项目进度计划分解到项目的各个阶段，建立每一阶段的项目预算成本，以便在项目实施阶段利用其进行成本控制。下面以一个案例来说明成本预算的具体编制方法。

案例要求：

方兴公司生产并安装一台大型数控机床，项目成本估算的结果是 120 万元，现在要求编制该项目的成本预算。(案例来源：张念. 软件项目管理. 北京：机械工业出版社，2008 年)

问题分析：包括两个步骤：第一，确定并分摊预算总成本；第二，制定累计预算成本。

1. 分摊预算总成本

分摊预算总成本就是将预算总成本分摊到各成本要素中去，并为每一个阶段建立预算成本。具体方法有两种：自上而下法、自下而上法。前者是在项目总成本之内按照各阶段的工作范围，把项目总成本按一定比例分摊到各阶段中；后者是依据各阶段有关的具体活动，把各阶段的成本综合起来得到总成本。

如图 6-7 所示，是预算总成本的分解示意图。该图表明了将 120 万元的项目成本分摊到工作分解结构中的设计、制造、安装与调试各个阶段的情况。

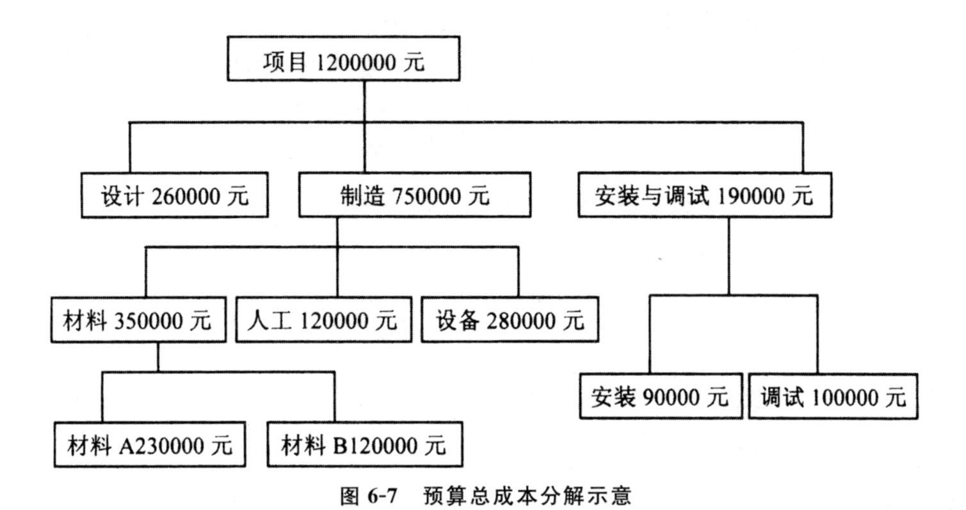

图 6-7　预算总成本分解示意

2. 制定累计预算成本

为每一阶段建立了总预算成本之后，还需要把总预算成本分配到各阶段的整个工期中去，每期的成本估计是根据组成该阶段的各个活动进度确定的。当每一阶段的总预算成本分摊到工期的各个区间，就能确定在这一时间内用了多少预算。这个数字用截止到某期的每期预算成本总和表示，称作累计预算成本，它将作为分析项目成本绩效的基准。

在制定累计预算成本时，要编制项目每期预算成本表，样式如表 6-2 所示。

表 6-2　机床项目每期预算成本表　（单位：万元）

项目	合计	周											
		1	2	3	4	5	6	7	8	9	10	11	12
设计	26	5	5	8	8								
建造	75					9	9	15	15	14	13		
安装与调试	19											10	9
合计	120	5	5	8	8	9	9	15	15	14	13	10	9
累计		5	10	18	26	35	44	59	74	88	101	111	120

表 6-2 表示在估计工期内，如何分摊每一阶段的预算总成本到各工期；也表示出整个项目的每期预算成本及其累计预算成本。根据表 6-2 可以绘制出时间—成本累计曲线，如图 6-8 所示。时间—成本累计曲线具有重要意义，在项目任何时期它都能与实际成本做对比。

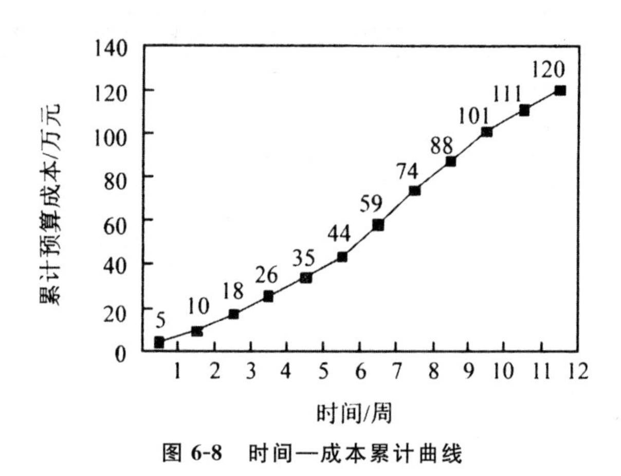

图 6-8　时间—成本累计曲线

6.5　项目成本控制

在项目成本管理中，必须时时做好成本控制工作。本节介绍成本控制的相关内容。

6.5.1　项目成本控制的含义与内容

项目的成本控制就是在项目的实施过程中，定期收集项目的实际成本数据，与成本的计划值进行对比分析，并进行成本预测，发现并及时纠正偏差，以使项目的成本目标尽可能好地实现。项目成本管理的主要目的就是项目的成本控制，将项目的运作成本控制在预算的范围(或者可以接受的范围)内，以便在项目失控之前就及时采取措施予以纠正。

项目成本控制的主要内容包括：

· 对造成成本基准计划发生改变的因素施加影响，保证变化朝着有利的方向发展；

· 确定项目基准计划是否已经发生变化；

· 在实际成本基准计划发生变化和正在发生变化时，对这种变化实施有效的管理；

- 监视项目成本执行情况，及时发现与成本计划的偏差；
- 确保所有有关成本的变更都准确记录在项目成本基准计划中；
- 防止不正确、不适宜或者未核准的变更纳入成本基准计划中；
- 将核准的变更通知有关项目干系人。

实施成本控制的依据除了成本基线外，还有绩效报告、变更申请和成本管理计划。其中，绩效报告提供了费用执行方面的信息；变更申请可以是多种形式（直接的或间接的，外部的或内部的，口头的或书面的）；成本管理计划描述了当费用发生偏差时如何处理。

6.5.2　项目成本控制的原则

在项目成本控制中，要遵循以下四项基本原则：

（1）全面控制原则。包括项目成本的全员控制和全过程控制。项目成本是一项综合性很强的指标，涉及项目中的所有人员，且与所有项目组成员利益相关，所以在项目的成本控制中，要发挥所有人员的作用，实行全员控。另外，项目成本贯穿软件项目的整个生命周期，在项目的每个阶段都涉及成本问题，所以要实行全过程控制。

（2）动态控制原则。应该把重点放在项目的实施过程中，及时发现和纠正偏差。

（3）节约原则。节约人力、物力、财力，是项目控制的重要内容。这要从三方面入手：一是严格执行成本开支范围、费用开支标准；二是提高项目管理水平，尽量减少人、财、物的消耗；三是严格控制软件流程，减少返工等现象发生，制止可能发生的浪费。

（4）责、权、利相结合的原则。项目经理、项目组成员都负有一定的成本控制责任，在项目进行过程中，要赋予他们控制成本的权利，并且将成本控制效果与工资奖金挂钩。

另外，考虑到软件项目成本控制是一个比较复杂的活动，在具体实施中还需要注意：

（1）要对现金的流动进行严格控制。包括：确保及时收到客户的费用款项；对项目消耗的成本资金做好严格的记录，以保证在项目实施过程中不会出现财务错误等。控制现金流量的关键在于保证现金的流入比流出要快，否则没有足够的资金到位，就会影响到整个工程的进展，甚至导致项目搁浅。因此，当项目符合了一定的付款条件后，项目经理应该参照一切有关项目合同和说明书迅速提交收款表单，以最快的速度启动款项回收工作。另一方面，也要尽可能争取长的账期，推迟采购设备需要支付现金的时间。客户的现金流入和承包商的资金流出都可以通过合同的支付款项来控制。

(2)预防超支。就是采取一切形式来防治项目成本超过计划成本的范围，但同时也要保证项目按时、按质量要求完成。常用的方法包括：采用符合规则而成本低的高性价比资源；将自身不熟悉的子项目、子任务以及相关活动外包出去等。

(3)超支后的应对措施。当项目成本不可避免地出现超支情况时，不要寄希望于成本在将来能够自然而然地降低，应马上将注意力集中在即将进行的活动，及时采取措施控制成本，并对采取措施后的效果进行调查和研究。越早对成本问题进行处理，对项目范围、进度和质量的影响就越小。

6.5.3 项目成本控制的工作流程

在项目管理中，成本控制动态贯穿于项目实施全过程，其控制原理如图 6-9 所示。

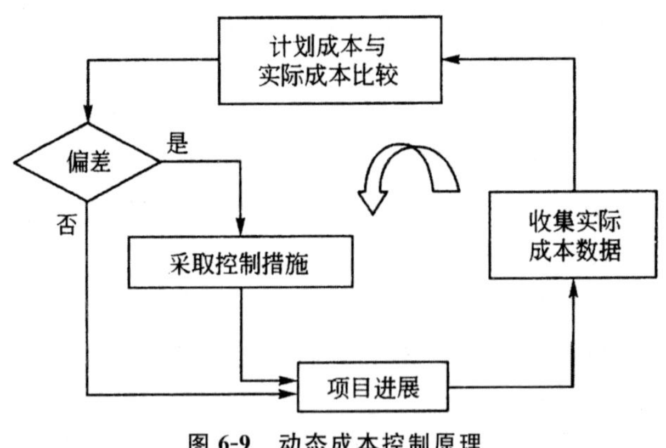

图 6-9 动态成本控制原理

项目成本控制的整体工作流程如图 6-10 所示：首先是从确定工作范围开始的，包括成本预算和工作进度计划。项目具体工作开始实施后，就要进行检查和跟踪，然后对检查跟踪的结果进行分析，预测其发展趋势，做出费用进展情况和发展趋势报告。最后再根据这个报告，做出进一步的决策，即采取措施纠正成本偏差，修改成本预算或工作进度计划。

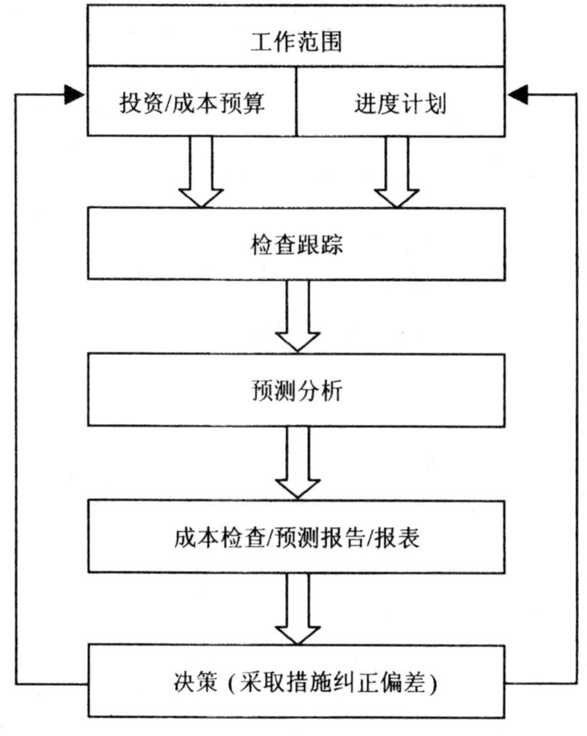

图 6-10　项目成本控制的流程

6.5.4　项目成本控制的常用工具

软件项目成本控制需要使用相关工具。下面介绍软件项目成本控制的几种常用工具。

1. 项目成本变更控制系统

项目成本控制的基础是项目成本计划指标，在项目的实际实施过程中，由于会对原计划进行反复的修改和更新，产生一个新的状态，所以项目的成本状态需要不断跟踪。项目成本变更控制系统就是一种通过建立项目变更控制体系，对项目成本进行跟踪操作的技术工具。它包括了从变动请求到批准请求，最终到变动项目成本预算的整个过程。

项目变更系统需要保证和项目成本控制的一致，其结构如图 6-11 所示。

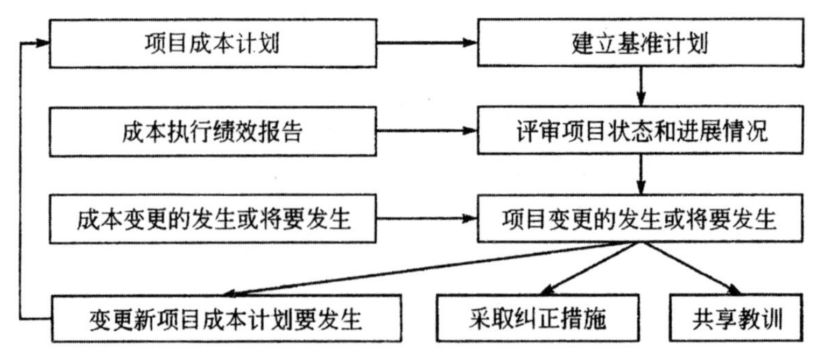

图 6-11　项目成本变更控制系统

2. 成本分析表

成本分析表是利用表格的形式来调查、分析、研究实施成本的一种方法，通过对成本控制点检查与分析，可以达到控制成本的目的，常见的成本分析表主要有以下几种：

(1)月成本分析表。就是每月要做出的成本分析表，对成本进行研究比较。在月成本分析表中要标明工程期限、项目成本、单价等。

(2)成本日、周报。项目经理应掌握每周的进度和成本，迅速发现工作上的弱点和困难，并采取有效措施解决这些问题。日报和周报的重点在于及时性，如果不能按时完成将失去其意义。

(3)月成本计算及最终预测报告。每月编制月成本计算及最终成本预测报告是项目成本控制的重要内容之一。该报告主要记录项目名称、已支出金额、预计完工总金额、盈亏预测等一系列数据，并且需要在月末会计账簿截止时完成，一般应由项目会计人员将项目的已支出金额填好，剩下的由成本会计完成。这种报告随时间推移精确性不断增加。

下面以某软件项目为例介绍月成本计算及最终成本预测报告的格式，如表 6-3 所示。

3. 成本累计曲线图

成本累计曲线图是反映整个项目或项目中某个相对独立部分开支状况的图示。它可以从成本预算计划中直接导出，也可以利用网络图、条线图等图示单独建立。

成本累计曲线图上实际支出与理想情况的任何一点偏差，都是一种警告信号，但并不是说工作中一定发生了问题。图上的偏差只反映了现实与理想情况的差别，发现偏差时要查明原因，判定是正常偏差还是不正常偏差，然后采取措施处理。

表 6-3　月成本计算及最终成本预测报告表

序号	科目编号	名称	支出金额	调整			现在成本			序号	仍需成本			最终预算成本			合同预算金额		
				金额		备注	金额	单价	数量		金额	单价	数量	金额	单价	数量	金额	单价	数量
				增	减														

在成本累计曲线图上，根据实际支出情况的趋势可以对未来的支出进行预测，将预测曲线与理想曲线进行比较，可获得很有价值的成本控制信息，这对项目管理很有帮助。

利用工序的最早开始时间和最迟开始时间制作的成本累计曲线，称为成本香蕉曲线，如图 6-12 所示。顺便指出，香蕉曲线不仅可以用于成本控制，还是进度控制的有效工具。

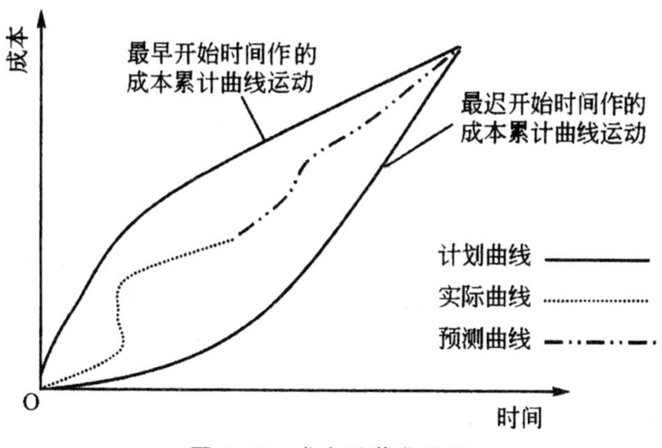

图 6-12　成本香蕉曲线图

香蕉曲线表明了项目成本变化的安全区间，实际发生的成本变化如不超出两条曲线限定的范围，就属于正常变化，可以通过调整开始和结束的时间使成本控制在计划的范围内。如果超出范围，就要引起重视，查清情况，分析原因，必要时应迅速采取纠正措施。

6.5.5 项目成本控制的挣值分析法

挣值分析法实际上是一种综合的绩效度量技术，既可用于评估项目成本变化的大小、程度及原因，又可用于对项目的范围、进度进行控制，将项目范围、费用、进度整合在一起，帮助项目管理团队评估项目绩效。该方法目前在项目成本控制中得到了广泛的应用，可以用来确定偏差产生的原因、偏差的量级和决定是否需要采取行动纠正偏差。

具体来讲，挣值分析法就是通过分析目标实施与目标期望之间的差异来判断控制的效果，故又被称为偏差分析法。这里的挣值就是已经完成的工作预算与其实际成本的偏差。

1. 挣值分析法的三个中间变量

在使用挣值分析法时，需要引入与项目活动成本有关的三个中间变量，分别如下：

(1)计划工作量的预算成本(Budgeted Cost for Work Scheduled，简称 BCWS)：是指从任务开始到当前日期(状态日期)这段时间，计划花在此任务上的成本。计算公式为：

$$BCWS=计划工作量\times预算定额$$

BCWS 主要用于反映项目计划消耗的成本或工时，而不反映实际消耗的成本或工时。

(2)已完成工作量的实际成本(Actual Cost for Work Performed，简称 ACWP)：指项目进行到每个阶段实际消耗的成本或工时。ACWP 主要反映项目执行的实际消耗指标。

(3)已完成工作量的预算成本(Budgeted Cost for Work Performed，简称 BCWP)：是指项目实施过程中某个阶段实际完成工作量按预算定额计算出来的成本(或工时)，即挣值(Earned Value)。计算公式为：

$$BCWP=已完成工作量\times预算定额$$

2. 挣值分析法的四个评价指标

除了上面的三个中间变量外，挣值分析法还涉及四个评价指标，分别如下：

(1)成本偏差(Cost Variance，简称 CV)，是指检查周期内 BCWP 与 ACWP 之间的差值，计算公式如下：

$$CV = BCWP - ACWP$$

以图 6-13 为例来说明，如果 BCWP 在上方，则 CV>0，表示控制效果好，即实际消耗成本(工时)小于计划值；反之，当 ACWP 在上方时，CV<0，表示控制效果不好。当 CV=0 时，表示实际消耗成本(工时)等于预算值。

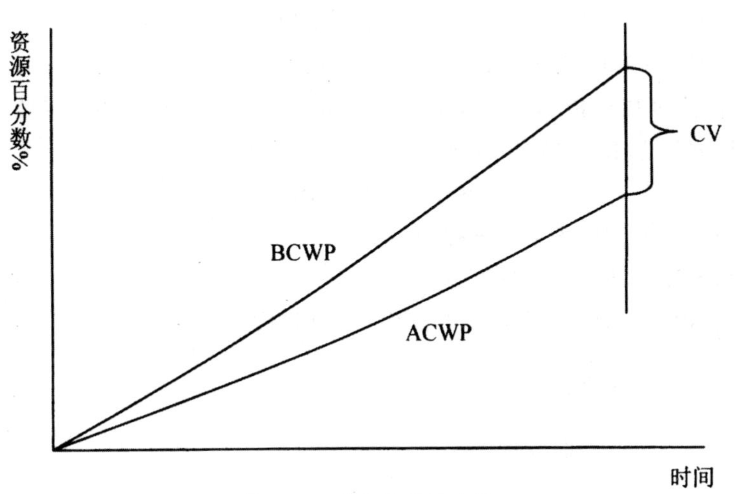

图 6-13　成本偏差示意图

(2)进度偏差(Schedule Variance，简称 SV)：是指检查日期 BCWP 与 BCWS 之间的差异。计算公式如下：

$$SV = BCWP - BCWS$$

以图 6-14 为例来说明，如果 BCWP 在上方，则 SV>0，表示进度提前；如果上方为 BCWS，则 SV<0，表示进度延迟；当 SV=0 时，表示实际进度与计划一致。

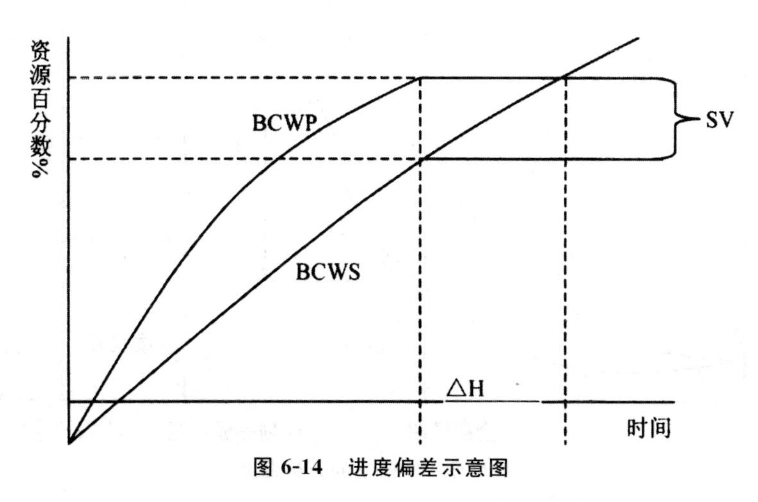

图 6-14　进度偏差示意图

(3)成本执行指标(Cost Performed Index,简称 CPI):是指预算成本(工时)与实际成本(工时)之比。计算公式如下:

$$CPI = BCWP/ACWP$$

当 CPI>1 时,表示实际成本低于预算成本;

当 CPI<1 时,表示实际成本高于预算成本;

当 CPI=1 时,表示实际成本与预算成本吻合。

(4)进度执行指标(Schedule Performed Index,简称 SPI):是指项目挣值与计划值之比。计算公式如下:

$$SPI = BCWP/BCWS$$

当 SPI>1 时,表示进度提前;

当 SPI<1 时,表示进度延误;

当 SPI=1 时,表示实际进度等于计划进度。

3. 挣值法评价曲线

挣值法的评价曲线如图 6-15 所示。

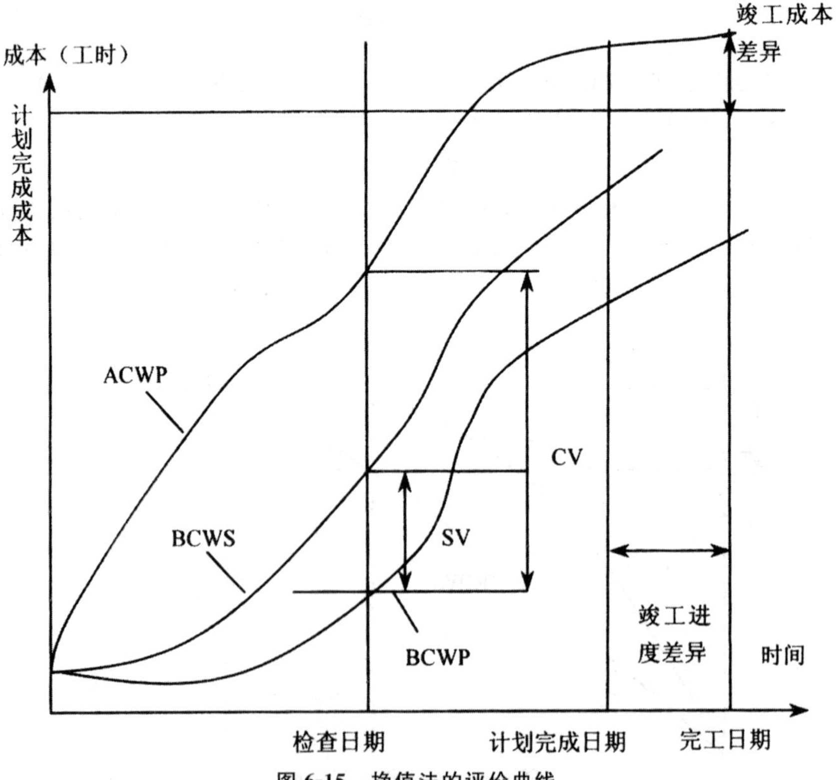

图 6-15　挣值法的评价曲线

图 6-15 中，BCWS 和 ACWP 都是随项目推进而不断增加的，呈 S 形曲线。CV<0 时，表示项目超支；SV<0 时，表示项目延迟，都要采取相应的补救措施。最理想的情况是：ACWP、BCWS、BCWP 三条曲线靠得很近，并且平稳上升，这表示项目是按照预定计划在顺利地进行。

6.5.6 项目成本控制的结果

项目成本控制的结果，包括成本估算更新、成本预算更新、纠正措施和经验教训等。

1. 成本估算更新

成本估算更新是为了提供更客观、更合适的成本信息来管理项目。成本估算更新可以不必调整这个项目计划的其他方向，但需要将更新情况告知项目的利害关系者。

2. 成本预算更新

由于一些意想不到的原因，使得成本偏差极大，导致必须修改成本基准，才能为绩效提供一个现实的衡量基础，此时就需要进行预算更新。项目预算更新是一个特殊的修订成本的工作，一般只有当项目范围变更时才会进行。

3. 纠正措施

当项目实施成本偏离预算的时候，采取措施使项目以后的预期成本与预算成本一致。

4. 经验教训

成本控制中遇到的很多情况、成本变化的各种原因、成本纠正的各种方法等，对以后的项目实施和执行具有很强的借鉴作用，应当保存下来，供以后参考。

6.6 本章小结

软件项目成本管理关系到其最终收益的状况，在软件项目管理中必须引起高度重视。

本章首先介绍了软件项目成本的基础知识，包括项目成本的相关术语，软件项目成本的构成、影响因素，软件项目成本管理的内容及其复杂性；然后介绍了软件项目成本管理中的计划问题，包括软件项目资源计划的编制，项目成本的估算与预算；最后，对项目成本的控制进行了内容介绍，包括含义、内容、原则、工具、方法与结果。

第 7 章　软件项目质量管理

7.1　软件质量的基本概念

7.1.1　质量的含义与属性

所谓质量，指产品或服务满足用户规定或潜在需要的一组固有特性的总和。

对于不同对象，质量所能满足用户明确和隐含的需求在实质内容上也不同。例如，对“有形产品”来说，质量主要是指产品能够满足用户使用要求所具备的功能特性，包括产品的性能、寿命、可靠性、安全性、经济性等；对“服务过程”来说，质量主要是指服务所能够满足顾客心理期望的程度大小，客户心理期望的满足程度越高，质量越好。

不同的产品或服务能够满足人们不同的需要，具有不同的质量特性，如表 7-1 所示。

表 7-1　各种质量特性的内涵

名称	内涵	具体项目
内在质量特性	在产品或服务的持续使用中所体现出的质量特性	产品的性能、特性、强度、精度等
外在质量特性	产品或服务外在表现方面的质量特性	外形、包装、装潢、色泽、味道等
经济质量特性	是与产品或服务购买和使用成本有关的特性	寿命、成本、价格、运营维护费用等
商业质量特性	与产品生产或服务提供方的商业责任有关的特性	保质期、保修期、售后服务水平等

7.1.2 软件质量的基本概念

软件质量是指软件产品的本身与明确叙述的功能和性能需求、文档中明确描述的开发标准,以及任何专业开发的软件产品都应该具有的隐含特征相一致的程度。

软件质量的特性是多方面的,以下是必须包括的几项内容:

(1)必须要与明确规定的功能和性能需求具有一致性,能满足给定的全部需要。

(2)与明确成文的开发标准的一致性。不遵循专门的开发标准将导致软件质量低劣。

(3)与所有专业开发的软件所期望的隐含特性具有一致性。忽视软件的一些隐含需求(行业内约定俗成,无须再进行强调的那些基本需求),软件质量将不可信。

(4)用户认为软件在使用中能满足其预期要求的程度,即软件的组合特性。

需要强调的是,对于软件企业而言,软件质量绝不仅仅只是缺陷率,还包括不断提高内、外部顾客的满意度,缩短产品开发周期与投放市场时间,降低软件质量成本等。

7.1.3 影响软件质量的因素

软件编程专家 McCall 把影响软件质量的因素分成了 3 组,分别是产品运行、产品修正和产品转移,如图 7-1 所示。其中,各个质量特性的含义分别如下:

· 正确性——软件在预定环境下能正确地完成预期功能的程度。

· 健壮性——在硬件发生故障、输入的数据无效或操作失误等意外环境下,系统能做出适当反馈和响应的程度(例如给出提示信息、警告信息、重复确认等)。

· 效率——为完成预定功能,软件需要资源(包括时间、空间以及人力)的多少。

· 完整性——对未经授权的人使用软件或数据的企图,系统能够控制的程度。

· 可用性——系统在完成预定应该完成的功能时令人满意的概率。

· 风险性——按预定的成本和进度把系统开发出来,并且使用户感到满意。

• 可理解性——理解和使用该系统的容易程度。

• 可维护性——诊断和改正在运行现场发生的错误所需要的概率。

• 灵活性——修改或改正在运行的系统需要的工作量的多少。

• 可测试性——软件容易测试的程度。

• 可移植性——把程序从一种硬件配置和(或)软件环境转移到另一种配置和环境时,需要的工作量的多少。

• 可重用性——在其他应用中该程序可以被再次使用的程度(或范围)。

• 可运行性——把该系统和另外一个系统结合起来的工作量的多少。

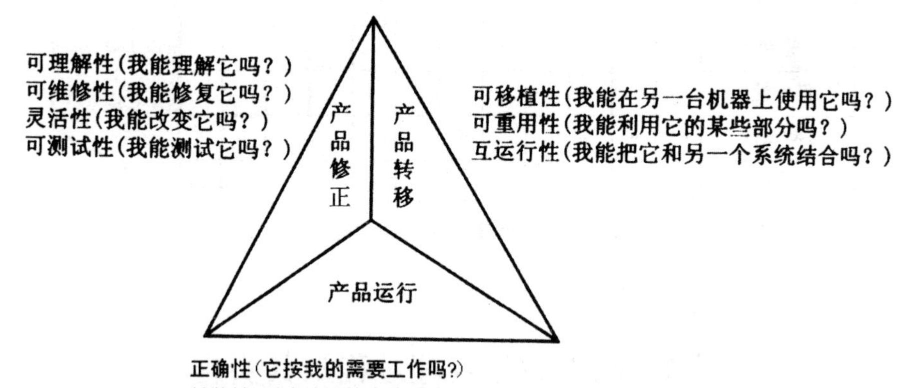

图 7-1 McCall 软件质量模型

需要说明的是,以上各种因素之间并非孤立的关系,而是会相互影响。下面的图 7-2 描述了软件质量特性之间一些典型的相互关系。其中:

• 一个单元格中的加号"+"表明单元格所在行的属性,增加了对其所在列的属性的积极影响。例如,增强软件可重用性的设计方法也可以使软件变得灵活,更易于与其他软件组件相连接,更易于维护,更易于移植并且更易于测试。

• 一个单元格中的减号"-"表明单元格所在行的属性,增加了对其所在列的属性的不利影响。例如,高效性对其他许多属性都具有消极影响。

	有效性	高效性	灵活性	完整性	互操作性	可维护性	可移植性	可靠性	可重用性	健壮性	可测试性	可用性
有效性								+		+		
高效性			−		−	−	−	−		−	−	−
灵活性		−		−		+	+	+		+		
完整性		−			−				−		−	−
互操作性		−	+	−			+					
可维护性	+	−	+					+			+	
可移植性		−	+		−	−			+		+	−
可靠性	+	−	+			+				+	+	+
可重用性		−	+	−	+	+	+	−			+	
健壮性	+	−						+				+
可测试性	+	−	+			+		+				+
可用性		−								+	−	

图 7-2　不同软件质量特性之间的相互关系

7.2　软件质量管理过程及其实施

7.2.1　软件质量管理的过程

在软件项目管理中，质量管理包含质量保证过程和质量控制过程两方面，二者相互作用，在实际应用中还可能会发生交叉。质量保证是在项目过程中实施的有计划、有系统的活动，确保项目满足相关的标准；而质量控制是采取适当的方法监控项目结果，确保其符合质量标准，还包括跟踪缺陷的排除情况。下节将介绍以上两个过程涉及的相关内容。

7.2.2　软件质量管理的实施

软件质量管理的实施需要从纵向和横向两个方面展开。一方面要求所有与软件生命期有关的人员都要参加，另一方面要求对产品形成的全过程进行质量管理，这要求整个软件部门齐心协力，不断完善软件的开发环境。此外，还需要与用户共同合作。

如图 7-3 所示，给出了软件质量管理贯穿产品生产全过程的示意图。

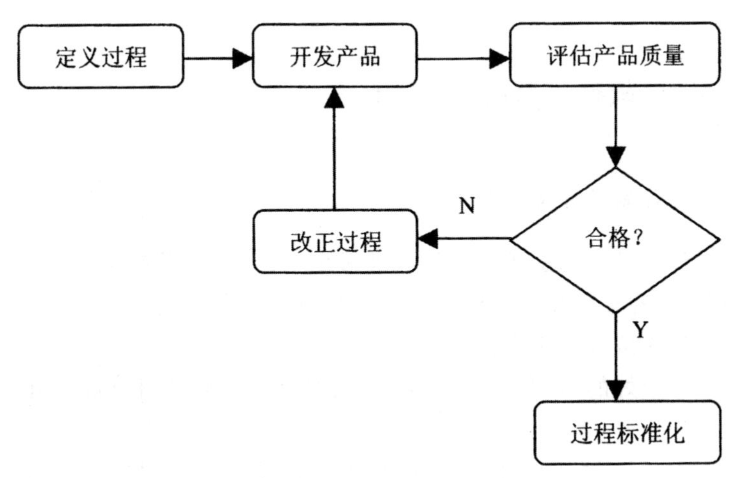

图 7-3　软件质量管理贯穿产品生产的全过程

7.2.3　软件质量管理的原则

在软件项目质量管理的实施过程中，首先必须遵循如下三个基本原则：

(1)应强调软件总体质量(“低成本高质量”)，而不应片面强调软件正确性，要避免忽略其可维护性与可靠性、可用性与效率等指标，甚至不计软件质量成本的极端行为。

(2)在软件生产的整个生命周期的各个阶段，包括规划、分析、设计、编程、测试等环节，都要注意软件的质量，而不能只在软件最终产品验收时才注意其质量。

(3)应制定软件质量的综合评价标准，定量地来评价软件质量，使软件产品的评价逐步走上“评测结合、以测为主”的科学轨道，并要定期地评价设定的质量体系。

另外，在质量管理中，还需要明白如下道理：过程控制的出发点是预防不合格；质量管理的中心任务是建立并实施文档化管理的质量体系；要进行持续的质量改进；有效的质量体系应满足顾客和组织内部双方的需要和利益；搞好质量管理的关键在于领导。

7.3 软件质量管理的内容

7.3.1 软件项目的质量计划

1. 质量计划的含义与作用

质量计划是指识别哪些质量标准适用于本项目，并确定如何满足这些标准的要求，并建立相关文档，以便作为软件质量工作指南，帮助项目经理确保所有工作按计划完成。

开发一个好的、具有针对性的质量计划可以为软件项目带来很多益处，例如：

· 有助于交付一些可靠的、具有特色的、能够方便进行复用和维护的产品；

· 使项目实施能够得到控制，有助于降低项目延期交付和成本超出的风险；

· 能够全面提高后续软件产品的质量。

现代质量管理强调：质量是计划出来的，而不是检查出来的，只有制定出切实可行的质量计划，严格按照规范流程实施，才能达到规定的质量标准。尤其软件项目更是“预防胜于检验”，要求预防、计划、未雨绸缪，而不是后期的补救和“打补丁”。因为质量是在开发过程中形成的，所以高质量的开发才能产生高质量的软件产品。当软件完成之后，你就无法再提高它的质量了，好的质量保证开始于好的设计，而且在遵守设计的好的编程过程中得以延续。程序员必须在编程过程中重视每一行编码的质量，在测试、运行或者维护中发现的每个缺陷都是不重视质量的开发人员带来的。一旦一个庞大的软件被开发出来，保证它没有缺陷是不现实的，那么保证软件没有错误或者几乎没有错误的最好办法就是做一些事情将错误扼杀在摇篮里，做好这些事情需要好的质量管理和质量规划过程。

2. 质量计划中的主要指标

在质量计划中应该明确项目要达到的质量指标，以下是常见的几种：

(1)可用度。指软件运行后，在任意一个随机时刻，当需要执行规定任务或完成规定功能时，软件能够处于可使用状态的概率。该指标数值应该是越大越好。

(2)初期故障率。指软件在初期故障期(一般指软件交付用户后的3个月)内单位时间的故障数。一般以每100小时的故障数为单位,可以用它来评价交付使用的软件质量。其大小取决于软件设计水平、检查项目数、软件规模、软件调试彻底与否等因素。

(3)偶然故障率。指软件在偶然故障期(一般指软件交付给用户使用4个月以后)内单位时间的故障数,也以每100小时的故障数为单位,它反映了软件在稳定状态下的质量。

(4)平均失效前时间。指软件在失效前正常工作的平均统计时间。

(5)平均失效间隔时间。指软件在相继两次失效之间正常工作的平均统计时间。它通常是指当n很大时,系统第n次失效与第n+1次失效之间的平均统计时间。

(6)缺陷密度。指软件单位源代码中隐藏的缺陷数量,通常以每千行无注解源代码为一个单位。一般情况下,可以根据同类软件系统的早期版本估计缺陷密度的具体值。如果没有早期版本信息,也可以按照通常的统计结果来估计。典型的统计表明,在开发阶段,平均每千行源代码有50～60个缺陷,交付后平均每千行源代码有15～18个缺陷。

(7)平均失效恢复时间。指软件失效后恢复正常工作所需的平均统计时间。

3.质量计划中的常用工具

在质量计划过程中,通常用到的工具和技术有以下几种:

(1)成本效益分析。质量计划过程必须考虑成本与效益两者之间的取舍权衡。符合质量要求所带来的主要效益是减少返工,它意味着劳动生产率提高,成本降低,利益相关者更加满意。但是,为了达到一定的质量要求,也必须付出一定的质量成本,而质量成本又包括两种方向互逆的成本类型:一种是质量纠正成本,它包括交货前的内部故障成本和交货后的外部故障成本;另一种是质量保证成本,它包括预防成本和鉴定成本。进行质量成本效益分析的目的,就是寻求一种最佳的质量成本。

(2)基准对照。是指通过将项目的实际做法或计划做法与其他项目的做法进行对照,启发改善项目质量管理的思路,产生改进的方法,或者提供一套度量绩效的标准。这里的其他项目既可以是组织内部的,也可以来自于外部;既可在同一领域,也可在其他领域。

(3)流程图。流程图是显示系统中各要素之间的相互关系的图表。流程图能够帮助项目小组预测可能发生哪些质量问题,在哪个环节发生,因而使解决问题的手段更为有效。例如，因果图就是一种在质量管理中常用的流程图。因果图如图 7-4 所示，用于描述各种直接或间接原因与所产生潜在问题和影响之间的关系，因形状原因，又称为鱼刺图。

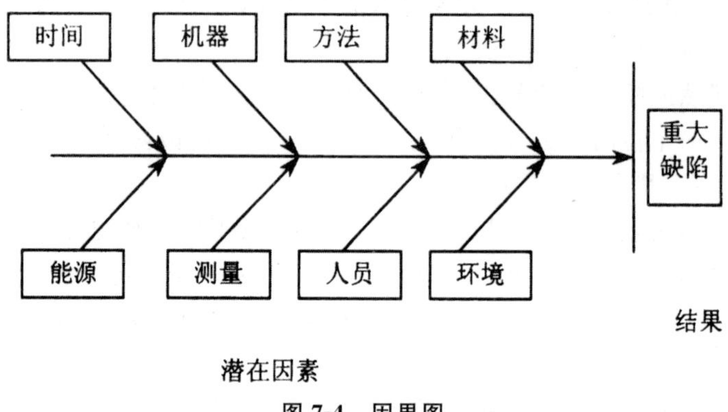

图 7-4 因果图

(4)戴明环。戴明环是由美国著名的质量管理专家 E·戴明博士提出的。作为一种有效的管理工具，目前它已经在质量管理中得到广泛的应用。戴明环的核心思想是 PDCA 循环，P、D、C、A 分别是英文的 Plan(计划)、Do(执行)、Check(检查)、Action(处理)4 个单词的第一个字母，PDCA 循环认为质量管理工作必须顺序经过如图 7-5 所示的 4 个阶段和 8 个工作步骤，并强调按此顺序不断循环，以此来进行所有的质量管理活动。

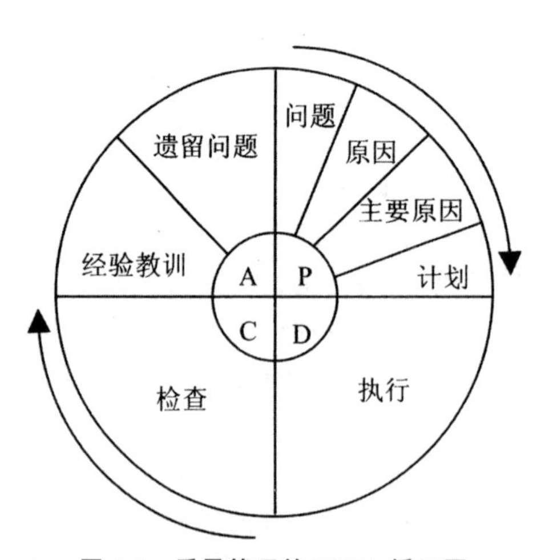

图 7-5 质量管理的 PDCA 循环图

在 PDCA 循环图中，各个阶段所做的工作内容如表 7-2 所示。

表 7-2 PDCA 循环图中各个阶段的主要工作

阶段	工作内容
计划阶段(P)	• 分析质量现状,找出存在的质量问题 • 分析产生质量问题的原因及各种影响因素 • 从众多原因中找出影响质量的主要原因,从而找出影响质量的主要因素 • 针对影响质量的主要因素制定相应的措施,提出改进质量的计划
执行阶段(D)	• 按照既定的质量计划加以执行,具体实施计划
检查阶段(C)	• 检查计划实际执行情况,判断是否达到计划的预期效果
处理阶段(A)	• 总结经验教训,巩固取得的成绩 • 明确尚未解决或者新发现的问题,并转入下一个 PDCA 循环

4. 质量计划文档的编写

制定质量计划后,还要编写质量计划文档,包括质量保证计划和质量控制计划两个大的方面。其中,质量保证计划要包括质量保证的方法、职责和时间安排等;质量控制计划也可以包含在开发活动的计划中,如代码走查、单元测试、集成测试、系统测试等。

质量计划文档可以是正式的,也可以是非正式的;可以是高度细节化的,也可以是框架概括型的,这要根据软件项目的具体情况而决定。但是,内容上应该满足下列要求:

- 必须要确定好应达到的质量目标和所有特性的要求;
- 必须要确定好相关的质量活动和质量控制程序;
- 必须要确定好项目不同阶段中的职责、权限、交流方式以及资源分配;
- 必须要确定好需要采用的控制手段、合适的验证手段和方法;
- 必须要确定好质量记录的收集、维护与保存方法。

◎阅读材料

质量计划的参考模板

1. 导言

2. 项目概述

2.1 功能概述
2.2 项目生命周期模型
2.3 项目阶段划分及其准则
3.实施策略
3.1 项目特征
3.2 主要工作
4.项目组织
4.1 项目组织结构
4.2 SQA组织的权利
4.3 SQA组织及职责
5.质量对象分析及选择
6.质量任务
6.1 基本任务
6.2 活动反馈方式
6.3 争议上报方式
6.4 测试计划
6.5 采购产品的验证和确认
6.6 客户提供产品的验证
7.实施计划
7.1 工作计划
7.2 高层管理定期评审安排
7.3 项目经理定期和基于事件的评审
8.资源计划
9.记录的收集、维护与保护
9.1 记录范围
9.2 记录的收集、维护和保存

7.3.2 软件项目的质量保证

1.软件质量保证的含义

软件质量保证(Software Quality Assurance,简称SQA)是指确定、达到和维护所需要的软件质量而进行的所有有计划、有组织的管理活动。软件质量保证的工作任务是:在项目进展过程中,定期对项目各个方面的表现进行评价;通过评价来推测项目最后是否能够达到相关的质量指标;通过质量评价来帮助项目相关的人建立对项目质量的信心。

2. 软件质量保证的参与人员

参加软件质量保证工作的人员，可以分成下述两类：

(1)软件工程师。他们通过采用先进的技术方法和度量，进行正式的技术复审及完成计划周密的软件测试来保证软件质量。

(2)SQA 小组。SQA 小组的职责是辅助软件工程师以获得高质量的软件产品，其从事的软件质量保证活动主要是计划、监督、记录和报告。

3. 软件质量保证的实施方法

为了确保软件产品的质量，必须建立软件质量保证机构，并制定软件质量保证措施。

质量保证机构来执行各种质量保证措施，处理由于项目规模的不断增长及随之增加的风险所带来的各种质量问题。软件质量保证的措施主要有基于非执行的测试(也称为复审)、基于执行的测试和程序正确性证明。其中复审主要用来保证在编码之前各个阶段产生的文档的质量；基于执行的测试需要在程序编写出来之后进行，它是保证软件质量的最后一道防线；程序正确性证明使用数学方法严格验证程序是否对它的说明完全一致。

4. 软件质量保证的输出结果

质量保证活动的一个重要输出是质量报告，它是对软件产品或软件过程评估的结果，并提出改进建议。例如，表 7-3 就是一个软件产品审计的报告实例。

表 7-3　产品审计报告

项目名称	××系统	项目标识	
审计人	张海生	审计对象	软件功能测试报告
审计时间	2009－3－24	审计次数	1
审计主题	从质量保证管理的角度审计测试报告		
审计项与结论			
审计要素	审计结果		
测试报告与产品标准的符合程度	与产品标准存在如下不符合项： (1)封面的标识 (2)目录 (3)第 3 章和第 5 章(内容与标准有一定出入)		

续表

审计要素	审计结果
测试执行情况	本文的第 3 章基本描述了测试执行情况，题目应为“测试执行情况”
测试情况结论	测试总结不存在
结论（包括上次审计问题的解决方案）	
由于测试报告存在上述不符合项，建议修改测试报告，并进行再次审计	
审核意见	
不符合项基本属实，审计有效！ 审核人：（签章） 审核日期：	

7.3.3 软件项目的质量控制

1. 软件项目质量控制的含义

质量控制（Quality Control，简称 QC）是软件项目质量管理的一个重要部分，其目标就是发现和消除软件产品的缺陷，确保软件项目的质量能满足各个方面提出的质量要求（如适用性、可靠性、安全性等）。对于高质量的软件来讲，最终产品应该尽可能达到零缺陷。但是，软件开发是一个以人为中心的活动，所以出现缺陷是不可避免的。

因此，要想交付一个高质量的软件，消除缺陷就变得很重要。质量控制应当贯穿于项目执行全过程中的各个环节，哪一环节工作没有做好都可能会使软件质量受到损害。

2. 常见软件项目的质量问题

软件项目质量问题表现的形式多种多样，究其原因，可以归纳为如下几种：

（1）违背软件项目开发与管理的规律。如未经可行性论证，不做调查分析就启动项目；任意修改软件项目的设计；不按技术要求实施，不经过必要的测试、检验和验收就交付使用等“蛮干”现象，都会致使不少软件项目留有严重的隐患。

（2）技术方案本身的缺陷。系统整体方案本身有缺陷（例如，开始的用户需求双方根本没有达成一致的意见)，造成实施中的修修补补，不能有效地保证软件开发目标的实现。

(3)基本部件不合格。选购的软件组件、中间件、硬件设备等不稳定、不合格，或者外包出去的模块功能出现重大接口错误，造成整个系统不能正常运行。

(4)实施中的管理问题。许多项目质量问题，还往往有可能是人员技术水平、敬业精神、工作责任心、管理疏忽等原因造成的。

◎阅读材料

软件质量问题引起的一些灾难事故

许多软件项目都应用在生死攸关的场合。例如，1981年，由计算机程序改变而导致的1/67秒的时间偏差，使航天飞机上的5台计算机不能同步运行，这个错误导致了航天飞机的发射失败；1986年，1台Therac25机器泄漏致命剂量的辐射，致使两名医院的病人死亡，造成惨剧的原因是一个软件出现了问题，导致这台机器忽略了数据校验。这些惨痛的教训说明，在软件开发项目中必须认真抓好软件质量的管理。

3.软件项目质量控制的流程

按照项目实施的进度，可以将软件质量控制的流程划分为如下3个阶段：

(1)事前质量控制：指项目在正式实施前进行的质量控制，其具体工作内容包括：

- 审查开发组织的技术资源，选择合适的项目承包组织。
- 对所需资源的质量进行测试。没有经过适当测试的资源不得在项目中使用。
- 审查技术方案，保证项目质量具有可靠的技术措施。
- 协助开发组织完善质量保证体系和质量管理制度。

(2)事中质量控制：指在项目实施过程中进行的质量控制，其具体工作内容包括：

- 协助开发组织完善实施控制。把影响产品质量的因素都纳入管理状态。建立质量管理点，及时检查和审核开发组织提交的质量统计分析资料和质量控制图表。
- 严格交接检查。关键阶段和里程碑应有合适的验收。
- 对完成的阶段性任务，应按相应的质量评定标准和方法进行检查、验收，并按合同或需求规格说明书行使质量监督权。

·组织定期或不定期的评审会议，及时分析、通报项目质量状况，并协调有关组织间的业务活动等。

(3)事后质量控制：指在完成项目过程形成产品后的质量控制，具体工作内容包括：

·按规定的评价标准和办法，组织单元测试和功能测试，并进行检查验收。

·组织系统测试和集成测试。

·审核开发组织的质量检验报告及有关技术性文件。

·整理有关的项目质量的技术文件，并编号、建档。

4. 软件项目质量控制的活动

软件项目质量控制的主要活动是技术评审、代码走查、代码会审、软件测试(单元测试、集成测试、系统测试、验收测试)和缺陷追踪等。

(1)技术评审。技术评审的目的是尽早发现工作成果中的缺陷，并帮助开发人员及时消除缺陷，从而有效地提高产品的质量。技术评审的主体一般是产品开发中的一些设计产品，这些产品往往涉及多个小组和不同层次的技术。主要评审的对象有：软件需求规格说明书、软件设计方案、测试计划、用户手册、维护手册、系统开发规程、产品发布说明等。技术评审应该采取一定的流程，这在企业质量体系或者项目计划中都有相应的规定。

◎阅读材料

一个技术评审的建议流程

①召开评审会议：一般应有 3～5 个相关领域的人员参加，会前做好准备，时间一般不超过 2 小时。

②在评审会上，由开发小组对提交的评审对象进行讲解。

③评审组可以对开发小组进行提问，提出建议和要求，也可以与开发小组展开讨论。

④会议结束时必须给出决策结论，可以从以下选择：

·接受该产品，不需要做修改；

·由于错误严重，拒绝接受；

·暂时接受该产品，但需要对某一部分进行修改，开发小组还要将修改后的结果反馈至评审组。

⑤评审报告与记录：对所提供的问题都要进行记录，在评审会结束前产生一个评审问题表，另外必须完成评审报告。

另外，同行评审作为一种特殊类型的技术评审（由与工作产品开发人员具有同等背景和能力的人员对产品进行评审），是提高生产率和产品质量的重要手段，它能够在早期有效地消除软件工作产品中的缺陷，并更好地理解软件工作产品和其中可预防的缺陷。

（2）代码走查。这是一种比较“笨”的质量控制方法，但是有时也非常有效。它可以检查到其他方法无法监测到的错误（例如很多逻辑错误是无法通过测试手段发现的）。

（3）代码会审。代码会审是由一组人通过阅读、讨论和争议对程序进行静态分析的过程。会审小组由组长、2～3 名程序设计和测试人员及程序员组成。会审小组在充分阅读待审程序文本、控制流程图及有关要求和规范等文件的基础上，召开代码会审会，程序员逐句讲解程序的逻辑，并展开讨论甚至争议，以揭示错误的关键所在。实践表明，程序员在讲解过程中能发现许多自己原来没有发现的错误，而讨论和争议则进一步促使了问题的暴露。例如，对某个局部性小问题修改方法的讨论，可能发现与之有牵连的，甚至能涉及模块的功能、模块间接口和系统结构的大问题，导致对需求的重定义、重新设计验证。

（4）软件测试。包括几个不同层次的测试操作，例如，单元测试可以测试单个模块是否按其详细设计说明运行，它测试的是程序逻辑，一旦模块完成就可以进行单元测试；集成测试是测试系统各个部分的接口及在实际环境中运行的正确性，保证系统功能之间接口与总体设计的一致性，而且满足异常条件下所要求的性能级别；系统测试是检验系统作为一个整体是否按其需求规格说明正确运行，验证系统整体的运行情况，在所有模块都测试完毕或者集成测试完成之后，可以进行系统测试；验收测试是在客户的参与下检验系统是否满足客户的所有需求，尤其是在功能和使用的方便性上。

（5）缺陷追踪。从缺陷发现开始，一直到缺陷改正为止的全过程为缺陷追踪。缺陷追踪要一个一个地进行，也要在统计的水平上进行，包括未改正的缺陷总数、已经改正的缺陷百分比、改正一个缺陷的平均时间等。缺陷追踪是可以最终消灭缺陷的一种非常有效的控制手段。可以采用工具跟踪测试的结果，如表 7-4 就是一个缺陷追踪达到记录表。

表 7-4 测试错误追踪记录表

序号	时间	事件描述	错误类型	状态	处理结果	测试人	开发人
1							
2							
3							

5.软件项目质量控制的工具

软件项目质量控制中需要采用多种工具,除了上面已经介绍的各种检验、测试和缺陷追踪活动中需要使用的专门工具和表格之外,还有以下一些工具被经常使用:

(1)控制表。控制表是根据时间推移对程序运行结果的一种图表展示。常用于判断程序是否"在控制中"进行(例如,程序运行结果中的差异是否因随机变量所产生?是否必须对突发事件的原因查清并纠正?)当一个程序在控制之中时,不应对它进行调整。这个程序可能为了得到改进而有所变动,但只要它在控制范围之中,就不需要人为地去调整它。

控制表可以用来监控各种类型的变量的输出。尽管控制表常用于跟踪重复性的活动,诸如生产事务,它还可以用于监控成本和进度的变动,容量和范围变化的频率,项目文件中的错误,或者其他管理结果,以便判断"项目管理程序"是否在控制之中。

下面的图 7-6 所示,为某一项目的进度执行控制表。

图 7-6 进度执行控制表

(2)排列图。排列图也称帕累托图、柏拉图,是为寻找主要问题或影响质量的主要原因所使用的图。它是由两个纵坐标、一个横坐标、几个按高低顺序依次排列的长方形和一条累计百分比折线所组成,如图 7-7 所示,左边纵坐标表示频数,右边纵坐标表示频率,分析线表示累积频率,横坐标表示影响质量的各项因素，按影响程度的大小(即出现频数多少)从左到右排列，通过对排列图的观察分析可以抓住影响软件项目质量的主要因素。

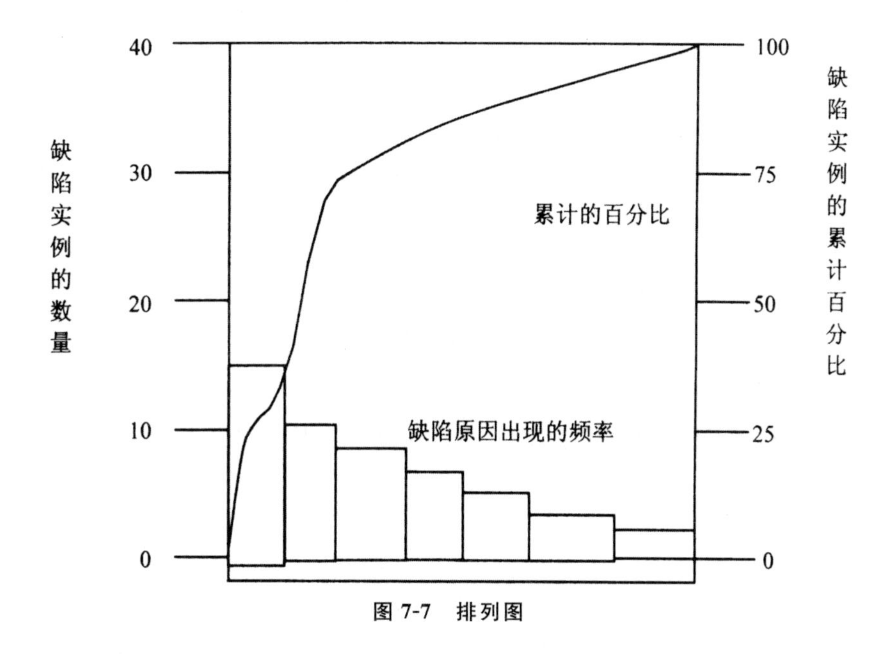

图 7-7　排列图

(3)抽样调查。抽样调查就是抽取总体中的一个部分进行检验(例如，从一份包括 75 张流程图的清单中随机抽取 10 张)。适当的抽样调查往往能降低项目的质量控制成本。

(4)流程图。流程图是由箭头线和节点表示的、用来显示系统中各要素之间相互关系的图表，经常用于项目质量控制过程中，其主要目的是确定以及分析问题产生的原因。流程图包括原因结果图、系统流程图、处理流程图等不同类型。质量控制中运用流程图，有助于分析问题是如何发生的。如图 7-8 所示，就是一个处理流程图的示例。

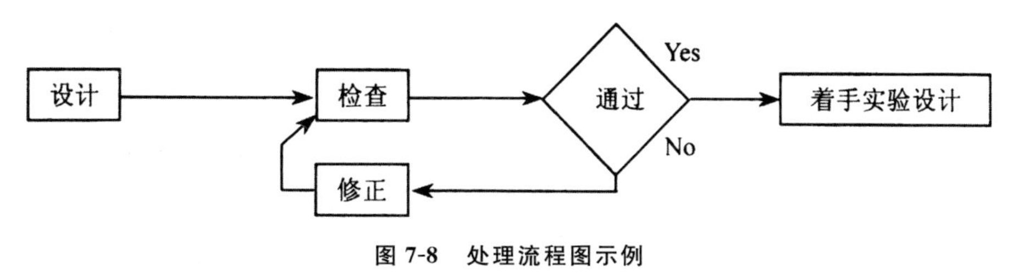

图 7-8　处理流程图示例

6. 软件项目质量控制的结果

质量控制的结果是形成质量改进措施：

· 项目质量改进的措施。

· 可接受的决定:每一个项目都有接受和拒绝的可能,不被接受的工作需要重新进行。

· 返工:不被接受的工作需要返工,以确定最小的成本和最少的返工工作量。

· 检查表。进行项目质量检查时,需要随时完成各种项目质量的检查记录表。

· 过程调整:包括对质量控制度量结果的纠正以及采取的预防工作等。

7.4 本章小结

加强软件开发中的质量管理,是确保软件产品质量及其最终使用效果的重要保障。

本章首先介绍了软件质量的概念及其影响因素,这些因素可以分成三组,分别是产品运行、产品修正和产品转移,每组包括多种不同的质量特性,这些特性之间存在正向或负向的影响关系;然后介绍了软件质量管理的过程及其实施,软件质量管理包含质量保证过程和质量控制过程两方面,二者相互作用,相互交叉;最后,详细讲解了软件项目质量管理的相关内容,包括软件项目质量计划、软件项目质量保证以及软件项目质量控制。

第8章　软件项目风险管理

8.1　软件项目风险管理概述

在软件项目开发中，存在着各种不确定性因素，而不确定性就意味着可能出现损失，也就意味着存在风险。因此，软件项目中风险管理非常必要。

8.1.1　项目风险的基本概念

1. 风险的含义

狭义的风险是指在从事任何活动时可能面临的损失。而广义的风险是指事件可能发生的各种不确定性，包括发生与否的不确定；发生时间的不确定；发生状况的不确定；发生结果的不确定等。正是因为不确定性的存在，才使得在特定情形和特定时间下，所从事活动的结果有很大的差异性，差异越大，风险也就越大，面临的损失或收益也可能很大。

2. 风险的组成要素

根据上面对风险含义的分析，可以看出，风险具有以下5个基本组成因素：

(1)风险事件：指活动或者事件的主体没有预计到会发生，或者未预料到其发生后的结果的各类事件。也就是说，必须要有一些事件或者其后果未预料到的事件发生。

(2)事件发生的概率：风险事件的发生及其后果都具有偶然性，但可根据某些方法估算，或者根据经验判断其概率。能够预料到一定发生或一定不发生的事件不具有风险性。

(3)事件的影响：风险事件发生后，其结果是不确定性的，既可能带来损失，也可能提供机会。风险的影响是相对的，它会因人、因时、因地、因事而异。

(4)风险的原因:即风险源,也就是指引起风险的各种内、外部因素,以及主、客观因素。各种风险都是潜在的,只有在具备了一定的条件时才可能发生。

(5)风险的可变性:风险的性质、可能产生的后果、发生的概率、影响范围等,都可能随风险事件发生的时间、环境的变化以及人们对风险的认识而不断发生变化。

3.项目风险的类型

项目风险可以从不同的角度、按不同的标准进行分类,表 8-1 所示为几种主要分类。

表 8-1　项目风险的类型划分

分类角度	分类结果	内容解释
风险的内容	技术风险	如果项目采用了复杂的或者高新的技术,或者采取了非常规的方法,就存在一些潜在的技术风险问题。另外,如果技术目标制定过高、技术标准发生变化等也可能造成技术风险发生
	管理风险	在 IT 项目中,进度计划制定和资源配置不合理,计划草率且质量控制差,项目管理的原则使用不当等,都可能带来管理风险
	组织风险	组织内部对目标未达成一致,高层对项目不重视,资金不足,项目组织的人员结构不合理,或者与其他项目有资源冲突等,都是潜在的组织风险
	外部风险	法律法规的变化,与项目相关各方的情况发生变化,这些事件和外部环境变化往往是不可控制的。但注意,一般将不可控制的"不可抗力"不作为风险,这些事件往往作为灾难防御
风险的确定性	已预知风险	能够预先知道的各种风险(例如,已经早有苗头的某员工离职)
	非预知风险	无法预先知道的各种风险(例如,国家行业政策的突然变化)
	可预报风险	根据以往经验,或者类比相似项目,能够得出可能存在的风险

续表

分类角度	分类结果	内容解释
风险重要程度	主要风险	从经验角度看，IT 软件项目的外部环境，如采购方、分包商、客户等方面情况的变化是项目产生重大风险的主要方面
	次要风险	项目的一些前提条件，如尚未发行的软件、尚未下线的设备、目前仍被占用的资源等，如果不能满足也会成为项目的风险

4. 项目风险的成本

风险发生时，可能会给项目带来损失。为防止风险的发生，或者减少风险发生时造成的损失，必须采取一些预防措施，还需要支付为此而产生的各种费用，这就是风险成本。

风险成本包括有形的成本、无形的成本，以及为预防和控制风险而付出的额外经费。

(1)风险的有形成本：包括风险发生时造成的直接损失和间接损失。前者是指人员、经费、设备等的直接流失；后者是指除了直接损失以外的人、财、物、知识等的损失。

(2)风险的无形成本：是指由于风险所具有的不确定性，而使项目在风险发生前和发生后所付出的代价，主要体现在 3 个方面：第一，风险的发生减少了项目成功的机会；第二，风险阻碍了生产率的提高和新技术的应用；第三，风险会造成资源分配的不当，使人们将更多的资源投入到风险较小的行业或者项目中。

(3)各种额外经费支出：为了预防和控制风险的发生与损失，必须在项目的各个阶段采取必要的措施。例如，在项目的前期阶段，需要增加人力资源和经费的投入，向保险公司投保，向有关部门或者专家咨询，合理地分配资源，配备合适的和必要的人员，购置用于预防和控制风险的设备，加强人员的培训等，这些活动都需要一定数量的经费支持。

8.1.2　软件项目风险及其类型

软件开发也是一项随时可能产生风险的活动。不管软件开发过程如何进行，都有可能出现超出预算、时间延迟或者需求变更等问题。软件项目开发的方式也很少能保证让开发工作一定成功，为此也需要进行项目风险分析。总体来讲，软件项目一般有如下风险：

1. 产品规模风险

软件项目的风险是直接与产品的规模成正比的。与软件规模相关的常见风险因素有：

- 估算产品的规模的方法(代码行、功能点、程序或文件的数目)；
- 产品规模估算的可信度；
- 产品规模与以前产品规模平均值的偏差；
- 产品的用户数；
- 复用的软件(组件)数；
- 产品的需求改变数。

2. 用户需求风险

很多项目在确定用户需求时都面临着不确定性。因此，如果不控制与用户需求相关的风险因素，就很有可能产生错误的或者不完善的产品。与用户需求相关的风险因素包括：

- 对产品缺少清晰的认识；
- 对产品需求缺少认同；
- 在需求调研和分析过程中客户参与不充分；
- 需求没有区分优先级；
- 由于不确定的需要导致新的市场；
- 不断变化需求；
- 缺少有效的需求变化管理过程；
- 对需求的变化缺少相关分析。

3. 外部环境风险

如果不能很好地控制项目与外部环境之间的相关性，不能充分获取项目需要的资源和支持条件，也会为项目的成功带来困难。与外部环境相关的风险因素主要有：

- 客户、供应商及其有关信息；
- 内部或者外部转包商之间的关系；
- 协作成员或者团体之间的依赖性；
- 经验丰富人员的可获得性；
- 项目的复用性情况。

4. 管理风险

管理问题也制约着很多项目的成功，如果不正视这些问题，就很可能在项目的某个阶段影响项目的进展。对此，只要明确项目过程、角色和责任，就能处理好如下风险因素：

· 计划和任务定义不够充分；
· 实际项目状态不明晰；
· 分不清项目所有者和决策者，或者责任不明；
· 不切实际的承诺；
· 员工之间的冲突等。

5. 技术风险

软件技术的飞速发展、经验丰富员工的缺乏，意味着项目组可能会因为技术熟练程度和技巧的原因而影响项目的成功。在项目早期，识别风险从而采取合适的预防措施是解决风险领域问题的关键，如培训、聘请顾问以及为项目组招聘合适的人才等。

基于技术原因的风险因素主要有：

· 项目组的员工缺乏培训；
· 项目组对软件方法、工具和技术理解不充分；
· 项目组应用领域的经验不足；
· 项目过程中引入新的技术和开发方法；
· 项目组的工作方法不正确或者不合适。

8.1.3　软件项目风险管理的含义

软件项目风险管理，是在识别、分析、评价项目中各种风险的基础上，采用各种管理方法、技术手段对各种风险因素有效控制的过程。它在项目管理中有非常重要的地位。

(1)有效的风险管理可以提高项目的成功率。在项目早期就应该进行必要的风险分析，并通过规避风险降低失败概率，避免因为返工而造成项目成本的上升。另外，提前对风险制定对策，就可以在风险发生时迅速做出反应，避免忙中出错造成更大的损失。

(2)风险管理可以增加团队的健壮性。与团队成员一起做风险分析，可以让大家对困难有充分的估计，对各种意外有心理准备，不至于受挫后士气低落。项目经理对风险心中有数，就可以在发生意外时从容应对，大大提高项目小组成员的信心，从而稳定队伍。

(3)有效的风险管理可以帮助项目经理抓住工作重点，将主要精力集中于重大风险上，将工作方式从被动“救火”转变为主动防范。

8.1.4 软件项目风险管理的内容

项目风险管理通常可以划分成风险分析和风险管理两个阶段。前者包括风险识别、风险估计、风险评价3个部分；而后者则包括风险规划、风险控制、风险监督3个部分。

(1)风险识别。其目的是减少项目中的不确定性，弄清楚项目的风险因素组成、各种可变因素的性质及其相互间关系、项目外部环境等可能形成项目风险的因素和作用范围。

(2)风险估计。对风险的种类、性质、发生概率、影响范围、发生后的后果等进行估计，尽可能量化风险；确定出风险事件发生时可能出现的各种后果以及彼此之间的关系。

(3)风险评价。对各种风险事件按严重程度进行排序，确定该风险的经济意义及处理的费用/效益分析，其目的是找出各种风险的危害程度，然后确定采取的应对措施。

(4)风险规划。针对可能出现的风险事件，制定各种风险应对计划和应对策略，并制定或者选择一个风险规避的方案。风险规划一般应当写入项目计划的风险管理部分中。

(5)风险控制。即主动采取措施避免风险、消灭风险、中和风险，或者采用紧急方案降低风险。在风险控制过程中，有时还需要修改项目计划，调整项目经费与项目进度。

(6)风险监督。在实施风险控制后，检查和检验决策的结果是否与预期的相同，并寻找细化和改进风险管理计划的机会。风险监督包含了对风险发生的监督和对风险管理的监督，即对已识别的风险源进行监控，在项目实施中监督执行风险管理的组织和技术措施。

8.1.5 软件项目的风险管理组织

在软件项目管理中，成立专门的风险管理组织对保证项目的成功实施，是很必要的。

1. 项目风险管理组织的含义与职责

从广义上讲，软件项目风险管理组织包括有关项目风险管理的组织结构、组织活动，以及相关规章制度。而从狭义上讲，它仅指实现项目管理目标的组织结构。

风险管理组织的主要职责是在制定与评估项目规划时，从风险管理的角度对项目规划或者项目计划进行审核并发表意见，不断寻找可能出现的任何意外情况，试着指出各个风险的管理策略及常用的管理方法，以便随时处理可能出现的风险。建立风险管理组织有助于明确风险管理的重要性，同时加强各团队的风险意识，以便更好地进行合作。

2. 项目风险管理组织的规模与人员组成

项目的风险状况和风险管理工作量的大小决定了风险管理组织的规模及人员组成。一般来讲，其规模不宜太大，通常的IT软件公司，一般只要3～5人组成就足够了。

在小型风险管理组织机构中，专职管理人员一般包括风险管理经理、风险管理专家、助手等。随着项目规模的扩大、人员的增多，风险管理组织也随着增大，在较大的风险管理组织机构中，其人员构成的基本特征为管理层与专家层相结合，一般包括风险管理经理、风险处理经理、风险控制专家、助手等。

3. 项目风险管理组织的表现形态

风险管理组织在表现形态上可分为直线型、职能型和“直线＋职能”型等形式。

小型项目的团队成员一般较少，风险管理组织应该采取直线型。

大型项目的人、财、物以及开发环境都更为复杂，所面临的风险也比小型项目复杂得多。一般采用职能型风险管理组织，其优点是有利于管理科学化、业务标准化；责权分工明确，专业指挥具体。但其对下级会形成多头领导，政令不一，容易造成管理混乱。

“直线＋职能”型风险管理组织，对下属没有命令和指挥权，只是业务的指导权，是项目的参谋和咨询机构，但能起到“智囊团”的作用。目前这种组织机构模式被广泛采用。

8.2　软件项目的风险识别

进行项目风险管理，首先必须识别项目风险，也就是要查明项目中的不确定因素及其可能带来的后果。只有识别出对项目构成威胁的因素，才能制定规避或降低风险的策略。

8.2.1 风险识别的意义

风险识别是风险管理的起点，其任务是认真分析与项目利益相关的各个方面，采用合理有效的风险识别方法，查明项目中的不确定因素，辨认项目面临的风险及其来源，确定各种风险的性质，分析可能发生的损失以及可能带来的机会等。

风险识别的意义在于：如果不能准确地辨明所面临的各种风险，就会失去切实地处理这些风险的机会，从而使得风险管理的职能得不到正常的发挥，自然也就不能有效地对风险进行控制和处理。反之，风险若能够得到正确的识别，则为后续工作提供了工作方向。

8.2.2 风险识别的方法

风险识别可以采用不同的方法进行，表 8-2 中列出了一些常用的方法。

表 8-2 风险识别的常用方法

名称	含义
头脑风暴法	项目组成员、外聘专家、客户等各方人员组成一个小组，根据经验列出所有可能的风险
专家访谈法	对该领域专家或者有经验的人员进行访谈，了解项目中可能会遇到哪些困难
历史资料法	通过查阅类似项目的历史资料，了解可能出现的问题
检查表法	将可能出现的问题列出清单，然后可以对照清单条目检查潜在的风险
评估表法	根据历史经验进行总结，通过调查问卷方式，收集和判别项目的整体风险和风险的类型
分解分析法	将大系统分解成小系统，将复杂的事物分解成简单的、易于认识的事物，从而识别风险

下面重点将表 8-2 中的检查表法和分解分析法进行详细的介绍。

1. 检查表法

检查表是管理中用来记录和整理数据的常用工具。用检查表进行风险识别时，将项目可能发生的许多潜在风险列于一个表上，供识别人员进行检查核对，用来判别某项目是否存在表中所列或类似的风险，如表 8-3 所示。检查表中所列都是历史上类似项目曾发生过的风险，是项目风险管理经验的结晶，对项目管理人员具有开阔思路、启发联想、抛砖引玉的作用。一个成熟的项目公司或项目组织，都要掌握丰富的风险识别检查表工具。

表 8-3　项目演变过程中可能出现的风险因素检查表

生命周期	可能的风险因素
全过程	·对一个或更多阶段的投入时间不够 ·没有记录下重要信息 ·尚未结束一个或更多前期阶段就进入下一阶段
概念	·没有书面记录下所有的背景信息与计划 ·没有进行正式的成本——收益分析 ·没有进行正式的可行性研究 ·不知道是哪一部门首先提出了项目创意
计划	·准备计划的人过去没有承担过类似项目 ·没有写下项目计划 ·遗漏了项目计划的某些部分 ·项目计划的部分或全部没有得到所有关键成员的批准 ·指定完成项目的人不是准备计划的人 ·未参与制定项目计划的人没有审查项目计划，也未提出任何疑问
执行	·主要客户的需求发生了变化 ·搜集到的有关进度情况和资源消耗的信息不够完整或不够准确 ·项目进展报告不一致 ·一个或更多重要的项目支持者有了新的分配任务 ·在实施期间替换了项目团队成员 ·市场特征或需求发生了变化 ·做了非正式变更，并且没有对它们带给整个项目的影响进行一致分析
结束	·一个或更多项目驱动者没有正式批准项目成果 ·在尚未完成项目所有工作的情况下，项目成员就被分配到了新的项目组织中

2.分解分析法

分解分析法就是采用“分而制之”的思想，将一个大的系统层层分解，直到变为简单的、易于认识的事物，从而识别风险并确定潜在损失的方法。例如，对于某一个软件产品，其风险可分解为市场风险、技术风险、人力资源风险、外部环境风险、资金风险等。对于其中的每一类风险，又可以进一步分解。如市场风险又可以分解成以下几个方面：

·产品质量和价格的竞争力；

·其他软件供应商同类产品的数量，或更新产品出现的时间及数量；

·市场对该软件产品的需求；

·销售地区及其产品偏好等。

对于以上各个方面现状与发展动态的分析，有助于提高对市场风险的识别能力。

按照同样的方法，上述其他类型的风险也可根据实际情况，进行相应的分解分析。

分解分析法也可以用于对风险事件成因的分析。这时多采用绘制故障树的方式进行，这能使各种风险成因清晰地显示。下面的图 8-1 就是一个产品交付系统的故障树示意图，该图通过逐层地对故障因素进行分解，能够对风险成因进行确定和分析，并便于量化处理。

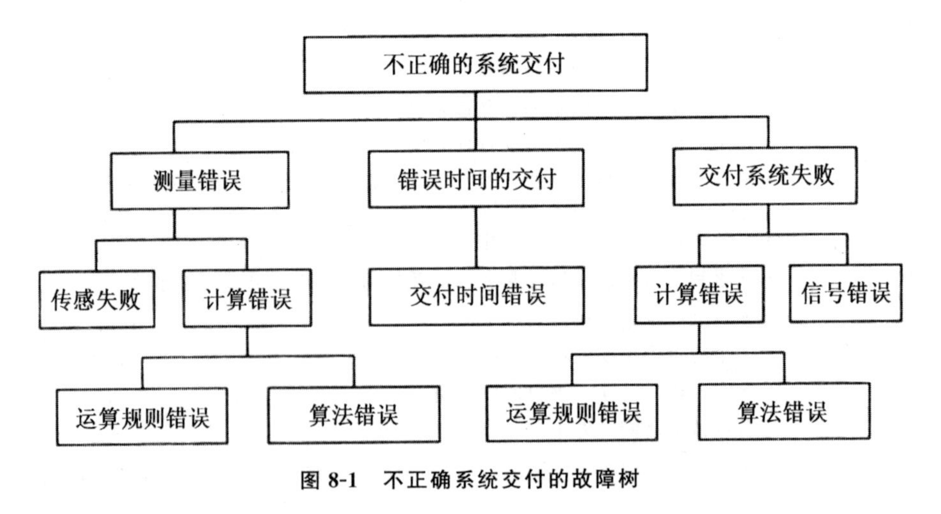

图 8-1 不正确系统交付的故障树

8.2.3 风险识别的过程

识别风险是分析项目可能产生哪些令人不满意结果的过程。该过程包括如下步骤：

第一步，收集资料。资料和数据能否到手、是否完整，必然会影响项目风险损失的大小。以软件开发项目为例，能帮助识别项目风险的资料包括软件项目的用户需求说明书；项目的开发背景、假设条件与制约因素；项目组情况；与本项目相关的类似案例等。

第二步，形势分析。风险形势分析是要明确项目的目标、战略、战术、实现项目目标的手段和资源，以及项目的前提和假设，以正确确定项目及其环境的变数。

第三步，确定风险。综合汇审上面收集的各种资料，根据其各种直接或间接的症状，将潜在的风险确定出来。风险的确定可以从原因查结果，也可以从结果反过来找原因。

8.2.4 风险识别的注意事项

在识别风险过程中，除了要正确应用各种方法之外，还应该注意以下一些事项：

1. 参与现场观察

风险管理者必须亲临现场，直接观察现场的各种设施的使用和运行情况，以及环境条件情况。通过对现场的考察，风险管理者可以更多地发现和了解项目面临的各种风险，有利于更好地运用上述方法对风险进行识别。

2. 与项目其他团队密切配合

风险管理者应该与本项目的其他团队保持密切联系，及时交换意见，详细了解各个团队的活动情况。除了从其他团队听取口头报告和阅读书面报告外，还应与项目的负责人、专家和小组成员广泛接触，以便及时发现在这些团队的各种活动中可能存在的潜在损失。

3. 做好资料保管工作

风险管理者应注意将从各方面收集到的资料进行分类，妥善保存，这有助于项目风险管理的决策和分析。

8.2.5 风险识别的输出结果

风险识别工作完成之后，要把相应的工作结果及时整理，形成如下的书面文件。

1. 风险来源表

该表要尽可能全面地罗列所有可能的风险(不管其发生的频率和可能性、收益、损失有多大),并以文字形式说明其来源、可能后果、预计的可能发生时间以及发生次数。

2. 风险分组表

将识别出的风险进行分组,分组的结果应便于进行风险分析的其余步骤和风险管理。

3. 描述风险症状

将风险事件的外在表现(如各种前兆)描述出来,便于项目管理人员发现和控制风险。

4. 对项目管理其他方面的要求

在风险识别的过程中,可能会发现项目管理其他方面的问题需要完善和改进,应在风险识别结果中表现出来,并向有关人员提出要求,让其进一步完善或改进工作。

8.3 软件项目的风险分析

风险分析是详细检查风险的过程,目的是确定风险的范围与程度,风险彼此如何关联,以及识别哪些是最重要的风险因素。通过风险分析,可制定有效的风险应对策略。风险分析由风险度量、风险分类、风险排序等活动组成。本节介绍风险分析的相关知识。

8.3.1 项目风险的度量

项目风险度量是对于项目风险的影响和后果所进行的估量,其作用是根据这种度量去制定项目风险的应对措施及开展项目风险的控制。项目风险度量的内容包括以下几方面:

1. 项目风险可能性的度量

项目风险度量的首要任务是分析和估计项目发生可能性的大小。这是项目风险度量中最为重要的一项工作，因为一个项目风险的发生概率越高，造成损失的可能性就越大，对它的控制就应该越严格。通常把风险划分为低风险、中等风险和高风险 3 个级别。其中：

· 低风险是指可以辨识并可以监控其对项目目标影响的风险。这种风险发生的可能性相当低，其起因也无关紧要，一般只需要按正常的方式对其加以监控即可。

· 中等风险是指可以被辨识的，对系统的技术性能、费用或进度将产生较大影响的风险。这类风险发生的可能性相当高，需要对其进行严密监控。应当在各个阶段的评审中对该类风险进行评审，并应采取适当的手段或行动来降低风险。

· 高风险是指发生的可能性很高，其后果将对工程项目有极大影响的风险。这种风险只能在单纯的研究工作或项目研制的方案阶段或方案验证和初步设计阶段中才可允许存在，而对一个进入工程实施阶段的项目则是不能允许的。项目管理部门必须严密监控每一个高风险领域，并要强制性地执行降低风险的计划。

对不同级别的风险可采取不同的预防和监控措施，对属于不同风险级别的项目应采取相应的应对策略。通过对风险的级别划分，可以为项目可行性论证或决策提供直观的辅助信息，使决策者直观地了解项目风险大小。如果要实施某个项目，则应对照各类风险的具体含义，采取有力措施进行风险处置，把项目风险减小到可接受的程度内。

2. 项目风险后果的度量

项目风险度量的第二项任务是分析和估计项目风险后果，即项目风险可能带来的损失大小。这也是项目风险度量中的一项非常重要的工作，因为即使是一个项目风险的发生概率不大，但是它一旦发生则后果十分严重，因此对它的控制也需要十分严格，否则这种风险的发生会给整个项目成败造成严重的影响。对后果的评估标准如表 8-4 所示。

表 8-4 项目风险后果的评估标准

准则	成本	进度示例	技术目标
低	低于 1%	比原计划落后 1 周	对性能稍有影响
中等	低于 5%	比原计划落后 2 周	对性能有一定的影响
高	低于 10%	比原计划落后 1 个月	对性能有严重影响
关键的	10%或更多	比原计划落后 1 个月以上	无法完成任务

3. 项目风险影响范围的度量

项目风险度量的第三项任务是分析和估计项目风险影响的范围，即项目风险可能影响到项目的哪些方面和工作。这也是项目风险度量中的一项重要工作，因为即使是一个项目风险发生概率和后果严重程度都不大，但它一旦发生，就会影响到项目各个方面的工作，因此也需要对它进行严格的控制，防止因这种风险发生而搅乱项目的整个工作和活动。

4. 项目风险发生时间的度量

项目风险度量的第四项任务是分析和估计项目风险发生的时间，即项目风险可能在项目的哪个阶段和什么时间发生。这也同样重要，因为对于项目风险的控制和应对措施都是根据项目风险发生时间安排的，越是先发生的项目风险就应该越优先控制，而对后发生的项目风险可以通过监视和观察它们的各种征兆，做进一步的识别和度量。

在项目风险度量中，人们需要克服各种认识上的偏见，这包括：项目风险估计上的主观臆断（根据主观意志需要夸大或缩小风险，当人们渴望成功时就不愿看到项目的不利方面和项目风险）；对于项目风险估计的思想僵化（对原来的项目风险估计，人们不能或不愿意根据新获得的信息进行更新和修正，最初形成的风险度量会成为一种定式在脑子里驻留而不肯褪去）；缺少概率分析的能力和概念（因为概率分析本身就比较麻烦和复杂）等。

8.3.2 风险的估计方法

风险分析的估计方法很多，一般可以划分为定性风险估计和定量风险估计等方法。但无论是应用哪一种方法和工具，都各有长短，而且不可避免地会受到分析者的主观影响。

1. 定性风险估计

定性风险估计主要是针对风险概率及后果绩效定性的评估。例如，采用历史资料法、概率分布法、风险后果估计法等。其中，历史资料法就是通过同类历史项目的风险发生情况，进行本项目的估算；概率分布法主要是按照理论或主观调整后的概率进行评估的一种方法，例如，正态分布是一种常用的概率分布。每个风险概率值可以由项目组成员个别估算，然后将这些值平均，得到一个有代表性的概率值。

一般来说，项目风险概率及其分布应该根据历史信息资料来确定。当项目管理者没有足够历史信息和资料来确定项目风险概率及其分布时，也可以利用理论概率分布确定项目风险概率。由于项目的一次性和独特性，不同项目的风险彼此相差很远，所以在许多情况下，人们只能根据很少的历史数据样本对项目风险概率进行估计，甚至有时完全是主观判断。因此，项目管理者在很多情况下要使用自己的经验，要主观判断项目风险概率及其概率分布，这样得到的项目风险概率被称为主观判断概率。虽然主观判断概率是凭人们的经验和主观判断估算或预测出来的，但它也不是纯粹主观随意性的东西，因为项目管理者的主观判断是依照过去的经验做出的，所以它仍然具有一定的客观性。

风险概率值介于完全没有可能(0)和完全确定(1)之间。风险概率度量也可以采用高、中、低，或者极高、高、中、低、极低，以及不可能、不一定、可能和极可能等不同的方式和级别来表达。风险后果是风险影响项目目标的严重程度，可以从无影响到无穷大影响，风险后果的影响度可以用高、中、低或者极高、高、中、低、极低，以及灾难、严重、轻度、轻微等方式表达。例如，表 8-5 中将风险发生的概率分为了 5 个等级。

表 8-5 风险发生概率的定性等级

等级	等级说明
A	极高
B	高
C	中
D	低
E	极低

同时可以将风险后果的影响分为若干等级，如表 8-6 所示，将其划分为了 4 个等级。

表 8-6 风险后果影响的定性等级

等级	等级说明
Ⅰ	灾难性的
Ⅱ	严重
Ⅲ	轻度
Ⅳ	轻微

将上述风险后果的影响和发生概率等级编制成矩阵，并分别给以定性的加权指数，可形成风险评价指数矩阵，如表 8-7 所示，就是一种定性风险评估指数矩阵的实例。

表 8-7　风险发生概率的定性等级

概率等级 \ 影响等级	Ⅰ（灾难性的）	Ⅱ（严重）	Ⅲ（轻度）	Ⅳ（轻微）
A（极高）	1	3	7	13
B（高）	2	5	9	16
C（中）	4	6	11	18
D（低）	8	10	14	19
E（极低）	12	15	17	20

矩阵中的加权指数称为风险评估指数，指数 1～20 是根据风险事件可能性和严重性水平综合确定的。通常，将最高风险指数定为 1，对应于风险事件是频繁发生的，并且有灾难性的后果；最低风险指数定为 20，对应于风险事件几乎不可能发生，并且后果是轻微的。

项目管理者可以根据项目的具体情况确定风险接受准则，例如，可以对风险矩阵中的指数给出 4 种不同类别的决策结果：指数 1～5 是不可能接受的风险；指数 6～9 是不希望有的风险，需要由项目管理者决策；指数 10～17是有控制地接受的风险，需要项目管理者评审后方可接受；指数 18～20是不经评审即可接受的风险。由于风险评估指数通常是主观制定的，而且定性的指标有时没有实际意义，因此，这是定性评估的一大缺点，因为无论是对风险后果的严重性或是风险发生的概率做出严格的定性量度都是很困难的。

2. 定量风险估计

在定性风险分析后，为了进一步了解风险发生的可能性到底有多大，后果到底有多严重，就需要对风险进行定量的评估分析。定量风险分析过程的目标是量化分析每一个风险的概率及其对项目目标造成的后果。定量的风险评估可以包括以下方法：

（1）风险的参照水准分析。就是通过定义风险的参照水准来进行平衡分析。对绝大多数软件项目来讲，风险因素——成本、性能、支持和进度就是典型的风险参照系。也就是说，对成本超支、性能下降、支持困难、进度延迟都有一个导致项目终止的水平值。如果风险的组合所产生的问题超出了一个或多个参照水平值时，就应该终止该项目的工作。在项目分析中，风险水平参考值是由一系列的点构成的，每一个单独的点称为临界点。如果某一风险落在临界点上，则可以利用性能分析、成本分析、质量分析等来判断该项目是否继续工作，如图8-2所示，表示了这种情况，当风险到达其中临界点时，就应该终止项目。

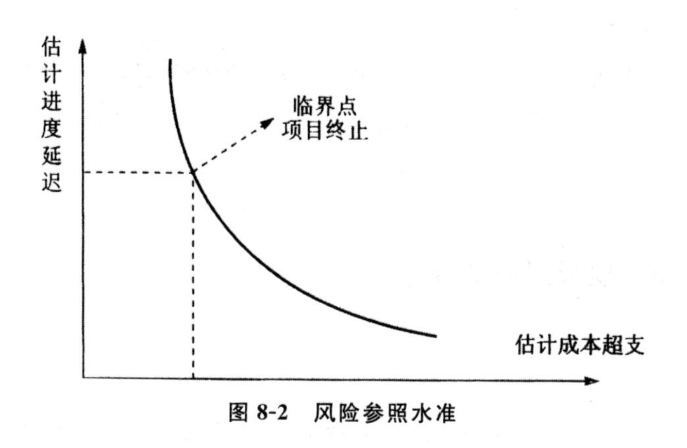

图8-2　风险参照水准

(2)敏感性分析。敏感性分析在把所有其他不确定因素保持在基准值的条件下，考察项目的每项要素的不确定性对目标产生多大程度的影响。敏感性分析的目的是考察与项目有关的一个或多个主要因素发生变化时，对该项目投资价值指标的影响程度。

(3)概率分析。它是运用概率论及数理统计方法来预测各种不确定因素对项目投资价值指标影响的一种定量分析。通过概率分析可以对项目的风险情况做出比较准确的判断，其主要方法包括参数解析法和随机模拟法(蒙特卡罗法)等。具体内容此处不再展开。

(4)决策树分析。决策树分析是一种形象化的图表分析方法，它提供项目所有可供选择的行动方案，以及行动方案之间的关系、行动方案的后果和发生的概率，为项目管理者提供选择最佳方案的依据。决策树分析采用损益期望值作为决策树中各方案比较的计算值。如图8-3所示，就是一个典型的针对实施某软件计划风险分析的决策树图。

从图8-3可以看出，实施计划后有70％的成功概率，30％的失败概率。而成功后有30％的概率是项目有高性能，回报为550000；同时有70％的概率是亏本的，回报为－100000。项目成功的损益期望值为(550000×30％－100000×70％)×70％＝66500；项目失败(30％的概率)的损益期望值为＝60000，则实施后的损益期望值为66500－60000＝6500，而不实施此项目计划的损益期望值为 0。通过比较，可以做出决策——应该实施该计划。

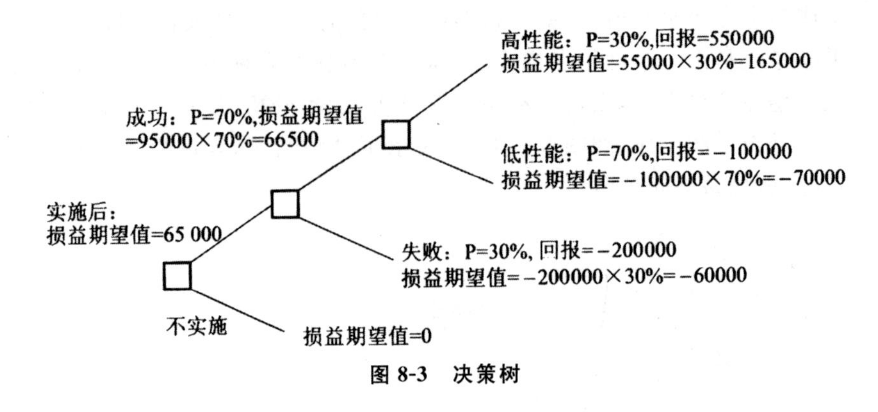

图 8-3　决策树

8.3.3　项目风险的评估

1. 风险分类

根据已识别出的项目风险，使用既定的项目风险分类标志，即可对识别出的项目风险进行分类，以便全面认识项目风险的各种属性。例如，既可以按照风险发生概率的高低进行分类，也可以根据项目风险的引发原因进行分类，还可以根据项目风险后果的严重程度进行分类等。项目风险分类并不是一次完成的，它是通过反复不断地分析完善才完成的。

2. 风险排序

在完成上述分析后，还要综合各方面的分析结论，确定出项目风险控制的优先序列。

通过量化风险分析，可以得到量化的、明确的、需要关注的风险管理清单，如表 8-8 所示，这种清单上列出了风险名称、类别、概率、产生的影响以及风险的排序。在风险清单中，排序靠前的 10 个风险（简称 TOP10），可以选择作为风险评估的重要对象。

表 8-8　风险分析结果表

风险	类别	概率	影响	排序
用户变更需求	产品规模	80%	5	1
规模估算可能非常低	产品规模	60%	5	2
技术人员的流动	人员数目及其经验	60%	4	3

续表

风险	类别	概率	影响	排序
最终用户抵制该计划	商业影响	50%	4	4
交付期限将被紧缩	商业影响	50%	3	5
用户数量大大超出计划	产品规模	30%	4	6
技术达不到预期的效果	技术情况	30%	2	7
缺少开发工具的培训	开发环境	20%	1	8
人员缺乏经验	人员数目及其经验	10%	3	9
采用了最新的技术	技术情况	10%	1	10
……				

另外，在风险管理过程中，也可以通过把风险分析结果表中的数据制作成相应的图表，来直观地显示出主要的风险因素。如图 8-4 所示，就是根据多个项目的风险分析数据，得出的一个条形图表。可以看出，需求和设计是软件产品中主要的风险来源；而管理过程是开发环境类风险的主要来源；资源和客户的问题，则是项目限制风险的主要来源。

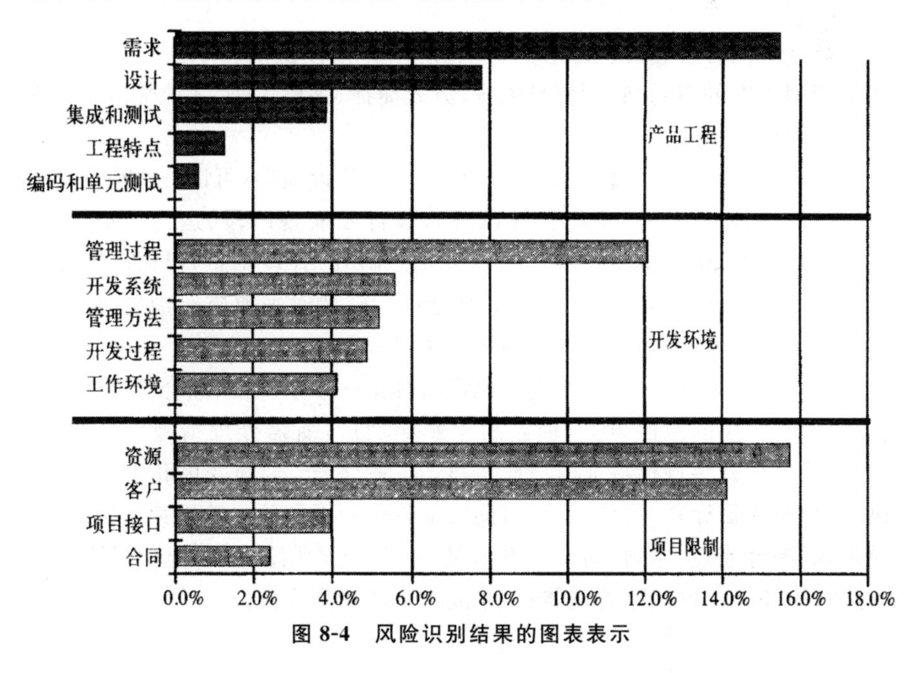

图 8-4　风险识别结果的图表表示

3.给出项目风险识别和度量报告

每进行一次项目风险识别和度量,都要在这一工作的最后给出一份项目风险识别和度量报告。该报告不但要包括项目现有风险清单,而且要有项目风险的分类、原因分析和说明,项目风险度量的表述和全部项目风险控制优先序列说明等内容。

8.4 项目风险的应对与监控

项目风险不可避免,为此必须针对不同的项目风险,采取相关的应对措施,并对其结果进行一定的监控。本节介绍项目风险的应对策略和监控方法。

8.4.1 项目风险应对的原则

(1)可行、适用、有效性原则。风险应对方案首先应针对已识别的风险源,制定具有可操作性的管理措施,适用且有效的应对措施能大大提高管理的效率和效果。

(2)经济、合理、先进性原则。风险应对方案涉及的多项工作和措施应力求管理成本的节约,管理信息流畅、方式简捷、手段先进,才能显示出高超的风险管理水平。

(3)主动、及时、全过程原则。软件项目的建设周期,可以分为前期准备阶段(可行性研究阶段、招标投标阶段)、设计及实现阶段、运营维护阶段。对于风险管理,仍应遵循"主动控制、事先控制"的管理思想,根据不断发展变化的环境条件和不断出现的新情况、新问题,及时采取应对措施,调整管理方案,并将这一原则贯彻项目周期的全过程。

(4)综合、系统、全方位原则。风险管理是一项系统性、综合性极强的工作,不仅其产生的原因复杂,而且后果影响面广,所需处理措施综合性强。例如,项目具有多目标特征(投资、进度、质量、安全、合同变更和索赔、生产成本、利税等目标)。因此,要全面彻底地降低乃至消除风险因素的影响,必须采取"综合治理"原则,动员各方力量,科学分配风险责任,建立风险利益的共同体和全方位风险管理体系,才能将工作落到实处。

8.4.2　项目风险的应对策略

面对项目中的各种风险，可以根据不同的情形，分别采用以下 4 种不同的应对策略：

(1)规避风险。通过变更项目计划，消除风险或者其触发条件，使目标免受风险事件发生的影响。这是一种事前的风险应对策略。例如，采用更加熟悉的工作方法，澄清不明确的需求，增加资源和时间，减少项目的工作范围，尽量避免与不熟悉的分包商签约等。

(2)转移风险。这种策略不消除风险，而是将项目风险的结果连同应对的权利转移给第三方。这也是一种事前的应对策略，可采用的方法很多，例如，与供应商签订不同种类的补偿性合同；与技术人员签订履约保证书、担保书和技术保密协议等；将自己不擅长的或自己开展风险较大的业务委托或外包给别人，而自己集中力量做自己的核心业务等。

(3)弱化风险。将风险事件的概率或者结果降低到一个可以接受的临界值，当然降低风险发生的概率更为有效。提前采取行动减少风险发生的概率，或者减少其对项目所造成的影响，比在风险发生后“亡羊补牢”的补救更有效。例如，采用不太复杂的工艺，选择更简单的流程，选用稳定可靠的卖方，进行更多的测试都可减轻风险；另外，建造原型系统，可以减少从系统设计模型放大到实际软件产品中所包含的风险；增加数据备份设计，可以防止数据丢失带来的损失；设置冗余组件等，可以减轻原有组件故障造成的影响。

(4)接受风险。指在无法改变项目计划，或者没有合适的策略能有效地在事前应对风险时，必须认真考虑风险发生后如何应对的问题。例如，事先制定项目风险应急计划，确定突发事件应急预案，进行应急储备和监控等，然后等待风险事件发生时再随机应变。

8.4.3　项目风险的监控方法

风险监控就是要跟踪风险，识别剩余风险和新出现的风险，修改风险管理计划，保证风险计划的实施，并评估消减风险的效果，从而保证风险管理能达到预期的目标，它是项目实施过程中的一项重要工作。常用的风险监控方法有如下几种：

(1)风险审计：专人检查风险监控机制是否得到执行，并定期进行风险审核，在项目的重要节点，重新识别风险并进行分析，对没有预计到的风险制定新的应对计划。

(2)偏差分析:与基准计划比较,分析成本和时间上的偏差。例如,未能按期完工、超出预算等都是潜在的问题。

(3)技术指标:比较原定技术指标与实际技术指标之间的差异。例如,测试未能达到性能要求,缺陷数大大超过预期等。

例如,某项目组开发人员的离职概率是75%,离职后会对项目造成一定的影响,则对于这种因人力资源流动所可能带来的风险,可以采取如下的几种监控策略:

· 与在职人员协商,确定其流动的真实原因,尽可能满足核心技术人员的合理要求;

· 在项目开始前,把缓解这些流动原因的工作列入风险应对计划;

· 项目开始时,要做好人力资源流动的思想准备,并采取一些措施(例如,要求核心技术人员做好相关工作日志),确保人员一旦离开时,项目仍能够继续进行;

· 制定文档标准,并建立一种机制,保证文档能及时产生;

· 对所有工作进行细致的详细审查,使更多人能够按计划进度完成自己的工作;

· 对每个关键性、核心性技术人员培养后备人员,不能因走了一人系统就无法进行。

8.5　本章小结

面对软件项目开发过程中的各种可能问题,必须准确识别风险,并制定其应对策略。

本章首先介绍软件项目风险的定义及其常见类型,以及软件项目风险管理的含义与内容;然后介绍了软件项目风险管理识别、分析与评估,包括软件项目风险识别的主要方法与工作过程,软件项目风险的各种不同度量方法,以及软件项目风险评估的定性分析与定量分析;最后,对软件开发项目风险的应对策略和监控方法进行了内容介绍。

第 9 章　软件项目人力资源管理

9.1　软件项目人力资源管理概述

软件项目的人力资源管理与项目的进度、成本、质量、风险等方面的管理一样，也是一个项目组织必不可少的管理职能。本节介绍软件项目人力资源管理的基本知识。

9.1.1　软件项目人力资源管理的含义

软件项目人力资源管理就是根据软件项目的目标、项目进展情况和外部环境的变化，采用科学的方法，对项目团队成员的思想、心理和行为进行有效的管理，充分发挥他们的主观能动性，实现项目的目标。具体说来，软件项目人力资源管理就是根据实施项目的要求，任命项目经理、组建项目团队，分配相应的角色，并明确团队中各成员的汇报关系，建设高效项目团队，并对项目团队进行绩效考评的过程，其目的是确保项目团队成员的能力达到最有效使用，进而能高效、高质量地实现项目目标。

项目人力资源管理的重点集中在两个方面：一方面是针对个人的，如工作委派、培训、考核、激励、指导等；另一方面是针对团队的，如团队建设、冲突处理、沟通协调等。

9.1.2　软件项目人力资源管理的流程

软件项目人力资源管理包括计划编制、人员获取、团队建设三个阶段。按照业务管理的流程，还可以具体划分为人力资源规划、解聘、招聘、筛选、定向、培训、绩效考核、职业发展、劳资关系等 9 项基本活动，如图 9-1 所示。

图 9-1 的活动流程中所反映的基本活动如果能得到妥善实施，就可以使组织配备到精干、高效的员工，这些人能够在一段时间内保持良好的效绩水平。在前 4 个基本活动中，首先制定人力资源规划，然后通过招聘增补员工、通过解聘减少员工，进行人员的筛选，这样就可以确定和选聘到有能力

的员工;一旦选聘了能胜任的员工,还需要不断帮助他们适应组织,并确保他们的技能和知识不断增长和更新,这些就需要通过定向和培训来达到;最后,需要对员工的绩效进行考评,并对问题予以改正,帮助员工在整个职业发展历程中保持较高的绩效水平,促进员工的职业发展,并保证良好的劳资关系。

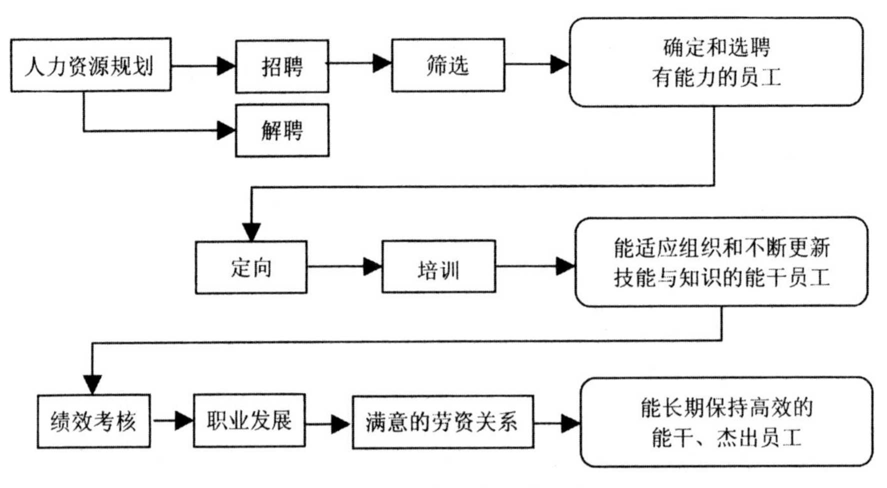

图 9-1　项目人力资源管理的活动流程

9.1.3　软件项目人力资源管理的内容

软件项目人力资源管理的主要内容包括以下几项:

(1)软件项目的组织规划。项目组织规划是项目整体人力资源的计划和安排,是按照项目目标通过分析和预测所给出的项目人力资源在数量上、质量上的明确要求、具体安排和打算。项目组织规划包括:项目组织设计、项目组织职务与岗位分析和项目组织工作的设计。其中,项目组织设计主要是根据一个项目的具体任务需要,设计出项目组织的具体组织结构;职务与岗位分析是通过分析和研究确定项目实施与管理特定职务或岗位的责任、权利和三者关系;项目组织工作的设计是指为了有效地实现项目目标而对各职务和岗位的工作内容、职能和关系等方面的设计,包括对项目角色、职责以及报告关系进行识别、分配和归档。这个过程的主要成果包括分配角色和职责,通常都以矩阵形式表示。

(2)软件项目人员的获得与配备。项目人力资源管理的第二项任务是项目人员的获得与配备。项目组织通过招聘或其他方式获得项目所需人力资源并根据所获人力资源的技能、素质、经验、知识等进行工作安排和配备,从而构建成一个项目组织或团队。由于项目的一次性和项目团队的临时性，项目组织的人员获得与配备和其他组织的人员获得与配备是不同的。在当今激烈竞争的环境下，这是一个非常重要的问题。公司必须采取有效的方法来获取和留住优秀的信息技术人员。

(3)软件项目组织成员的开发。项目人力资源管理的另一项主要任务是项目组织成员的开发，包括项目人员的培训、项目人员的绩效考评、项目人员的激励与项目人员创造性和积极性的发挥等。这一工作的目的是使项目人员的能力得到充分开发和发挥。

(4)软件项目团队建设。主要内容包括项目团队精神建设，团队效率提高，团队工作纠纷、冲突的处理和解决，以及项目团队沟通和协调等。团队协作有助于人们更有效地进行工作来实现项目目标。项目经理可以通过员工培训的方式来提高团队协作技能，为整个项目组和主要项目干系人组织团队建设活动，建立激励团队协作的奖励和认可制度。

在项目实施过程中，与其他资源的管理项目相比，人力资源的潜能能否发挥和能在多大程度上发挥，要更多地依赖于管理人员的管理水平和管理艺术。这就需要看项目经理是否能够采取切实有效的措施，实现对员工的有效激励，达到使整体远大于部分之和的效果。

9.2　软件项目人力资源的获取与平衡

进行软件项目人力资源管理的第一步，要进行人力资源的筹集，为此必须分析软件项目人力资源的特点，通过合适的渠道选取合适的人员；同时，考虑到软件开发实施不同阶段的特点，人员还要做好阶段之间的平衡分配。本节介绍上述相关知识的内容。

9.2.1　软件项目中的人力资源投入

软件项目是智力密集、劳动密集型的项目，受人力资源影响最大，项目成员的结构、责任心、能力和稳定性对软件项目的质量及是否成功有决定性影响。

人力资源在软件项目中既是成本，又是资本。人力资源成本通常都是软件项目成本中最大的一部分，这就要求必须对人力资源从成本上去衡量，尽量使人力资源的投入最小；人力资源是资本，要尽量发挥资本的价值，使人力资源的产出最大。

参与软件项目开发的人员主要可以分为：用户、开发人员（包括高级技术人员和初级技术人员）、项目管理者和高级管理者。用户是直接与软件进行交流的人，最有发言权，他们可以说明待开发软件的需求；开发人员直接负责软件的开发；项目管理者计划、激励、组织和控制软件开发人员的工作；高级管理者是协调业务和软件专业人员间的接口。软件工程各个阶段对人员有不同的要求。图 9-2 给出了各类人员参与情况的示意图。

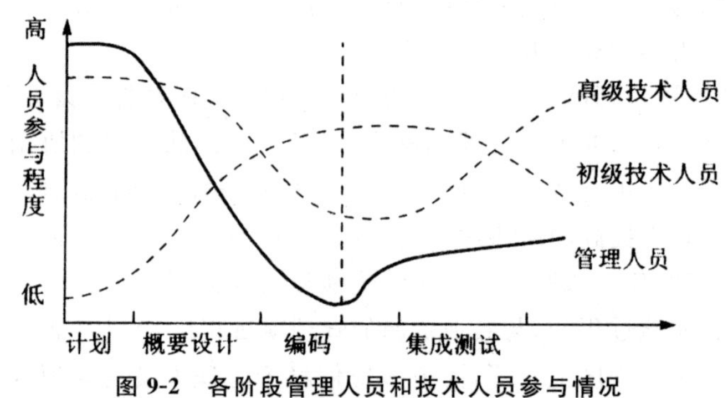

图 9-2　各阶段管理人员和技术人员参与情况

在开始阶段，所需管理人员（包括项目管理者和高级管理者）较多，因为管理人员在项目初始要做出各种决策，到了项目进入正式实施阶段，他们的数量相对减少，而到最后的验收阶段，又需要较多的管理人员的参与。高级技术人员同样如此。而初级技术人员前期工作不多，在详细设计、编码和早期测试中参与最多，单元测试时为高峰。

为了提高软件生产效率，软件项目组必须最大限度地发挥每一个人的技术和能力。

9.2.2　软件项目人力资源的筹集

项目人力资源的筹集，就是通过人力资源规划，确定项目角色、职责、汇报关系，并制定人力配置管理计划。人员配备管理计划确定了软件项目人力资源的来源渠道、获取方式，同时还要做好培训计划、激励措施、考核方法以及项目结束后的人员安置等问题。有效的人员筹集要求做大量的、仔细的规划，人力资源的规划一般包括下面几项内容：

1. 确定项目的人员需求

工作分析结构图（WBS）把整个项目分解到相对独立、内容单一、易于成本核算与检查的工作单元，而工作分析又具体说明了为成功地完成该工作员工需具备的资格，因此，依据这两方面的信息就可以制定出项目所需要人员的确切数量和具体的招聘条件。

2. 招聘方式的确定

招聘方式的制定为整个招聘活动规定了方向，其中需要重点考虑两个问题：

第一，要确定是用固定性质的“核心人员”，还是用临时性质的“应急人员”去填补人员空缺，“应急人员”虽然为公司工作，但基本上属于“临时租借”人员。目前，在软件项目中经常会遇到一些特别的技术要求，因此临时性人员的使用也可能会越来越多见。

第二，如果确定用“核心人员”，又需要合理确定其来源。按照招聘人员的来源划分，招聘可以分成内部招聘和外部招聘两种类型，前者就是从企业内部选拔（“内升制”）；后者是从企业外部招聘（“外求制”）。两种方法各有优劣，如表9-1所示。

一般来讲，招聘类型的选择主要考虑三个因素，即空缺职位性质、招聘活动资金和外部软件人才市场状况。如果自己单位内部人员比较富裕，且招聘活动资金缺乏、空缺职位的技术技能容易通过培训很快掌握，则内部来源可以作为主要来源，重点开发和培训公司内部的已有员工。但在以下情形时，却必须要采用外部招聘：需要外部人员给组织带来新的理念和创新时；没有合格的内部候选人申请；组织想要增加某些特殊技能雇员的比例。

表9-1　内部招聘与外部招聘的比较

	内部招聘	外部招聘
优点	·可以提高被提升员工的士气 ·可以激发员工的献身精神 ·对员工能力可以更准确地判断 ·定位过程更短，在某些方面可节省费用 ·更有认同感，更不容易辞职	·能够带来新知识、新经验和新思维 ·更了解外部情况，带来新的工作方法 ·一般招之即用，不需要专门培训 ·有时候比培训企业内部员工费用低 ·可以避免引起企业内部的派系纷争
缺点	·容易引起同事的不正当竞争 ·可能造成“近亲繁殖”的现象 ·可能产生抵制改革的倾向 ·必须制定后备管理和人员培训计划	·新员工需要较长的“适应期” ·可能会影响内部未被选拔员工的士气 ·选择起来很困难，招聘成本过高 ·可能会引来其他企业的窥察者

3.选择合适的招聘渠道

招聘渠道主要有内部招聘和外部招聘两种形式。

最常用的内部招聘渠道有：

(1)查阅组织档案。在公司的人力资源信息系统中，存储有每位雇员工作技能的信息。如果工作出现空缺时，可以用计算机搜索技能文件，以便为空缺工作辨认拥有所需技能的雇员。它的优点是能很快找到候选人；缺点是在计算机数据库中存储的技能清单只限于客观或实际的信息，如教育程度、资格证书、受过的培训以及所掌握的语言。而带有主观性质的信息，如人际关系技能、判断力、性格特点等可能被排除了，然而对于软件开发中的许多工作岗位来说，这类信息是至关重要的。

(2)主管推荐。优点是主管一般很了解在其手下工作的员工，会提供具体而详细的候选人信息。缺点是主管的推荐通常很主观，因此易受偏见和可能歧视的影响。

(3)工作张榜。工作张榜是内部招聘最常用的方法。典型的工作张榜系统是将工作空缺通知贴出以使所有雇员都能看到，通知工作描述、薪水、工作日程和必要的工作资格。工作张榜系统有许多优点，第一，提高了公司最合格雇员将被考虑从事该工作的可能性：第二，给雇员一个对自己职业生涯开发更负责任的机会。许多雇员试图提高他们的工作技能和绩效，因为他们认为这样的努力能带来更大的晋升机会。缺点是用这种方法填补空缺职位要花费较长的时间，而且该系统可能会阻止主管雇用他们本来自己已经选择的人。

从外部招聘的渠道很多，常见的有以下几种，可以根据实际情况进行选用：

(1)雇员举荐。许多组织发现这种办法很有效，所以它被广泛应用。据调查，雇员举荐的求职者一般比通过其他渠道招聘到的人员表现更好，而且在组织中工作的时间更长。因为雇员对于空缺的职位和候选人都很了解，可以准确地判断出两者是否合适。

(2)毛遂自荐。这种招聘方法的优点是有效且成本低。另外，既然候选人已经花时间了解过公司，他们更容易受到高度鼓励。缺点是该方法有一个时间问题，申请和简历可能要在文件中储存一段时间，等到职位出现空缺时，许多求职者可能已找到了其他工作。

(3)发布招聘广告。可能最广为人知地通知潜在求职者工作空缺的方法是招聘广告。广告可以登载在全国性发行的报纸、杂志或因特网上，也可以出现在电视上。优点是广告使雇主在相对短的时间内使信息送达大量受众，实际上几乎所有的公司都使用这样的招聘广告，这种方法有助于保证求职者数量足够多。缺点是效率低，研究发现，通过报纸广告被雇佣的人与那些通过其他方式被雇佣的人相比，工作表现差，而且更常旷工。

(4)校园招聘。校园招聘通常用作承担专业化的初级水平的工作，如初级程序员、文档管理员、网页设计人员等。这种方法的选择面广，能够在更大的范围内发现潜在的技术高手；但是缺点是代价高，而且耗时间——公司至少要提前3～6个月就必须确定他们的招聘需求，而且正常情况下还必须等到学生毕业才能正式雇佣。

(5)人事中介机构。人事中介机构是外部招聘求职者的另一途径。这里，雇主通过与适当的中介机构接触，并告知工作所需的资格。之后，中介机构就承担起了寻找和筛选求职者的任务，并会在指定时间向雇主推荐优秀的求职者以备进一步筛选。

(6)猎头公司。猎头公司是一种专门为雇主"搜捕"和推荐高级主管人员和高级技术人员的公司，他们设法诱使这些人才离开正在服务的企业。猎头公司的联系面很广，而且特别擅长接触那些正在工作，并对更换工作还没有积极性的人。它可以帮助项目管理人员节省很多招聘和选拔高级主管等专门人才的时间。但是，借助于猎头公司的费用要由用人单位支付，而且费用很高，一般情况下为所推荐的人才年薪的1/4到1/3。

9.2.3　软件项目中的人力资源平衡

由于在项目工作中人员的需求可能不是很连续，或者不是很平衡，容易造成人力资源的浪费和成本的提高。例如，某项目现有15人，设计阶段需要10人；审核阶段可能需要1周的时间，但不需要项目组成员参与；编码阶段是高峰期，需要20人，但在测试阶段只需要8人。如果专门为高峰期提供20人，可能还需要另外招聘5人，并且这些人在项目编码阶段结束之后，会出现没有工作安排的状况。为了避免这种情况的发生，通常会采用资源平衡的方法，将部分编码工作提前到和设计并行进行，在某部分的设计完成后立即进行评审，然后进行编码，而不需要等到所有设计工作完成后再执行编码工作。

这样将工作的次序进行适当调整，削峰填谷，形成人员需求的平衡，会更利于降低项目的成本，同时可以减少人员的闲置时间，以防止成本的浪费。

根据数以百计的大中型软件开发项目的统计，对开发人员资源的要求，是随机变化的一个类似于如图9-3所示的曲线。一开始资源需求量较小，然后逐渐上升，当到达某个时间常数(t_d)时需求量达到峰值，之后再逐渐下降，减少到较低的数值。

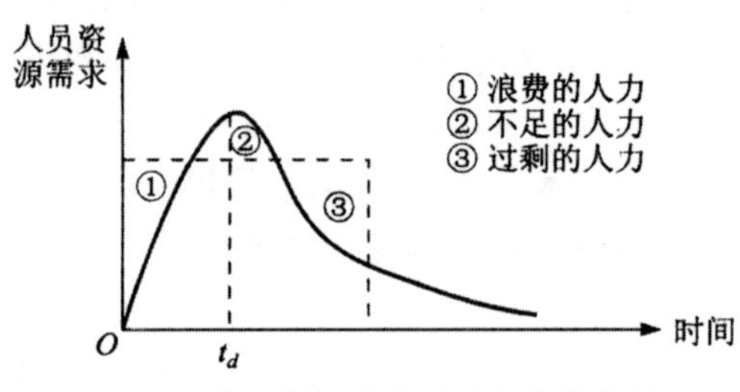

图 9-3 人员资源需求随时间变化曲线

经观察得知，时间常数 t_d 大致相当于软件开发完成的时间。也就是说，t_d 左边曲线大致为开发时期的人员需求，右边大致为维护时期的人员需求。曲线下方的面积就是整个软件生命周期所需要的工作量。对于大型软件项目，t_d 左右两边的面积之比为 4∶6 或者 3∶7。图 9-3 中用虚线画出的矩形显示了平均使用人力所造成的问题：开始人力过剩，造成浪费(图中①)，到开发后期需要人力时，又显得人手不足(图中②)，以后再来补偿，已为时过晚(图中③)。在制定人力资源计划时，就要在基本按照上述曲线配备人力的同时，尽量使某个阶段的人力资源稳定，并且确保整个项目期间人员的波动不要太大，搞好平衡。

9.3 软件项目团队的建设

软件项目团队建设，就是把与软件项目相关的一组人员组织起来实现项目目标，这是一个持续不断的过程，它是项目经理和项目团队的共同职责。团队的建设包括提高项目相关人员作为个体做出贡献的能力和提高项目小组作为团队尽其职责的能力。个人能力的提高(管理上的和技术上的)是提高团队能力的基础。团队的发展是项目达标能力的关键。

9.3.1 软件项目团队的特点

1. 团队的概念

团队是指一些才能互补、团结和谐，并为负有共同责任的统一目标和标准而奉献的一群人。团队中不仅强调个人的工作成果，更强调团队的整体业绩。

很多人经常把团队和工作团体混为一谈，其实两者之间存在本质上的区别。优秀的工作团体与团队一样，具有能够一起分享信息、观点和创意，共同决策以帮助每个成员能够更好地工作，同时强化个人工作标准的特点。但工作团体主要是把工作目标分解到个人，其本质上是注重个人目标和责任，工作团体目标只是个人目标的简单总和。此外，工作团体常常是与组织结构相联系的，而团队则可突破企业层级结构的限制。

2. 团队的特征

项目团队具有如下几个方面的特性：

(1)项目团队的目的性。项目团队这种组织的使命就是完成某项特定的任务，实现某个特定项目的既定目标，因此这种组织具有很高的目的性，它只有与既定项目目标有关的使命或任务，而没有也不应该有与既定项目目标无关的使命和任务。

(2)项目团队的临时性。项目团队在完成特定项目的任务以后，其使命就会终结，项目团队即可解散。在出现项目中止情况时，项目团队的使命也会中止，此时项目团队或是解散，或是暂停工作，如果中止的项目获得解冻或重新开始时，项目团队也会重新工作。

(3)项目团队的团队性。项目团队是按照团队作业的模式开展项目工作的，团队性的作业是一种完全不同于一般运营组织中的部门、机构的特殊作业模式，这种作业模式强调团队精神与团队合作。这种团队精神与团队合作是项目成功的精神保障。

(4)项目团队具有渐进性和灵活性。项目团队的渐进性是指项目团队在初期一般是由较少成员构成的，随着项目的进展和任务的展开项目团队会不断扩大。项目团队的灵活性是指项目团队人员的多少和具体人选也会随着项目的发展与变化而不断调整。

3. 软件项目团队的特点

在软件项目团队中，员工的知识水平一般都比较高，由于知识员工的工作是以脑力劳动为主，他们工作的能力较强，有独立从事某一活动的倾向，并在工作过程中依靠自己的智慧和灵感进行创新活动。他们工作中的定性成分较大，工作过程一般难以量化，因而不易控制。具体说来，软件项目团队具有以下特点：

(1)工作自主性要求高。IT企业普遍倾向给员工营造一个有较高自主性的工作环境，目的在于使员工在服务于组织战略与目标实现的前提下，更好地进行创新性的工作。

(2)崇尚智能,蔑视权威。追求“公平、公正、公开”的管理和竞争环境、公平规则,蔑视倾斜的管理政策。

(3)成就动机强,追求卓越。知识员工追求的主要是自我价值实现、工作的挑战性和得到社会认可,忠于职业多于忠于企业。

(4)知识创造过程的无形性。思维创造的无形、劳动过程的无形,每时每刻和任何场所,工作没有确定的流程,对其业绩的考核很难量化,对其管理的“度”难以把握。

9.3.2 团队精神及其主要表现

要想使一群独立的个人发展成为一个成功而有效合作的项目团队,项目经理需要付出巨大的努力。决定一个项目成败的因素有许多,但是团队精神是至关重要的,没有团队精神建设不可能形成一个真正的项目团队。一个项目团队必须要有自己的团队精神,团队成员需要相互依赖和忠诚,齐心协力地去共同努力,为实现项目目标而开展团队作业。

一个项目团队的效率与它的团队精神紧密相关,而一个项目团队的团队精神是需要逐渐建立的。项目团队的团队精神可以从下述几个方面的内容得到体现:

(1)高度的相互信任。

团队精神的一个重要体现是团队成员之间的高度相互信任。每个团队成员都相信团队的其他人所做的和所想的事情是为了整个集体的利益,是为实现项目的目标和完成团队的使命而做的努力。团队成员们真心相信自己的伙伴,相互关心,相互忠诚。同时,团队成员们也承认彼此之间的差异,但是这些差异与完成团队的目标没有冲突,而且正是这种差异使每个成员感到了自我存在的必要和自己对于团队的贡献。管理人员和团队领导对于团队的信任气氛具有重大影响。因此,管理人员和团队领导之间首先要建立起信任关系,然后才是团队成员之间的相互信任关系。

(2)强烈的相互依赖。

团队精神的另一个体现是成员之间强烈的相互依赖。一个项目团队的成员只有充分理解每个团队成员都是不可或缺的项目成功重要因素之一,他们才能很好地相处和合作,并且相互真诚而强烈地依赖。这种依赖会形成团队的一种凝聚力,这种凝聚力就是团队精神的一种最好体现。每位团队成员在这个环境中都感到自己应对团队的绩效负责,为团队的共同目标、具体目标和团队行为勇于承担各自共同的责任。

(3)统一的共同目标。

团队精神最根本的体现是全体团队成员具有统一的共同目标。在这种情况下,项目团队的每位成员会强烈地希望为实现项目目标付出自己的努力。因为在这种情况下,项目团队的目标与团队成员个人的目标相对是一致的,所以大家都会为共同的目标而努力。这种团队成员积极地为项目成功而付出时间和努力的意愿就是一种团队精神。例如,为使项目按计划进行,必要时愿意加班、牺牲周末或午餐时间来完成工作。

(4)全面的互助合作。

团队精神还有一个重要的体现是全体成员的互助合作。当人们能够全面互助合作时,他们之间就能够进行开放、坦诚而及时的沟通,就不会羞于寻求其他成员的帮助,团队成员们就能够成为彼此的力量源泉,大家都会希望看到团队其他成员的成功,都愿意在其他成员陷入困境时提供自己的帮助,并且能够相互做出和接受批评、反馈和建议。有了这种全面的互助合作,团队就能在解决问题时有创造性,并能够形成一个统一的整体。

(5)关系平等与积极参与。

团队精神还表现在团队成员的关系平等和积极参与上。一个具有团队精神的项目团队,它的成员在工作和人际关系上是平等的,在项目的各种事务上大家都有一定的参与权。一个具有团队精神的项目团队多数是一种民主和分权的团队,因为团队的民主和分权机制使人们能够以主人翁或当事人的身份去积极参与项目的各项工作,从而形成一种团队作业和形成一种团队精神。

(6)自我激励和自我约束。

团队精神更进一步体现在全体团队成员的自我激励与自我约束上。项目团队成员的这种自我激励和自我约束使得一个团队能够统一意志、统一思想和统一行动。这样团队成员们就能够相互尊重,重视彼此的知识和技能,并且每位成员都能够积极承担自己的责任,约束自己的行为,完成自己承担的任务,实现整个团队的目标。

9.3.3 软件项目团队的成长过程

优秀团队不是一蹴而就的,一般要经历形成期、震荡期、正规期和表现期4个阶段。

1. 形成期

形成阶段是团队发展进程中的起始阶段,它促使个体成员转变为团队成员。在这个阶段中，团队成员都表现出积极的愿望，急于开始工作。一个团队应当建立自己的形象，对要完成的工作明确划分并制定计划。然而，由于个人对工作本身和个人相互之间的陌生，几乎没有进行实际工作。团队成员不了解自己的职责及其他项目团队成员的角色。在形成阶段，团队需要明确方向，要靠项目经理来指导和构建团队。

在形成阶段，项目经理要进行团队的指导和构建工作，使项目明确方向，讨论项目团队的组成及成员角色，还要进行组织构建工作，项目经理要探讨项目团队中人员的工作及行为的管理方式和期望，使团队着手进行一些起始工作。这一阶段，项目经理要让团队参与制定项目计划。

2. 震荡期

这是团队发展的第二个阶段。在这一阶段，项目目标更加明确。成员们开始运用各自技能着手执行分配到的任务，开始缓慢推进工作。成员开始着手工作后，他们可能会越来越不满意完全依靠项目经理的指导或者命令，团队成员这时会利用一些基本原则来考验项目经理的缺点及灵活性。在震荡阶段，会产生一些冲突，也会导致气氛紧张，需要为应付及解决矛盾达成一致意见。

震荡阶段，项目经理仍然要进行指导，但要比形成阶段少。项目经理要接受及容忍团队成员的任何不满，但不能因此产生情绪，这是项目经理创造一个理解和支持的工作环境的好时机，要允许成员表达他们所关注的问题。项目经理不能通过压制来使矛盾消失，否则，如果不满不能得到解决，就会不断聚集，最终可能导致团队持久的震荡，将项目的成功置于危险之中。

3. 正规期

经受震荡阶段的考验后，项目团队就进入了发展的正规阶段。团队成员之间、团队与项目经理之间的关系已经确立，绝大部分个人矛盾得到解决，项目团队接受了特定的工作环境，项目规程得以改进和规范化，控制及决策权从项目经理移交给了项目团队，凝聚力开始形成，有了团队的感觉，每个人都觉得自己是团队的一员，他们也接受其他成员作为团队的一部分。每个成员为取得项目目标所做的贡献得到认同和赞赏。

在正规阶段，项目经理应尽量减少直接的指导性工作，相反，应当给予更多的支持，当团队工作进展加快、效率提高时，项目经理对项目团队所取得的进步予以表扬。

4. 表现期

团队发展成长的第四个阶段，也即最后一个阶段是表现阶段。项目团队积极工作，共同实现项目目标。这一阶段的工作绩效很高，团队有集体感和荣誉感，个体成员会意识到为项目工作的结果是使他们获得事业上的发展。

在表现阶段，项目经理可以完全授权给团队，其工作重点是帮助团队执行项目计划，并对团队成员的工作进程和成绩给予考评和表扬。项目经理在这一阶段也要做好培养工作，帮助项目工作人员获得事业上的成长和发展。

9.3.4　项目团队成员培训与交流

团队建设是实现项目目标的重要保证，而项目成员的培养是项目团队建设的基础，项目组织必须重视对员工的培训工作。通过对成员的培训，可以提高项目团队的综合素质、工作技能和技术水平。同时，也可以通过提高项目成员的技能，提高项目成员的工作满意度，降低项目成员的流动比例和人力资源管理成本。

针对项目的一次性和制约性特点，对于项目成员的培训应该采取“短、平、快”的针对性培训。培训形式主要有两种：第一，岗前培训，主要对项目成员进行一些常识性的岗位培训和项目管理方式等培训；第二，岗中培训，主要是根据开发人员的工作特点，针对操作中可能出现的实际问题，进行特别的培训，多偏重于专门技术和特殊技能的培训。

可以通过使团队成员社会化的方法来促进团队建设，团队成员之间相互了解得越深入，团队建设得越出色。项目经理要确保个体成员能经常相互交流沟通，并为促进团队成员间的沟通创造条件。例如，项目团队可以要求团队成员在项目执行期间，被安排在同一个办公环境下进行工作——当团队成员被安排到一起时，他们就会有许多机会走到彼此的办公室或工作区进行交流；同样，他们会在如走廊这样的公共场所更经常地碰面，从而有机会在一起交谈，尽管讨论未必总是围绕工作的。另外，项目团队可以定期或不定期地举办一些社交活动，庆祝项目工作中的事件，例如，取得了重要的阶段成果——系统通过测试，或者与客户的设计评审会成功，或者为放松压力而举办的活动。团队为促进社会化和团队建设，可以组织各种活动。例如，下班后的聚会、会议室的便餐、周末家庭野餐、观看一场体育活动或演出等，一定要让团队中的每个人都参加这类活动。也许有些成员无法参加，但一定要邀请到每个人，并鼓励他们参加。团队成员要利用这个机会，尽量与更多的团队其他成员（包括参加活动的家庭成员）互相结识，增进了解。要尽量避免让人们形成几个组的小团体，在每次活动中老是聚在一起。参加社会化活动不仅有助于培养起忠诚友好的情感，也能使团队成员在项目工作中更容易进行开放、坦诚的交流和沟通。

除了组织社交活动外，团队还可以定期召开团队会议，在这种会议上可以只讨论与团队相关的问题，而不涉及具体项目，其目的是广泛讨论类似下述问题：作为一个团队，我们该怎样工作？有哪些因素妨碍团队工作（例如，像工作规程、资源利用的先后次序或沟通）？我们如何克服这些障碍？怎样改进团队工作？项目经理参加团队会议时，对他（她）也应一视同仁，团队成员不应向经理寻求解答，经理也不能利用职权，否决团队的共识。

9.4 项目团队成员的激励

一套富有吸引力的激励机制在软件项目团队建设中十分重要。项目管理者的首要任务就是挖掘团队成员的潜力，激发各个成员的积极性，最终实现软件项目的既定目标。

本节介绍对项目团队成员激励的相关知识，包括其基本含义、要素分析和实例讲解。

9.4.1 团队激励的基本含义

在管理学中，激励是指管理者促进、诱导下属形成动机，并引导其行为指向特定目标的活动过程。通俗地讲，激励就是调动人的积极性。激励对于不同的人具有不同的含义，对一些人来说，激励是一种发展的动力，对另一些人来说，激励则是一种心理上的支持。

激励的过程包括 4 个部分，即需要、动机、行为、绩效。首先是需要的产生，这种要求一时不能得到满足时，心理上会产生一种不安和紧张状态，这种不安和紧张状态会成为一种内在的驱动力，导致某种行为或行动，进而去实现目标，一旦达到目标就会带来满足，这种满足又会为新的需要提供强化。激励和动机紧密相连，所谓动机就是个体通过高水平的努力实现组织目标的愿望，而这种努力又能满足个体的某些需要。动机会指导和带动个人的工作行为，而行为的结果是最终带来工作绩效的提高。

9.4.2 团队激励的主要因素

激励因素是指诱导一个人努力工作的东西和手段。管理者必须明确各

种激励的方式,并合理使用。以下是几种在软件项目管理中经常使用的激励因素:

1. 物质激励

物质激励的主要形式是金钱,虽然薪金作为一种报酬已经赋予了员工,但是金钱的激励作用仍然是不能忽视的。实际上,薪金之外的鼓励性报酬、奖金等,往往意味着比金钱本身更多的价值,是对额外付出、高质量工作、工作业绩的一种承认。

在一个项目团队中,薪金和奖金往往是反映和衡量团队成员工作业绩的一种手段,当薪金和奖金的多少与项目团队成员的个人工作业绩相联系时,金钱可以起到有效的激励作用。而且,只有预期得到的报酬比目前个人的收入更多时,金钱的激励作用才会明显,否则奖励幅度过小,则不会受到团队成员的重视。而且,当一个项目成功后,也应该重奖有突出贡献的成员,以鼓励他们继续做出更大的贡献。

在IT行业中,物质激励的另一种重要形式是员工持股激励,即让员工持有公司的股票或者股权,成为公司的共同经营者,参与公司的经营、管理和利润分配。这样,员工的持股收益将随公司的整体效益而变迁,自然会对员工产生激励作用。

2. 精神激励

物质的激励总是有限制的,而且,随着人们需求层次的提升,精神激励的作用越来越大,在许多情况下,精神激励可能会成为主要的激励手段。精神激励主要包括如下类型:

(1)参与感。作为激励理论研究的成果和一种受到强力推荐的激励手段,"参与"被广泛应用到项目管理中。让团队成员合理地"参与"到项目管理中,既能激励每个成员,又能为项目的成功提供保障。实际上,"参与"能让团队成员产生一种归属感、成就感,产生一种"我的工作有价值"的感觉,这在IT软件项目中是尤其重要的。

(2)发展机遇。项目团队成员关注的另一个重要问题是能否在项目过程中获得发展的机遇。项目团队通常是一个临时的组织,成员往往来自不同的部门,甚至是临时招聘的,而项目结束后,团队多数被解散,团队成员面临回原部门或者重新分配工作的压力。因此,在参与项目的过程中,其能力是否能得到提高,这是非常重要的。如果能够为团队成员提供发展的机遇,可以使团队成员通过完成项目工作或者在项目过程中经受培训而提高自身的价值,这就成为一种很有效的激励手段,特别是IT行业,发展机遇往往会成为一些成员的首要激励因素。因为有时候，获得的经验比一定的金钱更为重要。

(3)荣誉感。使团队成员产生成就感、荣誉感、归属感，往往也会满足项目组成员更高层次的需求。作为一种激励手段，在项目过程中更需要注意的是公平和公正，使每个成员都感觉到他的努力总是被别人所重视和接受的，自己的努力付出是值得的。

(4)工作乐趣。软件项目团队成员是在一个不断发展变化的领域工作。由于项目的一次性特点，项目工作往往带有创新性，而且技术也不断进步，工作环境和工具平台也不断更新，如果能让项目组成员在具有挑战性的工作中获得乐趣，也会产生很好的激励作用。

3. 其他激励手段

有关专家总结了项目经理可使用的 9 种激励手段：权利、任务、预算、提升、金钱、处罚、工作挑战、技术特长和友谊。研究表明，项目经理使用工作挑战和技术特长来激励员工工作往往能取得成功。而当项目经理使用权利、金钱或处罚时，他们常常会失败。因此，激励要从个体的实际需要和期望出发，最好在方案制定中有员工的亲自参与，提高员工对激励内容的评价，在项目成本基本不变的前提下，使员工和组织双方的效用最大。

9.5 项目团队的沟通管理

项目沟通管理，就是要保证项目信息能够及时、准确地提取、收集、传播、存储及最终进行处置，保证项目团队的信息畅通。沟通是保持项目顺利进行的润滑剂，它对于软件项目的成功实施非常重要。软件项目成功有 3 个主要因素，分别是用户参与、主管层的支持和需求的清晰表述，而这 3 个因素都依赖于良好的沟通技能。

本节介绍沟通管理的含义、方式、渠道、障碍因素以及沟通计划的编制等内容。

9.5.1 项目沟通管理概述

1. 项目沟通管理的含义

项目沟通贯穿于项目的整个生命周期中，当项目启动、计划、执行、发生变更时都需要及时进行沟通。这种沟通会发生在项目团队与客户、管理层、职能部门、供应商等利益相关者之间，也会发生在项目团队内部各成员之间。它是保持项目顺利进行的润滑剂。

根据上述分析，项目沟通就是以项目经理为中心，纵向对高层管理者、项目发起人、团队成员，横向对职能部门、客户、供应商等进行项目信息的交换。

2. 项目沟通管理的原则

项目经理作为项目信息的发言人，应确保沟通信息的准确、及时、有效和完整。

(1)准确。在沟通过程中，必须保证所传递的信息准确无误；语言文字明确、肯定；数据表单真实、充分；避免似是而非、模糊不清。不准确的信息不但毫无价值，而且还有可能引起混乱，导致接收者的误解甚至做出错误的判断和行为，给项目带来负面影响。

(2)及时。项目具有时限性。因此，必须保持沟通快捷、及时地传递。这样当出现新情况、新问题时，才能保证及时通知给有关各方，使问题得到迅速解决。如果信息滞后，时过境迁，客观条件发生了变化，信息也就失去了传递的价值。

(3)有效。信息的发送者应以通俗易懂的方式进行信息传递与交流，避免使用生僻的、过于专业的语言和符号。信息的接收者必须积极倾听，正确理解和掌握发送者的真正意图，并提供反馈意见，只有这样才能实现沟通的目标。

(4)完整。首先必须保证沟通信息本身的完整性，否则就会误导他人。其次，必须保持沟通过程的完整性，不能扣押信息，尽量保持信息传递渠道的完整性。

3. 项目沟通管理的作用

沟通的成败决定整个项目的成败，沟通的效率影响整个项目的成本、进度，沟通不畅的风险是软件项目的最大风险之一。总体来讲，项目沟通的作用表现为以下几个方面：

(1)决策和计划的基础。项目经理要想做出正确的决策，必须以准确、完整、及时的信息作为基础。通过项目内、外部环境之间的信息沟通，就可以获得众多的变化的信息，从而为决策提供依据，为项目的进度安排、成本预算、资源保障等计划工作打好基础。

(2)组织和控制管理过程的依据和手段。在项目内部，没有好的信息沟通，情况不明，就无法实施科学的管理。只有通过信息沟通，掌握项目各方面的情况，才能为科学管理提供依据，才能有效地提高项目班子的组织效能。

（3）建立和改善人际关系必不可少的条件。畅通的信息沟通，可以减少人与人的冲突，避免各种不同的误会，能将许多独立的个人、团体、组织贯通起来，成为一个整体。

（4）项目经理成功领导的重要手段。项目经理通过各种途径将意图传递给下级人员，并使下级人员理解和执行。如果沟通不畅，下级人员就不能正确理解和执行领导意图，项目就不能按经理的意图进行，最终导致项目混乱甚至项目失败。

（5）软件系统本身就是沟通的产物。软件开发的原料和产品就是信息，中间传递的也是信息，而信息的产生、收集、传播、保存正是沟通管理的内容。可见，沟通不仅仅是软件项目管理的必要手段，更重要的是软件生产的手段和生产过程中必不可少的工序。

（6）软件开发的柔性标准需要沟通来弥补。软件开发不像加工螺钉、螺母有很具体的标准和检验方法。软件的标准柔性很大，往往在用户的心里，用户满意是软件成功的标准，而这个标准在软件开发出来之前，很难用文字和语言确切地、完整地表达。因此，在软件项目的开发过程中，项目组和用户的沟通互动是解决这一现实问题的唯一办法。

9.5.2 项目信息传递的方式

项目中的沟通方式是多种多样的，一般有以下几种不同的分类方法：

1. 正式沟通与非正式沟通

（1）正式沟通是通过项目组织明文规定的渠道，进行信息的传递。例如，组织规定的汇报制度、例会制度和与其他组织的公函来往等。其优点是沟通效果好，有较强的约束力，易于保密，可以使信息沟通保持权威性。重要的信息和文件的传达、组织的决策等，一般都采取这种方式；其缺点是由于依靠组织系统层层的传递，所以较刻板，速度慢。

以下表 9-2 就是某软件公司在某一软件项目管理中拟定的会议方式沟通计划。

（2）非正式沟通是指在正式沟通渠道之外进行的信息传递和交流。例如，员工之间的私下交谈、小道消息等。非正式沟通是正式沟通的有机补充。在许多组织中，决策时利用的情报大部分是由非正式信息系统传递的。

同正式沟通相比，非正式沟通往往能更灵活迅速地适应事态的变化，省略许多繁琐的程序；并且常常能提供大量的通过正式渠道难以获得的信息，真实地反映员工的思想、态度和动机。这种沟通的优点是沟通方便，沟通速度快，且能提供一些正式沟通中难以获得的信息；缺点是容易失真。

表 9-2　某软件项目管理的会议计划

会议类型	项目组每周例会	项目组的决策会议
开会时间	每周二上午 9:30—11:30	双周一次(周二下午或晚上)，临时的特别召集
主持人	项目经理(或其授权人)	项目经理
参加人	项目经理及其各组组长	项目管理委员会、项目经理、相关小组组长
会议内容	一周项目进展回顾 问题交流与协调 重大问题决策提议 下周重点工作部署	项目关键资源的协调 项目进展通报 项目涉及的重大业务问题分析 项目涉及的重要技术问题决策

2. 上行沟通、下行沟通和平行沟通

(1)上行沟通是指下级的意见向上级反映，即"自下而上"的沟通。它有两种表达形式：一是层层传递，即依据一定的组织原则和组织程序逐级向上反映；二是跃级反映，这指的是减少中间层次，让决策者和团队成员直接对话。上行沟通的优点是员工可以直接把自己的意见向领导反映，获得一定程度的心理满足；管理者也可以利用这种方式了解项目状况，与下属形成良好的关系，提高管理水平。

(2)下行沟通是指领导者对员工进行的"自上而下"的信息沟通。管理者通过向下沟通的方式传送各种指令及政策给组织的下层，其中的信息一般包括：①有关工作的指示；②工作内容的描述；③员工应该遵循的政策、程序、规章等；④有关员工绩效的反馈；⑤希望员工自愿参加的各种活动。下行沟通渠道的优点是，它可以使主管部门和团队成员及时了解组织的目标和领导意图，增加员工对所在团队的向心力与归属感。它也可以协调组织内部各个层次的活动，加强组织原则和纪律性，使组织机器正常地运转下去。下行沟通渠道的缺点是，如果这种渠道使用过多，会在下属中造成高高在上、独裁专横的印象，使下属产生心理抵触情绪，影响团队的士气。此外，由于来自最高决策层的信息需要经过层层传递，容易被耽误、搁置，有可能出现信息曲解、失真的情况。

(3)平行沟通是指组织中各平行部门之间的信息交流。在项目实施过程中，经常可以看到各部门之间发生冲突，除其他因素外，部门之间互不通气是重要原因之一。保证平行部门之间沟通渠道畅通，是减少部门之间冲突的一项重要措施。平行沟通的优点是，它可以使办事程序、手续简化，节省时间，提高工作效率；它可以使各个部门之间相互了解，有助于培养整体观念和合作精神，克服本位主义倾向；它可以增加员工之间的互谅互让，培养员工之间的友谊，满足员工的社会需要，提高工作兴趣，改善工作态度。其缺点表现在，横向沟通头绪过多，信息量大，易于造成混乱。此外，平行沟通尤其是个体之间的沟通也可能成为员工发牢骚、传播小道消息的途径，造成涣散团队士气的消极影响。

3.单向沟通与双向沟通

(1)单向沟通是指发送者和接受者之间的地位不变，一方只发送信息，另一方只接受信息。这种方式信息传递速度快，但准确性较差，有时还容易使接受者产生抗拒心理。

(2)双向沟通中，发送者和接受者之间的位置不断交换，且发送者是以协商和讨论的姿态面对接受者，信息发出以后还需及时听取反馈意见，必要时双方可进行多次重复商谈，直到双方共同明确和满意为止，如交谈、协商等。其优点是沟通信息准确性较高，接受者有反馈意见的机会，产生平等感和参与感，增加自信心和责任心。

4.书面沟通和口头沟通

(1)书面沟通是指用书面的形式所进行的信息传递和交流。一般在以下情况使用：项目团队中使用内部备忘录，或者对客户和非公司成员使用报告的方式，如正式的项目报告、年报、非正式的个人记录、报事帖。书面沟通大多用来进行通知、确认和要求等活动，一般在描述清楚事情的前提下尽可能简洁，以免增加负担而流于形式。

(2)口头沟通指运用口头表达的方式进行信息交流活动，包括会议、评审、私人接触、自由讨论等。这一方式简单有效，更容易被大多数人接受，但是不像书面形式那样用“白纸黑字”留下记录，因此不适用于类似确认这样的沟通。口头沟通过程中应该坦白、明确，避免由于文化背景、民族差异、用词表达等因素造成理解上的差异，这是特别需要注意的。沟通的双方一定不能带有想当然或含糊的心态，不理解的内容一定要表示出来，以求对方的进一步解释，直到达成共识。

5. 言语沟通和体语沟通

除了语言描述信息之外，还可以用姿势、表情等典型的形体语言传递信息，像手势、图形演示、视频会议都可以用来作为补充方式。它的优点是摆脱了口头表达的枯燥，在视觉上把信息传递给接受者，更容易理解。

下面的表9-3分析了软件项目管理中几种常用沟通方法的主要特征和适用情境。

表9-3 几种常用沟通方法的主要特征和适用情境

方式	主要特征	适用情境
会议沟通	成本较高，沟通时间较长，常用于解决较重大、较复杂问题	·需要统一思想或行动时（例如，项目建设思路的讨论、项目计划的讨论等） ·需要当事人清楚、认可和接受时（例如，项目考核制度发布前的讨论等） ·澄清一些谣传信息，而这些谣传信息将对团队产生较大影响时 ·讨论复杂问题时（例如，针对复杂的技术问题，讨论已收集到的解决方案等）
电子邮件（或者书面）沟通	时间不长，沟通成本较低，不受场地限制，在解决简单问题或发布信息时采用	·简单问题小范围沟通（例如，3～5个人沟通一下产出物的评审结论） ·需要大家先思考、斟酌，短时间不需要或很难有结果时（例如，项目团队活动的讨论、复杂技术问题提前通知大家思考等） ·传达非重要信息时（例如，分发周项目状态报告等） ·澄清一些谣传信息，而这些谣传信息可能会对团队带来影响时
口头沟通	比较自然、亲近，能加深彼此之间的友谊、加速问题的冰释	·彼此之间的办公距离较近时（例如，两人在同一办公室） ·彼此之间存有误会时 ·对对方工作不太满意，需要指出其不足时 ·彼此之间已经采用了E-mail的沟通方式但问题尚未解决时

续表

方式	主要特征	适用情境
电话沟通	是一种比较经济的沟通方法，具有及时性和快速反馈性的特点	·彼此之间的办公距离较远、但问题比较简单时（例如，两人在不同的办公室需要讨论一个报表数据的问题等） ·彼此之间的距离很远，很难或无法当面沟通时 ·彼此之间已经采用了 E-mail 的沟通方式但问题尚未解决时

9.5.3 项目信息传递的渠道

信息沟通的渠道总共有 5 种，如图 9-4 所示。下面对这 5 种结构进行比较分析。

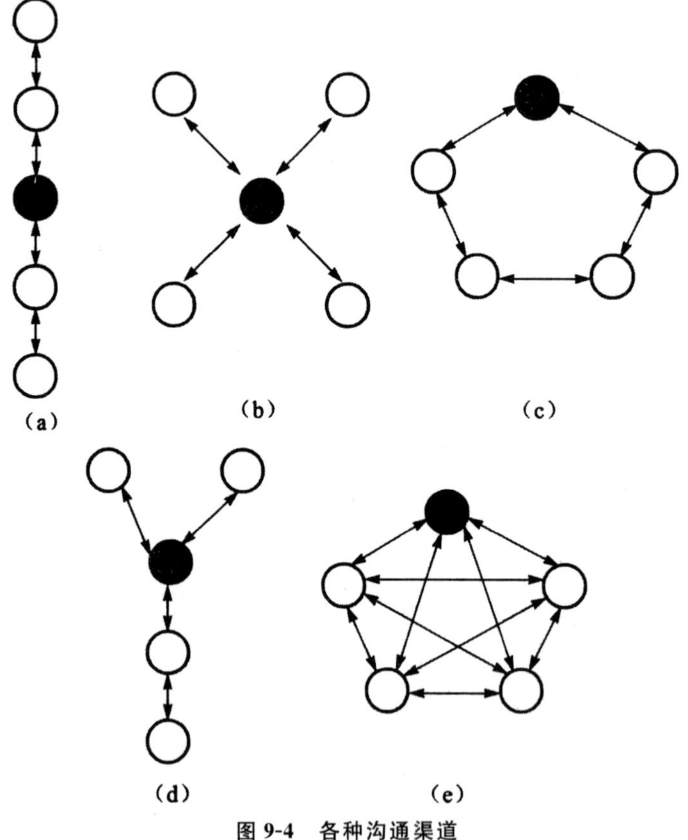

图 9-4 各种沟通渠道

(1)链式沟通渠道。链式沟通渠道如图9-4(a)所示,其中的信息按高低层逐级传递,信息可以自上而下或自下而上地交流。在这种模式中,居于两端的传递者只能与内侧的每一个传递者相联系,居中的则可以分别与上下级互相传递。该模式的最大优点是信息传递速度快。它适用于组织规模庞大,实行分层授权控制的项目信息传递及沟通。

(2)轮式沟通渠道。轮式沟通渠道如图9-4(b)所示。在这一模式中,主管人员分别同下属部门发生联系,成为个别信息的汇集点和传递中心。在项目团队中,这种模式大体类似于一个主管领导直接管理若干部门和权威控制系统。只有处于领导地位的主管人员了解全面情况,并由他向下属发出指令,而下级部门和成员之间没有沟通联系,他们分别掌握本部门的情况。轮式是加强控制、争取时间、抢速度的一种有效方法和沟通模式。

(3)环式沟通渠道。环式沟通渠道如图9-4(c)所示。这种结构中,第一级主管人员对第二级建立纵向联系。第二级主管人员与底层建立联系,基层工作人员与基层主管人员之间建立横向的沟通联系。该种沟通模式能提高团队成员的士气。

(4)Y式沟通渠道。Y式沟通渠道如图9-4(d)所示。其中只有一个成员位于沟通活动中心,成为中间媒介与中间环节。如果层次过多,由于信息经过层层“筛选”,可能使上级不了解下面的真实情况,也可能使下级不清楚上级的真正意图。

(5)全通道式沟通渠道。全通道式沟通渠道如图9-4(e)所示。其中每一个成员之间都有一定的联系,彼此十分了解,民主气氛浓厚,合作精神很强的组织一般采取这种模式。

9.5.4　项目管理中的沟通障碍

在项目管理工作中,存在着信息的沟通,也就必然存在沟通障碍。项目经理的任务在于正视这些障碍,采取一切可能的方法来消除这些障碍,为有效的信息沟通创造条件。

一般来讲,项目沟通中的障碍主要是主观障碍、客观障碍和沟通方式的障碍。

1. 主观障碍

主观障碍主要包括如下几种情况:

(1)个人的性格、气质、态度、情绪、见解等的差别,使信息在沟通过程中受个人主观心理因素的制约。人们对人对事的态度、观点和信念不同造成沟通的障碍。在一个组织中，员工常常来自于不同的背景，有着不同的说话方式和风格，对同样的事物有着不一样的理解，这些都造成了沟通的障碍。在信息沟通中，如果双方在经验水平和知识结构上差距过大，就会产生沟通的障碍。沟通的准确性与沟通双方间的相似性也有着直接的关系。沟通双方的特征，包括性别、年龄、智力、种族、社会地位、兴趣、价值观、能力等，相似性越大，沟通的效果也会越好。同样的词汇对不同的人来说含义是不一样的。

(2)知觉选择偏差所造成的障碍。接收和发送信息也是一种知觉形式。但是，由于种种原因，人们总是习惯接收部分信息，而摒弃另一部分信息，这就是知觉的选择性。知觉选择性所造成的障碍既有客观方面的因素，又有主观方面的因素。客观因素如组成信息的各个部分的强度不同，对受讯人的价值大小不同等，都会致使一部分信息容易引人注意而为人接受，另一部分则被忽视。主观因素也与知觉选择时的个人心理品质有关。在接受或转述一个信息时，符合自己需要的、与自己有切身利害关系的，很容易听进去，而对自己不利的、有可能损害自身利益的，则不容易听进去。凡此种种，都会导致信息歪曲，影响信息沟通的顺利进行。

(3)经理人员和下级之间相互不信任。这主要是由于经理人员考虑不周，伤害了员工的自尊心，或决策错误所造成，而相互不信任则会影响沟通的顺利进行。上下级之间的猜疑只会增加抵触情绪，减少坦率交谈的机会，也就不可能进行有效的沟通。

(4)沟通者的畏惧感及个人心理品质也会造成沟通障碍。在管理实践中，信息沟通的成败主要取决于上级与下级、领导与员工之间的全面有效的合作。但在很多情况下，这些合作往往会因下属的恐惧心理及沟通双方的个人心理品质而形成障碍。一方面，如果主管过分威严，给人造成难以接近的印象，或者管理人员缺乏必要的同情心，不愿体恤下情，都容易造成下级人员的恐惧心理，影响信息沟通的正常进行。另一方面，不良的心理品质也是造成沟通障碍的因素。

(5)信息传递者在团队中的地位、信息传递链、团队规模等因素也都会影响有效的沟通。许多研究表明，地位的高低对沟通的方向和频率有很大的影响。例如，人们一般愿意与地位较高的人沟通。地位悬殊越大，信息越趋向于从地位高的流向地位低的。

2. 客观障碍

客观障碍主要包括如下几种情况：

(1)信息的发送者和接收者如果空间距离太远、接触机会少，就会造成沟通障碍。

(2)社会文化背景不同、种族不同而形成的社会距离也会影响信息沟通。

(3)信息沟通往往是依据组织系统分层次逐渐传递的。然而,在按层次传达同一条信息时,往往会受到个人的记忆、思维能力的影响,从而降低信息沟通的效率。信息传递层次越多,它到达目的地的时间也越长,信息失真率则越大,越不利于沟通。另外,组织机构庞大,层次太多,也影响信息沟通的及时性和真实性。

3. 沟通联络方式的障碍

沟通联络方式的障碍,包括如下几种情况:

(1)语言系统所造成的障碍。语言是沟通的工具,人们通过语言文字及其他符号等信息沟通渠道来沟通。但是语言使用不当就会造成沟通障碍。这主要表现在:误解,这是由于发送者在提供信息时表达不清楚,或者是由于接收者接收信息时不准确;表达方式不当,如措辞不当、丢字少句、空话连篇、文字松散、使用方言等,这些都会增加沟通双方的心理负担,影响沟通的进行。

(2)沟通方式选择不当,原则、方法使用不活所造成的障碍。沟通的形态往往是多种多样的,且它们都有各自的优缺点。如果不根据实际情况灵活地选择,沟通就不会畅通。

9.5.5 有效沟通的方法和途径

沟通的效率直接影响管理者的工作效率。提高沟通效率可以从以下几方面着手:

1. 沟通要有明确目的

在沟通前,需要先澄清概念,项目经理事先要系统地思考、分析和明确沟通信息,并将接受者及可能受到该项沟通之影响者予以考虑。经理人员要弄清楚进行这个沟通的真正目的是什么?要对方理解什么?漫无目的的沟通就是通常意义上的"唠嗑",也是无效的沟通。确定了沟通目标,沟通的内容就围绕沟通要达到的目标组织规划,也可以根据不同的目的选择不同的沟通方式。沟通时应考虑的环境情况包括沟通的背景、社会环境、人的环境及过去沟通的情况等,以便沟通的信息得以配合环境情况。

2. 提高沟通的心理水平

要克服沟通的障碍，必须注意以下心理因素的作用：第一，在沟通过程中要认真感知，集中注意力，以便信息准确而又及时地传递和接受，避免信息错传和接受时减少信息的损失；第二，增强记忆的准确性是消除沟通障碍的有效心理措施，记忆准确性水平高的人，传递信息可靠，接受信息也准确；第三，提高思维能力和水平是提高沟通效果的重要心理因素，较高的思维能力和水平对于正确地传递、接受和理解信息，有着重要的作用；第四，培养镇定情绪和良好的心理气氛，创造一个相互信任、有利于沟通的小环境，有助于人们真实地传递信息和正确地判断信息，避免因偏激歪曲信息。

3. 善于聆听

沟通不仅仅是说，而且是说和听。一个有效的聆听者不仅能听懂话语本身的意思，而且能领悟说话者的言外之意。只有集中精力聆听，积极投入判断思考，才能领会说话者的意图，只有领会了说话者的意图，才能选择合适的语言说服他。从这个意义上讲，“听”的能力比“说”的能力更为重要。渴望理解是人的一种本能，当说话者感到你对他的言论很感兴趣时，他会非常高兴与你进一步加深交流。

要提高倾听的技能，可以从以下几方面去努力：使用目光接触；展现赞许性的点头和恰当的面部表情；避免分心的举动或手势；要提出意见，以显示自己充分聆听的心理提问；复述，用自己的话重述对方所说的内容；要有耐心，不要随意插话；不要妄加批评和争论；使听者与说者的角色顺利转换。所以，有经验的聆听者通常用自己的语言向说话者复述他所听到的，好让说话者确信，他已经听到并理解了说话者所说的话。

另外，在沟通过程中，聆听者要努力寻找谈话人话里话外的隐含意思，并注意非语言交流（面部表情、身体姿势、说话语气），判断是否存在隐藏的信息，如表 9-4 所示。

表 9-4　倾听的技巧

形体语言方面	语言反馈方面
全神贯注	偶尔重复对方精彩的部分
不时点头，表示同意对方的观点	用简短的语言表示同意对方的意见：“是的”“确实如此”
微笑且和蔼	不时轻声称赞对方的分析

续表

形体语言方面	语言反馈方面
当周围发生骚动时，依然不受影响	当对方被周围环境影响时，轻声对对方说："别管他们，您继续吧！"
眼睛温和地看着对方	即使出现与你不同意见，也不要争辩，可以说："让我想想。"
当对方痛苦时，应掏纸巾给对方	当对方痛苦时，应轻声对他说："请保重身体，不必生气，慢慢说。"
任何情况下不用任何动作打断对方	任何情况下，不用粗鲁的或没有礼貌的语言

4.避免无休止的争论

沟通过程中不可避免地存在争论。软件项目中存在很多诸如技术、方法上的争论，这种争论往往喋喋不休、永无休止。无休止的争论当然形不成结论，而且是吞噬时间的黑洞。终结这种争论的最好办法是改变争论双方的关系。争论过程中，双方都认为自己和对方在所争论问题上的地位是对等的，关系是对称的。从系统论的角度讲，争论双方形成对称系统，而对称系统是最不稳定的，而解决问题的方法在于将这种"对称关系"转换为"互补关系"。例如，一个人放弃自己的观点或第三方介入。项目经理遇到这种争议时，一定要发挥自己的权威性，充分利用自己对项目的决策权。

5.保持畅通的沟通渠道

第一，要重视双向沟通。双向沟通伴随反馈过程，使发送者可以及时了解到信息在实际中如何被理解，使受讯者能表达接受时的困难，从而得到帮助和解决。

第二，要进行信息的追踪和反馈，信息沟通后必须同时设法取得反馈，以弄清下属是否真正了解，是否愿意遵循，是否采取了相应的行动等。

第三，注意正确运用语言文字。语言文字运用得是否恰当直接影响沟通的效果。使用语言文字时要简洁、明确，叙事说理要言之有据、条理清楚、富于逻辑性，措辞得当、通俗易懂，不要滥用词藻，不要讲空话、套话。非专业性沟通时，要少用专业性术语。

第四，可以借助手势语言和表情动作，以增强沟通的形象性，使对方容易接受。

6. 使用高效的现代化工具

电子邮件、手机短信、网络即时通讯软件、项目管理软件等现代化工具的确可以提高沟通效率，拉近双方距离，减少不必要的面谈。软件项目经理更应该很好地运用这些工具。

9.5.6 项目沟通计划的编制

沟通计划编制包括信息发送、绩效报告和管理收尾，它需要确定项目干系人的信息和沟通需求，包括什么人在什么时间，需要什么样的信息，这些信息以什么方式发送，由谁发送等。

编制项目沟通计划的过程就是对项目全过程中信息沟通的内容、沟通方式和沟通渠道等方面的计划与管理，其具体内容包括：①信息的来源；②信息收集的方式和渠道；③信息的传递对象；④信息的传递方式和渠道；⑤信息本身的详细说明；⑥信息发送的时间表；⑦信息的更新和修改程序；⑧信息的保管和处理程序等。

项目沟通计划的作用非常重要，但也常常容易被忽视。在很多项目中由于没有完整的沟通计划，导致沟通非常混乱。在编制沟通计划时应重点做好以下几项工作：

1. 沟通需求分析

在编制项目沟通计划时，最重要的是理解组织结构和做好项目干系人分析。项目经理所在的组织结构通常对沟通需求有较大影响。例如，组织要求项目经理定期向项目管理部门作进展分析报告，那么沟通计划中就必须包含这条。项目干系人的利益要受到项目成败的影响，因此他们的需求必须予以考虑。最典型也最重要的项目干系人是客户，而项目组成员、项目经理及他的上司也是较重要的项目干系人。所有这些人员各自需要什么信息、在每个阶段要求的信息是否不同、信息传递的方式上有什么偏好，都是需要细致分析的。例如，有的客户希望每周提交进度报告，有的客户除周报外还希望有电话交流，也有的客户希望定期检查项目成果，种种情形都要考虑到，分析后的结果要在沟通计划中体现并能满足不同人员的信息需求，这样建立起来的沟通体系才会全面、有效。

一般而言，软件项目中关键的 4 种人员对各类信息的需求，如表 9-5 所示。

表 9-5　项目中关键的 4 种人员对各类信息的需求

人员	信息需求
项目经理	项目目标及制约因素，例如，进度、成本、质量性能要求等；人力、物力、财力等落实情况；客户的具体要求；项目经理的职责与权限
客户	项目建议书；项目团队成员的情况；项目实施计划；项目进度报告；项目各个阶段交付物等
管理层	项目计划；项目收益；项目资源需求；项目进度报告等
项目成员	项目目标及制约因素；项目交付结果及衡量标准；项目工作条例、程序；奖励政策等

2. 信息发送的技术和方法

在沟通计划中应明确在干系人之间往返传递信息所使用的各种技术和方法。从信息迫切性、技术可能性和项目团队的适用性三方面综合考虑，来确定何种技术或方法为最好。

常用的信息分发工具和技术有：①沟通技能；②信息检索系统，可设置手工档案、计算机数据库、项目管理软件，供干系人查阅文件（例如，需求说明、设计说明书、实施计划及测试数据等）；③信息分发系统，包括各种项目会议、计算机网络、传真、电子邮件、可视电话会议及项目间网络等。发送项目信息可以有不同的方式，如正式的、非正式的、书面的、口头的等。确定哪种方式是发送各种项目信息最适当的方式是很重要的。

有效、清晰地传递信息主要取决于下列因素：

（1）对信息要求的紧迫程度。例如，项目的成功与否依赖于不断更新的信息在需要时是否能够马上获得？

（2）技术的取得性。例如，项目已有的系统是否满足要求？

（3）预期的项目环境。例如，所建立的通信系统是否适合项目参加者的经验和专业调整？是否需要进行广泛的培训和学习？

（4）项目经理及其团队沟通项目信息时，应注重建立关系的重要性。当需要沟通的人员数目增加时，沟通的复杂性也随之增加。

3. 工作汇报方式

工作汇报的方式包括项目介绍、项目报告、项目记录等。其中：

（1）项目介绍是向所有项目干系人提供信息，介绍的形式要适合听众的具体情况。

(2)项目报告应提供有关范围、进度、费用、质量,以及风险和采购等方面的信息。

(3)项目记录包括状况报告(说明所处阶段、进度预算状态);进程报告(说明已完成工作进度的百分比);预测(预计将来的状态和进展);绩效报告(包括收集和发送有关项目朝预定目标迈进的状态信息,可以使用挣值分析表或其他形式的进展信息,来沟通和评价项目绩效);状态评审会议(是项目沟通、监督和控制的重要一部分)。

4. 管理收尾

当项目或项目阶段因达到目标,或因其他原因而终止时,要做好结尾工作。收尾时也要注意生成、收集与发送相应信息,使项目或阶段正式完成。具体包括:①项目档案;②项目满足客户需求,确认结尾;③项目总结、经验教训等。在结尾时除了要注意使客户满意外,还应当使干系人都感到满意。项目收尾管理的知识,本书第 10 章还有详细介绍。

9.6 项目团队的冲突管理

在一个有多人参加的软件项目团队中,从项目团队的组建开始,就可能产生冲突,冲突是不可避免的,一定程度上的冲突也不是坏事。问题的关键是如何消除冲突所带来的不利因素,化不利为有利,使项目朝着更好的方向发展。这就是项目团队冲突管理的目的。

本节介绍项目团队冲突的主要根源、处理方式以及冲突管理的工作阶段与不同结果。

9.6.1 项目团队冲突的根源

要想做好冲突管理,首先要知道其根源。在软件项目中,冲突的根源主要是以下几种:

(1)技术方法。关于如何完成项目任务、需要做哪些工作、要做多少工作、工作应该以什么标准完成,项目团队成员个人会有不同的意见,这就有可能导致冲突。例如,在一个软件项目中,一些成员认为采用 C/S 架构就行,但另一些成员却认为必须用 B/S 架构。

(2)进度安排。冲突可能来源于对完成工作进度安排的不同意见。例如，在项目计划阶段，一位团队成员预计他完成工作需要10周，但项目经理却限制他必须在8周内完成。

(3)成本预算。项目运行过程中，经常还会由于工作所需预算成本的多少产生冲突。例如，在一个项目中，某工作组针对一项任务开始做好了预算费用，但当项目进行了约75%的工作以后，又告诉项目经理，他们这一小组的实际费用可能会比原先预算的要多出30%。

(4)工作次序。当一个人员同时被分配在几个不同项目中工作，或者当不同人员需要同时使用某些有限的资源时，也可能会产生冲突。例如，某位成员被分配到公司的一个项目中工作，同时他在其原来部门还有任务，这样其正常的工作量势必会增加，无法保证在项目任务上花费预期的时间，因而可能使这一工作进程受阻，这就可能发生一定的冲突。

(5)资源分配。冲突也可能会由于分配某个成员从事某项具体任务，或者因为某项具体任务分配的资源数量多少而产生。例如，在一个开发ERP系统的项目中，承担软件代码测试的某一工程师更希望从事需求分析工作，因为他感觉这会给他拓展管理知识的机会。

(6)组织问题。有各种不同的组织问题会导致冲突，特别是在团队发展的震荡阶段。例如，冲突可能由于沟通的缺乏，或者信息交流的方式，以及没能做出决策等而产生。

(7)个体差异。由于项目团队成员在个人价值及态度上的差异也会产生冲突。例如，在某项目进度落后的情况下，某位项目成员会选择晚上加班，以使项目按计划进行；而另一位成员却认为他下班还不回家，是利用单位的免费资源，于是二者的冲突就在所难免。

9.6.2 冲突处理的原则与方式

1.必须正视项目团队中的冲突

冲突不能完全靠项目经理来解决，团队成员间的冲突应该由相关成员来处理。

冲突如果处理得当，会产生有利的因素。例如，关于进度安排、成本预算、人员安排等方面的冲突能将问题暴露出来，及早得到重视和解决；关于技术方法的冲突能引发讨论，澄清观念，尽早寻求新的解决方案；冲突还能培养人们的创造性，更好地解决问题。

然而，如果处理不当，冲突会对项目团队产生不利的影响。例如，冲突长期未能解决会使项目沟通受阻，使成员不大愿意倾听或不尊重别人的意见;冲突如果进一步激化,还会破坏团队的团结,降低相互的信任度和开放度,并且有可能形成"小群体"现象。

2. 冲突处理的基本原则

要正确解决冲突,必须遵循以下几点基本原则:
(1)要营造氛围,控制情绪,建立友善信任的工作环境;
(2)要正视问题,换位思考,愿意倾听别人的不同意见;
(3)要积极沟通,交换意见,寻找真正分歧问题之所在;
(4)要能够放弃原来观点,不断创新,并重新考虑问题;
(5)力争达成一致结果,尽力得到最好和最全面的方案。

3. 冲突处理的常见方式

相关专家研究得出,处理冲突主要有5种方法:回避、竞争、妥协、迎合和合作。

(1)回避。回避的方法就是卷入冲突的人们从这一情况中撤出来,避免发生实际或潜在的争端。例如,如果项目团队中某个人与另一个人意见不同,那么第二个人只需沉默就可以了。表面上这种方法比较平和,但是它会使冲突不断地积聚起来,并有可能在后来逐步升级以至造成更大的冲突。因此这种方法是最不令人满意的冲突处理模式。

(2)竞争。竞争的方法是把冲突当作一种争胜败的局势,这种方法认为在冲突中获胜要比人们之间的关系更有价值。在此情况下,项目经理往往使用权利来处理冲突,肯定自己的观点而否定他人的观点,可见这种方式是一种具有独裁性的方式。例如,项目经理与某位团队成员就系统开发进度安排而发生冲突。这时,项目经理只需利用权利命令强迫团队成员接受其想法就可以解决冲突。但是,利用这种方法处理冲突,会导致人们的怨恨心理,恶化工作气氛。例如,项目经理强制性地要求团队成员按自己的方法做,作为下属,成员也许会按命令去做,但是其内心却会产生不满,甚至有抵触情绪。

(3)妥协。妥协的方法就是团队成员寻求一个调和折中的方案,他们着重于分散差异。项目团队寻求一种方案,使每个成员都得到某种程度的满意。但是,这种方法并非是一个很可行的方法。例如,项目团队中的某个成员认为某项任务需要用15天时间完成,而另一个不这么认为,他认为可以在更短的时间内完成。于是,他们很快分散异议,同意10天完成,但这也许并非是最好的计划。有时候,冲突很快地向一方妥协并不是好事。

(4)迎合。迎合的方法就是尽力在冲突中找出意见一致的方面,最大可能地忽略差异，有可能伤害感情和协作的话题不予讨论。这种方法认为，人们之间的相互关系要比解决问题更重要。尽管这一方法能缓和冲突形式，但是它并没有将问题彻底地解决。

（5）合作。通过合作这种方法，团队成员直接正视问题，他们要求得到一种双赢的结局。他们既正视问题的结局，也重视人们之间的关系。每个人都必须以积极的态度对待冲突，并愿意就面临的冲突广泛交换情况，每个成员都以解决问题为目的，努力理解别人的观点和想法，在必要时愿意放弃或重新界定自己的观点，从而消除相互间的分歧以得到最好、最全面的解决方案。要使这种方法有效，必须要有一个良好的项目环境。在这种环境下，人们的关系是开放、友善的，他们相互以诚相待，不怕受到报复。

调查研究发现，在上述5种处理冲突的模式中，“合作”是项目经理最喜欢使用的方式，该方式注重“双赢”的策略，冲突各方一起努力寻找解决冲突的最佳方法，因此也是项目经理在解决与上级冲突时比较青睐的方法；其次是“妥协”方式，这种方式则更多地用来解决与职能部门的冲突；排在第三位的是“迎合”模式；“竞争”排在第四位；“回避”则是项目经理最不愿意采用的方法。当然，这种排位并不是绝对的，因此在项目冲突的处理过程中，项目经理可根据实际需要对各种方式进行组合，使用整套的冲突解决方式。例如，如果采用“妥协”和“迎合”模式不会严重影响项目的整体目标，项目经理就可能把它们当作有效策略；虽然“回避”是项目经理最不喜欢的方式，但用在解决与职能经理之间的冲突上却很有效；在应付上级时，项目经理更愿意采取“妥协”的模式。

9.6.3　团队冲突的管理工作

对于项目冲突，必须要进行管理，这项活动一般包括诊断、处理和结果三个阶段。

1.诊断

诊断是项目冲突管理的前提，项目负责人在诊断过程中要充分发现如下几个问题：

（1）冲突究竟发生在哪一层面上？是在项目组内部成员之间，还是项目组与其他职能部门（如人力资源部、财务部、项目管理部）之间，或者是发生在与客户之间？

（2）冲突问题的真正原因是什么？不要只看问题表面，要深挖冲突问题的根源。

(3)要尽快决定好:需要在什么时候降低冲突?或者是需要激发冲突的反应?

2. 处理

项目冲突处理包括事前预防冲突、事后有效处理冲突和激发冲突三个方面。事前预防冲突包括事前规划与评估(如环境影响评估)、人际或组织沟通、工作团队设计等,目的在于协调和规范各利害关系个人或群体的行为,建立组织间协调模式,鼓励多元化合作与竞争,强调真正的民众参与;事后冲突处理强调主客观资料搜集、整理与分析,综合运用回避、妥协、强制和合作等策略,理性协商谈判,形成协议方案,监测协议方案执行,并健全冲突处理机制;而激发冲突是把团队内的良性冲突维持在一定水平。在企业中,当良性冲突被激发后,持不同观点的各方需要深入思考自己的方案,并收集更多的证据来说服对方。因此,良性冲突是创造力的源泉,它让项目团队勤于自省,始终保持应有的活力。

3. 结果

对项目冲突的处理结果必然会影响组织的绩效,项目负责人必须采取相应的方法有效地降低或激发冲突,使项目内冲突维持在一个合理的水平上,从而带来项目绩效的提高。由于项目冲突具有性质的复杂性、类型的多样性和发生的不确定性等特性,因此对项目冲突进行管理就不可能千篇一律地使用一种方法或方式解决,而是必须对项目冲突进行深入的分析,采取积极的态度,选择适当的项目冲突管理方式,尽可能地利用建设性冲突,控制和减少破坏性冲突。一般而言,冲突管理会导致 5 种可能结果:赢/输、输/赢、僵局、妥协、双赢,如图 9-5 所示。各种结果的含义分别如下:

(1)赢/输和输/赢。由于在冲突处理过程中采取了竞争和迎合的方法,通过竞争,一方以压倒性力量将另外一方排除在外,或通过迎合,力量较弱的一方迎合力量强的一方,其最终结果都是使一方的利益得到最大程度上的满足,而另外一方的利益得不到保障。

(2)僵局。具体说来就是团队之间不能获得一致意见,缺少信任和沟通。

(3)妥协。其最终结果是所有团队成员为获得某些利益而放弃自己的目标。

(4)双赢。是管理中最想得到的结果,此时所有成员都觉得自己的利益已经满足。

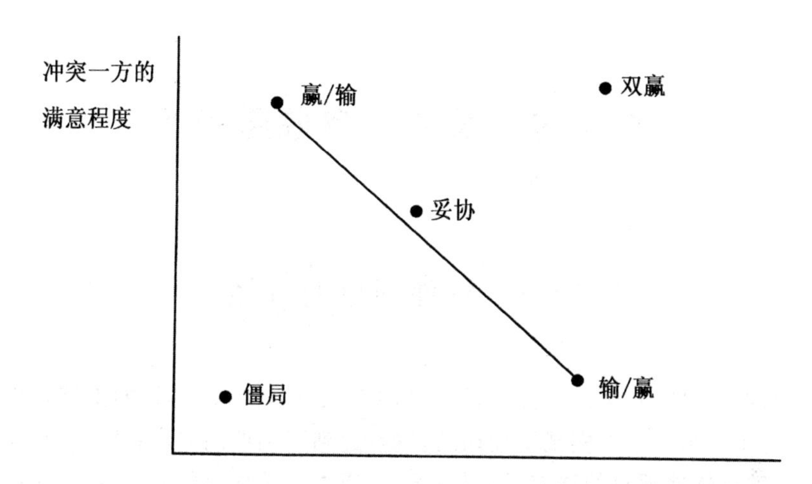

图 9-5　冲突管理的可能结果

9.7　本章小结

人力资源是软件项目开发中的重要智力资源，必须做好软件项目人力资源的管理。

本章首先介绍了软件项目人力资源管理的基本知识，包括软件项目人力资源管理的含义、内容与工作流程；然后介绍了软件项目人力资源筹集的相关知识，包括软件项目人力资源的获取方法，软件项目人力资源计划的平衡；最后，介绍了软件项目团队建设与管理的相关知识，包括熟悉软件项目团队的特点，软件项目团队的成长过程(一般要经历形成期、震荡期、正规期和表现期4个阶段)，项目团队成员的培训与交流，项目团队成员的激励方式，项目团队中有效的信息沟通，以及项目团队中的冲突根源和解决方法。

第 10 章　软件项目收尾管理

10.1　软件项目的收尾

软件项目的收尾是软件项目生命周期的最后阶段，其目的是确认软件项目的实施结果是否实现了预期的目标，达到了预期的要求；然后根据实际情况，进行软件项目的移交或清算；最后，通过软件项目的后评价，再进一步分析软件项目可能带来的实际效益。

10.1.1　软件项目结束的两种情形

项目结束就是项目的实质工作已经停止，项目不再有任何进展的可能性，项目结果正在交付用户使用或者已经完全停滞，各种项目资源已经开始转移到了其他的项目中。

项目结束包括两种情形：第一种称为“项目终结”，也就是项目任务已经顺利完成、项目目标已经成功实现，项目正常进入生命周期的最后一个阶段——结束阶段；第二种称为“项目终止”，也就是项目任务无法完成、项目目标无法实现，不得不提前终止。当软件项目出现下列条件之一时，就可以考虑终止相应的项目：

· 软件项目已经不具备实用价值；

· 由于各种原因导致软件项目无限期拖延；

· 软件项目出现了环境的变化，它对软件项目的未来产生负面影响；

· 软件项目所有者的战略发生了变化，软件与其所有者组织不再有战略的一致性；

· 软件项目已没有原来的优势，同其他更领先的软件项目竞争将难以生存。

10.1.2　软件项目收尾管理的内容

软件项目收尾时，项目团队要把完成的软件产品移交给用户。用户方要对已经完成的工作成果进行审查，确定各项功能是否能够按照要求完成，应交付的软件产品及其相关成果是否令人满意。总体来讲，在软件项目收尾管理中，需要做好以下几个方面的工作：

(1)范围确认：项目接收前，重新审核工作成果，检验项目的各项工作范围是否完成，或者完成到何种程度，最后双方确认签字。

(2)质量验收：质量验收是控制项目最终质量的重要手段，依据质量计划和相关的质量标准进行验收，不合格不予接收。

(3)费用决算：是指对项目开始到项目结束全过程所支付的全部费用进行核算，编制项目决算表的过程。

(4)合同终结：整理并存档各种合同文件。这是完成和终结一个项目或项目阶段各种合同的工作，包括项目的各种商品采购和劳务承包合同。这项管理活动中还包括有关项目或项目阶段的遗留问题的解决方案和决策的工作。

(5)文档验收：检查项目过程中的所有文件是否齐全，然后进行归档。

(6)项目后评价：就是对项目进行全面的评价和审核，主要包括确定是否实现项目目标，是否遵循项目进度计划，是否在预算时间内完成项目，项目开发经费是否超支等。

10.1.3　软件项目成功收尾的特征

软件项目的收尾管理，要想达到成功的效果，必须满足以下几个基本特征：

(1)软件通过正式验收。这是收尾成功的一个基本的前提。

(2)项目资金落实到位。项目的运作就是要使软件企业赢利，要保证项目各种资金周转顺畅，必须进行认真的核算，一方面，客户的项目应付款要结清；另一方面，项目班子的开发实施费用要盘结清楚，该签字的要签字认可。实际上就是一个软件项目资金的“出入账管理”，努力实现项目资金方面的“双赢”或“多赢”效果。

(3)项目总结认真。这是项目可持续发展的必要，也是对项目经理和项目组成员的尊重。当前项目的经验对其他项目是有很好的借鉴意义的，特别是对类似的软件项目，在管理上、技术上、开发过程上都是一笔财富。不仅要对项目的程序代码存储，所有相关文档资料(包括项目合同、开发文档、管理文档、测试报告、总结文档等)也要认真归档。

(4)要保持良好的客户关系。软件用户的业务经常是在不断变化的，软件要进行维护和升级，这也是软件企业的收益增长点，良好的客户关系可以使软件企业和客户保持合作关系，为今后的软件项目升级换代，甚至进行其他相关联软件的开发带来更多的商机。

10.2 软件项目的验收

软件项目验收的主要任务是检查软件项目是否符合设计的各项功能、性能以及其他特殊要求。这是保证软件产品质量的最后关口，也是项目收尾管理中的一项重要内容。

10.2.1 项目验收的含义

软件项目正式移交之前，用户要对已经完成的工作成果和项目活动进行重新审核，这就是项目验收。项目验收包括不同的类型。例如，按软件项目的生命周期可分为合同期验收、中间验收和竣工验收；按验收的内容可分为项目质量的验收和项目文件的验收。

具体来讲，软件项目的验收包含了以下 4 个层次的含义：

· 开发方按合同要求，顺利完成了软件项目的工作内容；

· 开发方按合同中有关质量、资料等条款要求，已经进行了自检；

· 软件项目的进度、质量、工期、费用均满足合同的要求；

· 用户方按合同的有关条款，对开发方交付的软件产品和服务进行了确认。

下面重点从项目范围的确认、项目质量的验收和文档资料的交接三个方面进行介绍。

10.2.2 项目范围的确认

项目范围的确认是指项目结束后，项目团队将其成果交付使用者之前，项目接收方会同项目团队、项目监理等对项目的工作成果进行审查，核查项目计划规定范围内的各项工作或活动是否已经完成、项目成果是否令人满意。它要求回顾生产工作和生产成果，以保证所有项目都能准确地、满意地完成。核实的依据包括项目合同书、项目需求规格说明书、工作分解结构表、项目计划及可交付成果，以及其他技术文件等。

项目范围的确认方法主要是测试。为了核实项目是否按规定完成，需要进行测试、使用已交付的软件产品，并仔细检查与核实文档与软件是否匹配等。

项目范围确认完成后，参加项目范围确认的项目团队和接受方人员应在事先准备好的文件上签字，表示接受方已正式认可并验收全部成果。一般情况下，这种认可和验收可以附有一定的条件。例如，软件开发项目移交和验收时，可以另外附设“规定以后发现软件有问题时，仍然可以找开发人员进行修改”的条款。

10.2.3 项目质量的验收

项目质量验收是依据质量计划中的范围划分、指标要求及协议中的质量条款，遵循相关的质量检验评定标准，对项目质量进行质量认可评定和办理验收交接手续的过程。

项目质量验收的范围主要包括以下两个方面：一是项目计划阶段的质量验收，主要检查设计文件的质量；二是项目实施阶段的质量验收，主要是对项目质量产生的全过程的监控。进行项目质量验收时，其遵循的标准与依据如下：

· 在项目初始阶段，必须在平衡项目进度、成本与质量三者之间制约关系的基础上，对项目的质量目标与需求做出总体性的、原则性的规定和决策。

· 在项目规划阶段，必须根据初始阶段决策的质量目标进行分解，在相应的设计文件中指出达到质量目标的途径和方法，同时指明项目验收时质量验收评定的范围、标准与依据，以及质量事故的处理程序和奖惩措施等。

· 在项目实施阶段，质量控制的关键是过程控制，质量保证与控制的过程就是根据项目规划阶段规定的质量验收范围和评定标准、依据，在下一个阶段或者任务开始前，对每一个刚完成的阶段或者任务进行及时的质量检验和记录。

· 在项目收尾阶段，质量验收的过程就是对项目实施过程中产生的每个工序的实体质量结果进行汇总、统计，得出项目最终的、整体的质量结果。

质量验收的结果是产生质量验收评定报告和项目技术资料。项目最终质量报告的质量等级一般分为“合格”“优良”“不合格”等多级。对于不合格的项目不予验收。将项目的质量检验评定报告汇总成的相应的技术资料是项目资料的重要组成内容。

10.2.4 文档资料的交接

项目开发过程中，会产生多种类型的文档资料，这是项目验收和质量保证的重要依据之一。它一方面可以为后续项目提供参考，便于以后查阅，为新项目的实施提供借鉴；另一方面，它同时也为项目的维护和改正提供了参考依据。项目文档资料验收是项目软件产品验收的前提条件，只有项目的文档资料验收合格，才能开始项目软件产品的验收。

文档资料验收的依据主要是合同中有关文档资料的条款要求，以及国际、国家有关项目资料档案的标准、政策性规定和要求等。项目文档资料验收的主要程序如下：

(1)项目资料交验方按合同条款有关资料验收的范围及清单进行自检和预验收；

(2)项目资料验收的组织方按合同资料清单或国际、国家标准的要求分项一一进行验收、立卷、归档；

(3)对验收不合格或者有缺陷的，应通知相关单位采取措施进行修改或补充；

(4)交接双方对项目资料验收报告进行确认和签证。

在项目开发的不同阶段，验收和移交的文档资料也不同，如表 10-1 所示。

表 10-1　项目开发不同阶段应当验收和移交的文档资料

阶段	内容
项目初始阶段	项目可行性研究报告及其相关附件、项目方案和论证报告、项目评估与决策报告等
项目规划阶段	项目计划资料(包括进度计划、成本计划、质量计划、风险计划、资源计划等)，项目设计技术文档(包括需求规格说明书、软件设计方案)等
项目实施阶段	项目全部可能的外购或者外包合同、各种变更文件资料、项目质量记录、会议记录、备忘录、各类执行文件、项目进展报告、各种事故处理报告、测试报告等
项目收尾阶段	质量验收报告、项目后评价资料、款项结算清单、项目移交报告、项目管理总结等

10.3　软件项目的移交与清算

在项目收尾阶段，如果项目达到预期目标，就可以进行正常的项目移交；如果项目没有达到预期的效果，并且由于种种原因不能达到预期的效果，项目已没有可能或没有必要进行下去而不得不提前终止时，也要进行非正常的项目终止，这就是所谓的项目清算。

10.3.1　软件项目的移交

项目移交是指项目收尾并经过验收合格后，将软件系统的全部管理与日常维护工作和权限移交给用户。项目验收是项目移交的前提，移交是项目收尾阶段的最后工作内容。

进行软件项目移交时，不仅需要移交项目范围内全部软件产品和服务、完整的项目资料档案、项目合格证书等资料，还包括移交对运行的软件系统的使用、管理和维护的权利与职责。因此，在软件项目移交之前，对用户方系统管理人员和操作人员的培训是必不可少的，必须使得用户能够完全学会操作、使用、管理和维护软件产品。

软件项目移交的内容包括：已经配置好的系统环境，软件产品（如安装光盘），项目成果规格说明书，软件使用手册，软件项目的功能、性能技术规范，软件测试报告等。

以上内容需要在验收之后交付给客户。为了核实项目活动是否按要求完成，完成的结果究竟如何，客户往往需要进行必要的检查、测试、调试、试验等活动。

具体来讲，软件项目移交中包括的主要工作有如下几项：

(1)对项目交付成果进行测试，可以进行α测试、β测试等各种类型的测试；

(2)检查各项指标，验证并确认项目交付成果能够满足客户的要求；

(3)对客户进行系统的培训，以满足客户了解和掌握项目结果的需要；

(4)安排后续维护和其他服务工作，为客户提供相应的技术支持服务；

(5)为了后续维护工作的友好开展，必要时可以另行签订系统的维护合同；

(6)签字移交，并提交软件项目移交报告，其格式如表10-2所示。

表 10-2　软件项目移交报告

软件项目名称			
客户单位名称			
开发单位名称			
项目简要说明			
关键联系人通讯录			
相关人员	姓名	电话	E-mail
客户方主要联系人			
开发方主要联系人			
项目经理			
主要技术联系人			
主要财务联系人			
项目初始信息			
项目开始日期		规定完成日期	
项目计划成本		项目计划收入	
项目合同是否已签			
项目建议书是否附在该表			
合同是否附在该表			
项目收尾信息			
项目指标	计划	实际	偏差
项目实际开始时间			
项目实际完成时间			
项目实际成本			
项目实际收入			
是否满足合同条款		项目是否通过验收	
各项费用是否结清		文档资料是否交付完毕	

10.3.2　软件项目的清算

对不能成功结束的软件项目，要根据情况尽快终止并进行清算。其判断条件如下：

· 项目规划阶段已存在决策失误，例如，可行性研究报告依据的信息不准确、市场预测失误、重要的经济预测有偏差、对新技术的应用过于乐观等；

· 项目规划、设计中出现重大技术方向性错误，造成项目的计划不可能实现；

· 项目的目标已与组织目标不能保持一致；

· 环境的变化改变了对项目产品的需求，项目的成果已不适应现实需要；

· 项目范围超出了组织的财务能力和技术能力；

· 项目实施过程中出现重大质量事故，项目继续运作的价值基础已经不复存在；

· 项目虽然顺利进行了验收和移交，但在软件运行过程中发现项目的技术性能指标无法达到项目设计的要求，项目的经济或社会价值无法实现；

· 因为资金或人力无法到位，并且无法确定可能到位的期限，使项目无法进行下去。

项目清算要以项目开发合同书为依据，项目清算程序如下：

(1)组成项目清算小组。主要由投资方召集项目团队、工程监理等相关人员；

(2)项目清算小组对项目进行的现状及已完成的部分，依据合同逐条进行检查。对项目已经进行的并且符合合同要求的，免除相关部门和人员责任；对项目中不符合合同目标的，并有可能造成项目失败的工作，依合同条款进行责任确认，同时就损失估算、索赔方案、拟定等事宜进行协商；

(3)找出造成项目流产的所有原因，并总结经验；

(4)明确责任，确定损失，协商索赔方案，形成项目清算报告；

(5)合同各方在清算报告上签证，使之生效；

(6)协商不成则按合同的约定提起仲裁，或直接向项目所在地的人民法院提起诉讼。

10.4　软件项目的后评价

项目后评价是全面提高项目决策水平的有效手段。本节介绍其概念、特点及其内容。

10.4.1 软件项目后评价的概念

1. 项目后评价的定义

项目后评价又称为项目的事后评价，是指对已经完成的项目的目的、执行过程、效益、作用和影响所做的系统客观的分析，通过项目活动时间的检查总结，确定项目预期的目标是否达到，项目是否合理有效，项目的主要效益指标是否实现；通过分析评价找出失败的原因，总结经验教训；并通过及时有效的信息反馈，为未来新项目的决策提出建议，同时也为后评价项目实施中出现的问题提出改进意见，从而达到提高投资效益的目的。

2. 项目后评价的特点

项目后评价是相对项目前期准备阶段的评估而言的，两者在评估原则上无太大的区别。但是两者的评价时点不同，目的也不同，方法上也存在着一定差别，如表 10-3 所示。

表 10-3 项目前期评估与项目后评价的区别

比较项目	主要目的	评价时点	方法
前期评估	是否可立项	项目起点	预测
项目后评价	总结并预测未来	完成以后	对比

同样，项目后评价也都有别于项目中间评估、竣工验收、项目审计检查和一般性的工作总结，这些工作的进行有利于后评价工作的开展，但代替不了项目后评价的作用和要求。

总体来讲，软件项目后评价具有以下几个特点：

(1)探索性。软件项目后评价要分析公司现状，发现问题并探索未来的发展方向，因而要求项目后评价人员有较高的素质和创造性，能够把握影响软件项目效益的主要因素，并提出切实可行的改进措施。

(2)全面性。在进行软件项目后评价时，既要分析其投资过程，又要分析项目执行过程和运行过程。既要分析投资经济效益，又要分析其影响，分析软件项目的潜力。

(3)反馈性。项目后评价主要目的在于为有关部门反馈信息，为今后项目管理、投资计划和投资政策的制定积累经验，并用来检测投资决策正确与否。

(4)合作性。项目后评价需要更多方面的合作,如专职的技术经济人员、项目经理、公司经营管理人员、投资项目主管部门等,各方面融洽合作,项目后评价才能顺利进行。

(5)独立性。是指项目后评价不受项目决策者、管理者、执行者和前评估人员的干扰,不同于项目决策者和管理者自己评价自己的情况。它是评价的公正性和客观性的重要保障。

(6)可信性。项目后评价的可信性基于评价的权威性、独立性,评价者应具有广泛的阅历和丰富的经验,并基于资料信息的可靠性和评价方法的实用性。为增强评价者的责任感和可信度,评价报告要注明评价者的真实姓名、所用资料的来源、评价所用的方法,使报告所用的分析和得出的结论有充分可靠的依据。

(7)实用性。项目后评价的主要目的是为决策服务的,因此,项目后评价报告应针对性强,具有可操作性,即实用型。项目后评价报告文字要简明扼要,避免运用过多的专业术语。报告要突出重点,并能满足各方面的要求。报告所提出来的措施应有具体的要求。

3.项目后评价的方法

软件项目后评价一般采取比较法,即通过项目产生的实际效果与决策时预期的目标比较,从差异中发现问题,总结经验和教训。项目后评价方法具体又可以概括为以下 4 种:

(1)影响评价法:项目建成后测定和调研在各阶段所产生的影响和效果,以判断决策目标是否正确。

(2)效益评价法:把项目产生的实际效果或项目的产出,与项目的计划成本或项目投入相比较,进行盈利性分析,以判断项目当初决定投资是否值得。

(3)过程评价法:把项目从立项决策、设计、采购直至建设实施各程序的实际进程与原定计划、目标相比较,分析项目效果好坏的原因,找出项目成败的经验和教训,使以后项目的实施计划和目标的制定更加切合实际。

(4)系统评价方法:将上面三种评价方法有机地结合起来,进行综合性的评价。

10.4.2　项目后评价的内容

一般来讲,在软件项目管理中,项目后评价的评价内容主要包括以下 5

个方面：

1. 项目目标后评价

IT 项目后评价所要完成的一个重要任务是评定项目立项时原来预定的目的和目标的实现程度。在项目立项时会确定一些可量化的描述项目目标的指标，项目后评价要对照这些指标，检查项目实现情况和有关变更，分析偏差产生的原因，以判断目标的实现程度。

另外，目标评价要对项目原定决策目标的正确性、合理性和时间性进行分析评价。有些项目原定的目标不明确或不符合实际情况，项目实施过程中可能会发生重大变化，项目后评价要给予重新分析和评价。

2. 项目效益后评价

项目效益后评价是在项目完成后对项目投资经济效果、环境影响以及社会影响进行的再评价，可分为财务评价、经济评价和影响评价。主要分析指标有内部收益率、净现值、投资回收期、贷款偿还期等项目盈利能力和清偿能力等指标。

在进行软件项目效益后评价分析时，需要以长远的观点，从多个视角来观察。一些大型综合性的企业信息系统项目（如 ERP、CRM、PLM、SCM）的建设周期都比较长，经济效益一般在运行 6～12 个月或更长时间以后才显示出来。

3. 项目管理后评价

项目管理后评价是以项目目标和效益后评价为基础，结合其他相关资料，对项目整个生命周期中各阶段管理工作进行评价。其目的是通过对项目各阶段管理工作的实际情况进行分析研究，做出比较和评价，了解目前项目管理工作的水平并通过总结经验教训使之不断改进和提高，以更好地完成后续项目目标服务。项目管理后评价包括项目的过程后评价、项目综合管理后评价以及项目管理者评价。

4. 项目团队后评价

在对项目的过程和结果进行后评价的同时，不能忽略对项目完成主体——项目团队的评价。具体包括对项目团队成员以及项目经理的评价，并要适时地对他们给以激励措施。

对项目团队成员的评价，由项目经理牵头负责完成。评价的结果，要发给团队成员本人，帮助其不断地提升；也要发给项目成员的直线经理，帮助其为该成员制定合适的培训和发展计划;同时还要发给项目管理办公室,作为更新人力资源库的参考依据之一。

在软件项目经理的评价方面,对诸如组建团队、沟通管理、冲突管理、激发和调动项目组成员的积极性等作为项目经理在团队管理方面的职责内容,需要重点评估。通常,对项目经理的评估由项目管理办公室牵头负责完成,评估结果要送给项目经理本人,帮助其不断地提高管理水平;同时要发给项目经理的直接上司,帮助其为该项目经理制定合适的培训和发展计划;项目管理办公室会把此评估结果作为评定项目经理级别的依据之一。

以上所有对项目团队成员与项目经理的评价结果,都要存入项目管理文件,同时评估结果也将存入项目管理文件中。

5.项目影响后评价

对于工程建设型项目,一般需要从经济影响、环境影响、社会影响和持续性评价这四个方面分别对项目影响进行后评价。由于通常软件项目对环境和社会影响是间接的,人们更关注的是经济影响和持续性评价。

另外,软件项目在某些方面表现得非常特殊,如它包含的技术含量高,给项目后续的维护和升级增加了相当的难度。这时需要对接受投资的项目业主现有技术储备和发展潜力进行评估,若持续性不强,应及时安排相应的技术培训。此外,软件项目中的许多资源、工作是可以复制或重复的,具有重复性的项目,必然会节省后续项目开发的时间和资源。

10.4.3　项目后评价的实施

1.项目后评价的工作程序

一般来讲,项目后评价的工作程序包括以下 7 个基本阶段:

(1)接受项目后评价任务,签订评价协议。项目后评价单位接受和承揽到后评价任务委托后,首要任务就是与业主或上级签订评价协议,以明确各自在后评价中的权利和义务。

(2)成立项目后评价小组,制定评价计划。项目后评价协议签订后,项目后评价单位就应及时任命项目负责人,成立项目后评价小组,制定项目后评价计划。项目负责人必须保证评价工作客观、公正,因而不能由业主单位的人兼任;项目后评价小组的成员必须具有一定的项目后评价工作经验;项目后评价计划必须说明评价对象、评价内容、评价方法、评价时间、工作进度、质量要求、经费预算、专家名单、报告格式等。

(3)设计调查方案,聘请有关专家。调查是评价的基础,调查方案是整个调查工作的行动纲领,它对于保证调查工作的顺利进行具有重要的指导作用。一个设计良好的调查方案不但要有调查内容、调查计划、调查方式、调查对象、调查经费等内容,还应包括科学的调查指标体系,因为只有用科学的指标才能说明所评项目的目标、目的、效益和影响。

(4)阅读文件,收集资料。对于一个在建或已建项目来说,业主单位在评价合同或协议签订后,都要围绕被评价项目,给评价单位提供材料。这些材料一般称为项目文件。评价小组应组织专家认真阅读项目文件,从中收集与未来评价有关的资料。

(5)开展调查,了解情况。在收集项目资料的基础上,为了核实情况、进一步收集评价信息,必须去现场进行调查。一般来说,去现场调查才能了解项目的真实情况,这不但能了解项目的宏观情况,而且要能了解具体项目的微观情况。

(6)分析资料,形成报告。在阅读文件和现场调查的基础上,要对已经获得的大量信息进行消化吸收,形成概念,写出报告。

(7)提交后评价报告,反馈信息。后评价报告草稿完成后,送项目评价执行机构高层领导审查,并向委托单位简要通报报告的主要内容,必要时可召开小型会议研讨有关分歧意见。项目后评价报告的草稿经审查、研讨和修改后定稿。正式提交的报告应有“项目后评价报告”和“项目后评价摘要报告”两种形式,根据不同对象上报或分发这些报告。

2.项目后评价报告的编写

对项目后评价报告的编写要求如下:

(1)项目后评价报告的编写要真实反映情况,客观分析问题,认真总结经验。

(2)评价报告的文字要求准确、清晰、简练,少用或不用过分专业化的词汇。

(3)为了提高信息反馈速度和反馈效果,让项目的经验教训在更大的范围内起作用,在编写评价报告的同时,还必须编写并分送评价报告摘要。

(4)项目后评价报告是反馈经验教训的主要文件形式,为了满足信息反馈的需要,便于计算机输录,评价报告的编写需要有相对固定的内容格式,其基本格式如表 10-4 所示。

表 10-4　项目评价报告表

项目名称：			
项目核心小组成员名单：			
项目评价小组考核打分表：			
考核内容	考核分数	权重	本项综合得分
成本管理			
进度管理			
……			
合计			
项目评价小组意见 项目评价小组签字： 评价日期：			

10.5　项目总结

项目收尾中最后一个过程是项目总结。项目的成员应当在项目完成后，为取得的经验和教训写一个《项目总结报告》，总结在本项目中哪些方法和事情使项目进行得更好，哪些为项目制造了麻烦，以后应在项目中避免什么情况等。总结成功的经验和失败的教训，会为以后的项目人员更好地工作提供一个极好的资源和依据。

下面是一些可以从已完工项目中学到的普遍性教训：

• 要使员工愉快的工作。根据一般情况，许多从事软件项目技术工作的人员性格都比较内向，这样的性格通常会使沟通出现问题。创造愉快的工作环境，有助于促进技术人员和其他项目干系人的交流，能增强团队的合作和创造性的发挥。

• 要认识到项目开端的重要性。人们常常会低估制定一个项目目标的重要性。项目经理需要尽早将人们召集在一起来讨论这个关键问题。项目初始阶段有一个坚实而有远见的开端是十分重要的。

• 高层管理人员的重视。高层管理人员的介入和对项目的重视无疑是激励项目团队、给予项目团队成员最大精神动力的关键性因素。

· 变更管理是项目管理的一半。人与人是不同的，所以必须采取不同的方法来帮助人们适应这种变更。

· 双向的管理审核。通常在审核时，会制定一个决策来保证管理当局的参与。另外，需要使用商业术语，并强调问题，而不仅仅是状况。

· 设立可行的项目进度管理计划，并坚持执行。如果有必要，改变范围，将用户需求区分优先次序以满足日程。

· 计划任务必须要制定在一个可以执行的层次上。计划过于详细可能容易陷入困境，应强调工作的完成。

然而，在实际软件项目开发中，很多项目没能进行很好的总结，推脱的理由有：项目总结时项目人员已经不全了，有新的项目要做，没有时间写，写了也没人看等。其实，这些理由都不充分，无论如何也要进行项目总结，只有总结当前，才能提高以后。

另外，项目验收移交后，还要按照合同的条款要求，在预约的期限内由项目经理组织原项目人员主动对交付使用的完成项目进行回访，虚心听取项目业主对项目交付成果质量、功能、效率等方面的看法，接受他们的反馈意见。这种项目回访的意义在于：

(1)有利于引起项目团队对管理的重视，增强项目团队成员的责任心，对交付产品提供长期的质量保证，树立向用户提供高质量产品和服务的优秀企业形象。

(2)有利于及时听取用户的意见，发现问题，找到项目实施过程的薄弱环节，不断改进工作质量，总结经验，提高项目管理水平。

(3)有利于加强项目团队和用户之间的联系，促进项目提供方和项目业主之间的沟通交流，增强项目用户对项目团队的信任感，提高项目团队的荣誉和企业荣誉。

10.6 本章小结

本章首先介绍了软件项目收尾管理的基本知识，包括软件项目应该结束的两种情形，软件项目收尾管理的内容以及效果成功的标准；然后详细介绍了软件项目收尾管理中整个流程的具体内容，包括项目验收、项目移交、项目清算以及项目后评价等；最后，本章对项目结束之后所要进行的经验和教训总结，以及客户的回访工作进行了介绍。

参考文献

1.[美]Joseph Phillips 著,冯博琴等译.实用 IT 项目管理.北京:机械工业出版社,2003.

2.[美]Kathy Schwalbe 著,邓世忠等译.IT 项目管理(第 2 版).北京:机械工业出版社,2004.

3.[印]Rajeev T Shandilya 著,王克仁等译.软件项目管理.北京:科学技术出版社,2002.

4.韩万江.软件项目管理案例教程.北京:机械工业出版社,2005.

5.蒋国瑞.IT 项目管理.北京:电子工业出版社,2006.

6.刘慧.IT 项目管理实践.北京:电子工业出版社,2004.

7.邱菀华等编著.现代项目管理导论.北京:机械工业出版社,2002.

8.唐少清.项目评估与管理.北京:清华大学出版社,2006.

9.唐晓波.IT 项目管理.北京:科学技术出版社,2008.

10.王强.IT 软件项目管理.北京:清华大学出版社,2004.

11.吴吉义.信息系统项目管理案例分析教程.北京:电子工业出版社,2006.

12.许江林.IT 项目管理最佳历程.北京:电子工业出版社,2005.

13.杨志波.基于 Project 2003 的项目管理.北京:电子工业出版社,2004.

14.张念.软件项目管理.北京:中国水利水电出版社,2008.